高等职业教育艺术设计专业精品系列教材

"互联网 +"新形态立体化教学资源特色教材

网页图片与移动界面（Web/App）的UI设计

主　编　张　娅　黄欣彬

主　审　杨　博

副主编　李启淑　赵春娟　蔡百川

编　委　钱新杰　汪戎秋　刘馥齐　谢竹青

中国轻工业出版社

图书在版编目（CIP）数据

网页图片与移动界面（Web/App）的UI设计 / 张娅，黄欣彬主编. —北京：中国轻工业出版社，2020.10
ISBN 978-7-5184-3068-0

Ⅰ.①网… Ⅱ.①张… ②黄… Ⅲ.①人机界面—程序设计—教材 Ⅳ.①TP311.1

中国版本图书馆CIP数据核字（2020）第119164号

责任编辑：李　红　　责任终审：李建华　　整体设计：锋尚设计
责任校对：吴大鹏　　责任监印：张　可

出版发行：中国轻工业出版社（北京东长安街6号，邮编：100740）
印　　刷：北京画中画印刷有限公司
经　　销：各地新华书店
版　　次：2020年10月第1版第1次印刷
开　　本：889×1192　1/16　印张：12
字　　数：290千字
书　　号：ISBN 978-7-5184-3068-0　定价：49.80元
邮购电话：010-65241695
发行电话：010-85119835　传真：85113293
网　　址：http：//www.chlip.com.cn
Email：club@chlip.com.cn
如发现图书残缺请与我社邮购联系调换
200283J2X101ZBW

前言
PREFACE

随着移动互联网的发展，通过网站和移动 App 实现商品交易与社交越来越频繁，合理的人性化设计在网页 UI 和手机 App UI（User Interface）设计中的地位凸显。优秀 UI 的导航、布局、交互设计能够极大地提高终端设备易用性，对实现高效运作具有实际意义。

本书从基础的 Photoshop CC 界面布局讲起，以循序渐进的方式详细讲解了图像基本操作、选区、图层、绘画、颜色调整、照片修饰、路径、文字、滤镜等知识，内容基本涵盖了 Photoshop CC 相关工具和命令，同时进一步介绍网页 UI、手机 UI 设计以及手机系统功能界面。本书既有基本理论，又有实践操作。书中精心安排了具有针对性的实例，不仅可以帮助读者轻松掌握软件使用方法，更能应对数码照片处理、平面设计、UI 等实际工作，还能帮助读者掌握从产生设计理念到实现设计制作的全过程。

全书按照 Photoshop CC 的不同应用领域划分知识点，每个项目先进行知识引入阐述，再引入任务，以及进行任务分析，最后是任务实现。读者需要多上机实践，掌握多种设计技巧。教师在使用本书时，可以结合教学设计，采用任务式的教学模式，通过不同类型的任务案例，提升读者软件操作的熟练程度和对知识点的掌握与理解。

本书面向高职院校数字媒体艺术专业、计算机专业与大数据技术等专业的学生，可作为专业必修课或选修课教材。在撰写过程中，由宜宾职业技术学院专业老师张娅、黄欣彬主编，其中，张娅负责全书规划和在线资源创作，并编写项目一、二，黄欣彬负责统稿，并编写项目三、四、五，赵春娟负责项目六、七，蔡百川负责项目八、九，李启淑负责编写项目十、十一、十二，杨博负责教材校对，同时钱新杰、汪戎秋、刘馥齐、谢竹青在撰写过程做了大量的辅助工作，在此，向本书全体编写老师的辛勤工作表示衷心的感谢。

编者

2020 年 6 月

目录 CONTENTS

项目1

Photoshop CC的基础知识

若扫码失败请使用浏览器或其他应用重新扫码！

素材

PPT 课件

学习目标

1. 理解平面设计的基本知识，了解数字图像处理的基本知识。
2. 能够熟练完成软件的安装与启动，以及熟练认识Photoshop CC的界面组成及基本操作。
3. 掌握选择工具、形状工具、颜色选取对象等的使用。

Photoshop CC是Adobe公司旗下广泛应用的图像处理软件之一。它具有强大的像素编辑功能，被广泛运用于数码照片后期处理、平面设计、网页设计以及UI设计等领域。

1.1 Photoshop CC的基本知识

1.1.1 Photoshop的发展

Adobe Photoshop，简称“PS”，是由Adobe Systems开发和发行的图像处理软件。

Photoshop主要处理以像素构成的数字图像。使用其众多的编修与绘图工具，可有效进行图片编辑工作。PS有很多功能，在图像、图形、文字、视频、出版等各方面都有涉及。

2003年，Adobe Photoshop 8被更名为Adobe Photoshop CS；2010年05月12日发行Adobe Photoshop CS5；2012年3月22日发行Adobe Photoshop CS6；2013年7月，Adobe公司推出Photoshop CC版本，自此，Photoshop CS6作为Adobe CS系列的最后一个版本被CC系列取代，其特有功能：相机防抖动功能、Camera RAW功能改进、图像提升采样、属性面板改进、Behance集成一集同步设置等。

1.1.2 平面设计

1.1.2.1 平面设计的概念

平面设计是设计范畴中非常重要的组成部分，是计算机多媒体技术的一个主要应用方向；注重灵感、创意与视觉效果。是将图像、图形、文字、色彩等诸多元素有机地组合和布局，以平面介质（纸张、书刊、报纸等）为载体，以视觉为传达方式，通过大量复制（印刷、打印、喷绘）等手段向观众传达一种视觉美感和传播信息的造型设计活动。

1.1.2.2 平面设计的基本原则

（1）思想性与单一性。不要在一件设计作品中表现所有的设计，要表现主题思想，将各种元素有效配置，使主题思想鲜明。

（2）艺术性与表现性。既有很好的艺术表现形式，又有很好的信息传递能力。

（3）趣味性与独创性。

（4）对比与调和。

（5）对称与均衡。

（6）变化与统一。

1.1.2.3 平面设计的构成要素

（1）图形图像。图形图像是平面设计主要的构成要素，能够直观形象地表现平面设计的主题和创意。图形图像要素有插图、商标、画面轮廓线等，可以是黑白画、喷绘插画、绘画插画、摄影作品等，表现形式有写实、象征、漫画、卡通、装饰、构成等。

（2）文字。文字是平面设计不可缺少的构成要素，配合图形图像要素来实现设计主题，具有引起注意、传播信息、感染对象等作用。文字要素主要有：标题、标语（广告语）、正文、附文等。

（3）色彩。色彩是平面设计关键的构成要素，是把握人的视觉的关键所在，也是平面设计表现形式的重点所在。

色彩具备情感，能够激发人的感情，并传达一种信息给观众，使观众产生无限的遐想和活力。

色彩要素有明度、纯度、色相等，如图1-1所示，它们是构成画面色彩的主要因素。

图1-1 色彩的组成

1.2 图像处理基础知识

1.2.1 位图与矢量图

1.2.1.1 位图

位图由点阵像素组成；照片的连续色彩是由许多色彩相近的小方点组成的，当许多不同颜色的点组合在一起后，便构成了一幅完整的图像。像素是组成图像的最小单位，而图像又是由以行和列的方式排列的像素组合而成的，像素越高，文件越大，图像的品质越好。

位图可以记录每一个点的数据信息，从而精确地制作色彩和色调变化丰富的图像。但由于位图图像与分辨率有关，它所包含的图像像素数目是一定的，若将图像放大到一定程度后，图像就会失真，边缘会出现锯齿、马赛克，如图1-2所示，分辨率太高时会占用过多的磁盘空间。

图1-2　位图放大了3倍前后的效果对比　　图1-3　矢量图放大了3倍前后的效果对比

1.2.1.2　矢量图

矢量图是计算机图像，不是由像素点阵构成，而是由点、直线、多边形等基于数学方法的图形构成的。矢量图的清晰度与分辨率的大小无关。

矢量图像最大的优点是允许放大或缩小任意倍数而不会发生图像失真，如图1-3所示，存储空间比位图小一些。最大的缺点是难以表现色彩层次丰富且逼真的图像效果，无法通过各种外部设备获取，而是通过计算机进行绘制。

生成工具主要是CorelDRAW、AutoCAD、Illustrator等软件，绘制生成文件BW、CDR、COL、DWG、WMF、MAC、PCD等。

1.2.2　像素与分辨率

1.2.2.1　像素

像素是用来计算数码影像的单位，图像无限放大后，会发现图像是由许多小方格组成的，这些小方块就是像素，一个图像的像素越高，其色彩越丰富，越能表达图像真实的颜色。

1.2.2.2　图像分辨率

图像分辨率是图像处理中一个非常重要的概念，它与图像尺寸的值共同决定了图像文件的大小与输出质量。是指屏幕图像的精密度，显示器所显示的像素数量；图像分辨率就是位图图像每英寸（或厘米，1英寸=2.54厘米）所包含的像素的数量，其单位为dpi。图像分辨率越高，意味着每英寸所包含的像素越多，图像就有越多的细节，颜色过渡就越平滑，图像质量就越好。

1.2.2.3　显示分辨率

显示器上单位长度所显示的像素或点的数目，通常用每英寸的点数来衡量。常用屏幕显示、网络显示设置为72dpi。

1.2.2.4　打印分辨率

指由绘图仪或激光打印机产生的每英寸的墨点数。超大面积喷绘分辨率为20～72dpi，大幅喷绘、网络、多媒体界面分辨率为20～72dpi，报纸印刷为

128dpi，喷墨打印机为100～150dpi，彩色印刷、照片为300dpi。

1.2.3 图像的色彩模式

颜色模式是所有图形图像处理软件都涉及的问题，是决定显示和打印图像颜色的方式，常用的色彩模式有RGB模式、CMYK模式、位图模式等。

1.2.3.1 RGB模式

RGB颜色被称为真彩色，是Photoshop中默认使用的颜色，也是最常用的一种颜色模式。RGB模式的图像由3个颜色通道组成，分别为红色通道（Red）、绿色通道（Green）和蓝色通道（Blue）。其中，每个通道均使用8位颜色信息，每种颜色的取值范围是0～255，这三个通道组合可以产生1670万余种不同的颜色。

另外，在RGB模式中，用户可以使用Photoshop中所有的命令和滤镜，而且RGB模式的图像文件比CMYK模式的图像文件要小得多，可以节省存储空间。不管是扫描输入的图像，还是绘制图像，一般都采用RGB模式存储。

1.2.3.2 CMYK模式

CMYK模式是一种印刷模式，由分色印刷的4种颜色组成。CMYK的4个字母分别代表青色（Cyan）、洋红色（Magenta）、黄色（Yellow）和黑色（Black），每种颜色的取值范围是0～100%。CMYK模式本质上与RGB模式没有什么区别，只是产生色彩的原理不同。

在CMYK模式中，C、M、Y这三种颜色混合可以产生黑色。但由于印刷时含有杂质，因此不能产生真正的黑色与灰色，只有与K（黑色）油墨混合才能产生真正的黑色与灰色。在Photoshop中处理图像时，一般不采用CMYK模式，因为这种模式的图像文件不仅占用的存储空间较大，而且不支持很多滤镜。所以，一般在需要印刷时才将图像转成CMYK模式。

1.2.3.3 位图模式

位图模式的图像又称黑白图像，它用黑、白两种颜色值来表示图像中的像素。其中的每个像素都是用1bit的位分辨率来记录色彩信息，占用的存储空间较小，因此它要求的磁盘空间最少。位图模式只能制作出黑、白颜色对比强烈的图像。如果需要将一幅彩色图像转换成黑白图像，必须先将其转换成“灰度”模式的图像，然后再转换成黑白模式的图像，即位图模式的图像。

1.2.4 常用的图像格式

根据记录图像信息方式（点阵图或矢量图）与压缩图像数据方式的不同，文件可分为多种格式，每种格式的文件都有相应的扩展名。不同格式的文件用途不同，文件大小也不同，我们可根据用途不同选择不同的格式存储文件，尽量减少文件占用的空间。Photoshop可以处理绝大多数格式的图像文件，并可以在不同格式之间进行转换。

1.2.4.1 PSD

PSD格式是 Adobe Photoshop的默认专用格式，可以存储成RGB或CMYK模式，更能自定颜色数目存储，PSD档可以将不同的物件以层级（Layer）分离存储，便于修改和制作各种特效。

1.2.4.2 BMP

BMP格式是最原始的图片格式，也是Windows系统下的标准格式，我们利用Windows的调色盘绘图，就是存成BMP格式。

1.2.4.3 GIF

GIF格式是一种通用的图像格式。它是一种有损压缩格式，而且支持透明和动画。另外，GIF格式保存的文件不会占用太多的磁盘空间，非常适合网络传输，是网页中常用的图像格式。现今的GIF格式仍只能达到256色。

1.2.4.4 JPEG

JPEG是一种高效率的压缩档，在存档时能将人眼无法分辨的资料删除，以节省储存空间，但这些被删除的资料无法在解压时还原，所以JPEG文档并不适合放大观看，输出成印刷品时，品质也会受到影响，这种类型的压缩文档，称为“失真（Loosy）压缩”或“破坏性压缩”。

1.2.4.5 PNG

PNG格式是一种图像文件存储格式，优点是带透明通道，文件格式比较小。PNG用来存储灰度图像时，灰度图像的深度可达16位，存储彩色图像时，彩色图像的深度可达48位。

1.2.4.6 AI格式

AI格式是Adobe Illustrator软件所特有的矢量图形存储格式。在Photoshop中可以将图像保存为AI格式，并且能够在Illustrator和CorelDraw等矢量图形软件中直接打开，进行修改和编辑。

1.3 Photoshop界面及基本操作

1.3.1 任务引入

通过Photoshop CC实现对图像的处理，须先认识Photoshop CC的界面，再通过一定的基本操作以及结合常用工具的使用才能完成图像的有效处理，达到所需要的图像效果。

本任务主要利用颜色工具、选择工具及其选项栏的选项设置，实现三个不同形状图像的制作，达到对文件的新建、保存，以及常用工具按钮的熟练使用。

1.3.2 知识引入

1.3.2.1 Photoshop菜单栏与工具箱

（1）Photoshop菜单栏。菜单栏作为一款操作软件必不可少的组成部分，主要用于为大多数命令提供功能入口。菜单栏包含执行任务的菜单，这些菜单是按主题进行组织的。

①界面组成。Photoshop CC的菜单栏依次为：“文件”菜单、“编辑”菜单、“图像”菜单、“图层”菜单、“文字”菜单、“选择”菜单、“滤镜”菜单、“3D”菜单、“视图”菜单、“窗口”菜单及“帮助”菜单，如图1-4所示。

②菜单的打开。单击一个菜单即可打开该菜单命令，不同功能的命令采用分割线隔开。其中，带有▶标记的命令包含子菜单。

Ps 文件(F) 编辑(E) 图像(I) 图层(L) 文字(Y) 选择(S) 滤镜(T) 3D(D) 视图(V) 窗口(W) 帮助(H)

图1-4 菜单的组成

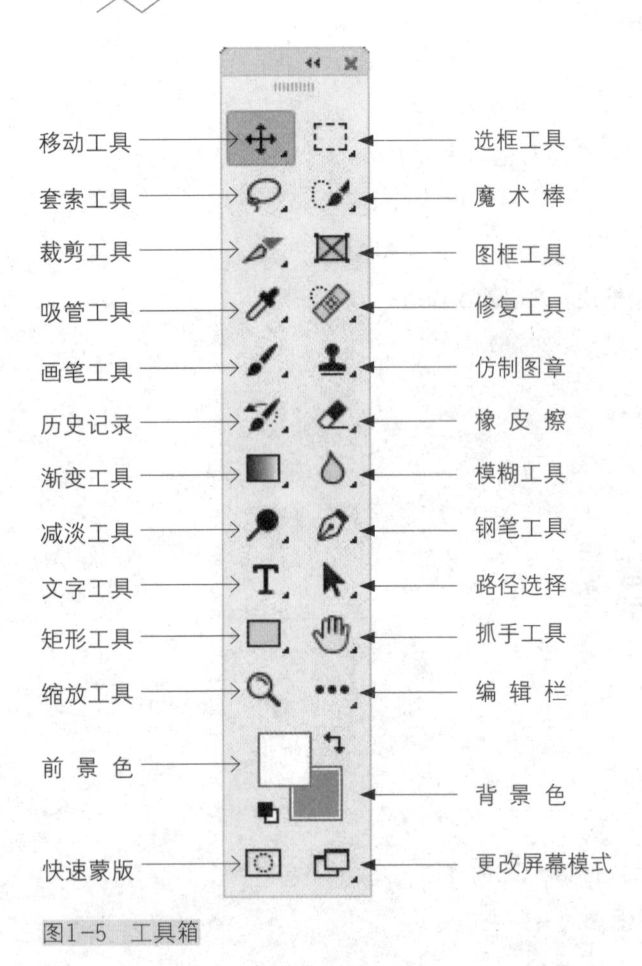

图1-5 工具箱

③执行菜单中的命令。选择菜单中的一个命令即可执行该命令。如果命令后面有快捷键，则按快捷键可快速执行该命令。例如，按“Ctrl+A”组合键可执行“选择”→“全部”命令。

（2）工具箱。工具箱是Photoshop工作界面的重要组成部分。执行“窗口”→“工具”可控制工具的显示与隐藏工具箱中存放着用于创建和编辑图像的工具。Photoshop CC的工具箱主要包括选框工具、绘图工具、填充工具、编辑工具、修复工具、快速蒙版工具等（图1–5）。

（3）选项栏。执行“窗口”→“选项”可控制选项栏的显示与隐藏，选项栏提供使用工具的选项。

大部分工具的选项显示在工具选项栏内，选项栏与上下文相关，并随所选工具的不同而变化。选项栏是工具箱中各个工具的功能扩展，可通过选项栏对工具进一步设置。当选择某个工具后，Photoshop CC工作界面的上方将出现相应的工具选项栏。

（4）状态栏。状态栏位于工作界面的最底部，显示当前文档的大小、文档尺寸、当前工具和窗口缩放比例等信息，单击状态栏中的三角形图标，可以设置要显示的内容。

1.3.2.2 控制面板

执行“窗口”菜单，点击对应的面板，则显示对应的控制面板。

控制面板是Photoshop CC处理图像时不可或缺的部分，它可以完成对图像的处理操作和相关参数的设置，如显示信息、选择颜色、图层编辑等。Photoshop CC界面为用户提供了多个控制面板组，分别存放在不同的面板窗口中。

1.3.2.3 图像画板编辑区

在Photoshop CC窗口中打开一个图像，会自动创建一个图像画板编辑窗口。如果打开了多个图像，则它们会停放到选项卡中。单击一个文档的名称，即可将其设置为当前操作的窗口（图1–6）。另外，按“Ctrl+Tab”组合键，可以按照前后顺序切换窗口；按下“Ctrl+Shift+Tab”组合键，可以按照相反的顺序切换窗口。

单击一个窗口的标题栏并将其从选项卡中拖出，它便成为可以任意移动位置的浮动窗口（图1–7）。拖动浮动窗口的一角，可以调整窗口的大小。另外，将一个浮动窗口的标题栏拖动到选项卡中，当图像编辑区出现蓝色方框时释放鼠标，可以将窗口重新停放到选项卡中。

1.3.2.4 Photoshop的文件基本操作

（1）文件的新建。执行“文件”→“新建”，在对话框中选择对应的选项卡，实现不同大小编辑区的文件，输入相应的名称、宽高、分辨率、模式等参数完成新建文件的创建。

（2）文件的打开与保存。执行“文件”→“打开”，找到所需要文件的目录和路径。

执行“文件”→“存储为”，找到所需要保存文件的目录，并输入文件名。

（3）图像的基本设置。

①重置图像尺寸和分辨率。执行“图像”→“图像大小”，在对话框中设置大小。

图1-6　当前窗口图像

图1-7　活动窗口

②改变图像画布尺寸。选取“裁切工具”后，在编辑区内切裁相应的大小。

执行“图像”→“画布大小”，在对话框中设置大小。

（4）基本编辑操作。

①剪切Ctrl+X。

②拷贝Ctrl+C。

③粘贴与贴入Ctrl+V。

④映射Ctrl+Alt+T复制对称的物体，如对称物品、水中倒影等。

⑤取消选择Ctrl+D。

（5）图像变换操作。

①旋转整幅画布。执行“图像”→“图像旋转”，子菜单中的角度。

②变换选区内的图像。选择“编辑”→“变换”，在子菜单选择相应的选项。

（6）撤销操作。

①“历史记录”面板：“窗口”→“历史记录”。

②撤销命令：Ctrl+Z或者Ctrl+Alt+Z。

③恢复单命令：Ctrl+Shift+Z。

1.3.2.5　常用工具操作

（1）颜色设置工具。主要通过拾色器完成对前景色与背景色的设置，并通过“互换”按钮实现前景色与背景色的互换（图1-8）。

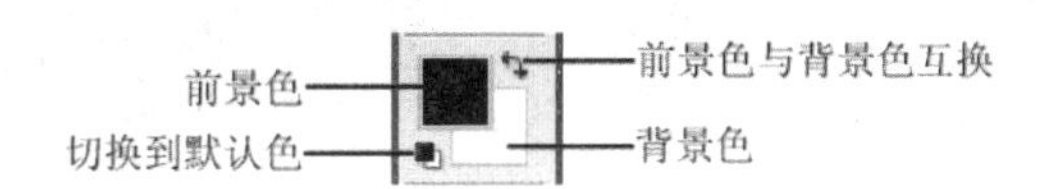

图1-8　颜色拾色器

（2）选框工具。

①选区作用。选区主要功能是在图像文件中创建选择区域，以控制操作范围。当在图像文件中创建选择区域后，所做的操作都是对选择区域内的图像进行的，选区以外的图像将不受任何影响。按住shift键可以创建正方形或正圆选区。

②矩形选框工具。利用矩形选框工具的选项栏中的新建、加选区、减选区、交叉选区功能形成不同的选区（图1-9）。

样式：正常、固定比例、固定大小。

羽化：使选定范围的图边缘达到朦胧的效果，边缘更加平滑柔，显得更加自然而不是棱角、棱边。羽化值越大，朦胧范围越宽；羽化值越小，朦胧范围越窄（图1-10）。

③椭圆选框工具。可以创建任意椭圆和正圆形选区。创建椭圆选区的方法与创建矩形选区方法相同，工具栏选项栏也基本相同。两者的区别是椭圆选框工具选项栏中有个“消除锯齿”选项，选择该项可以消除选区的锯齿，从而在执行绘制、填充以及编辑操作后使图像边缘更加平滑。

④单行和单列选框工具。在工具箱中的矩形选框工具上单击鼠标右键，在弹出的下拉列表里进行选择。直接在图像上单击就可以创建相应的直线型选区，此类选区只有一个像素的高度或宽度，因此，在填充颜色后可以得到直线。

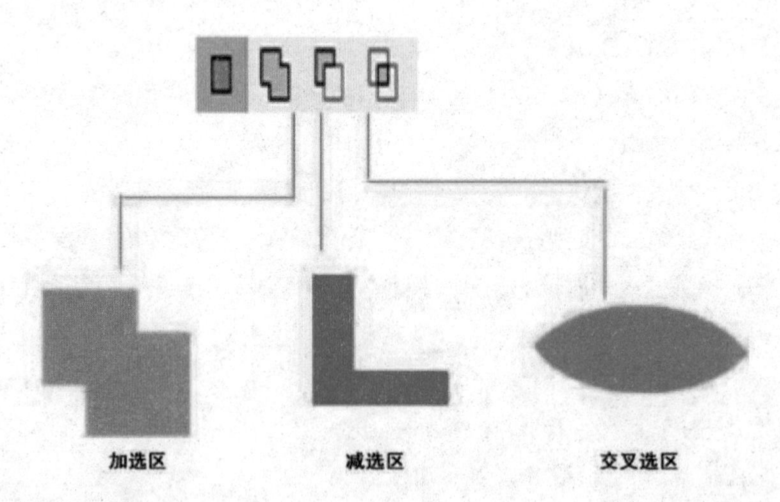

图1-9 选区形式按钮

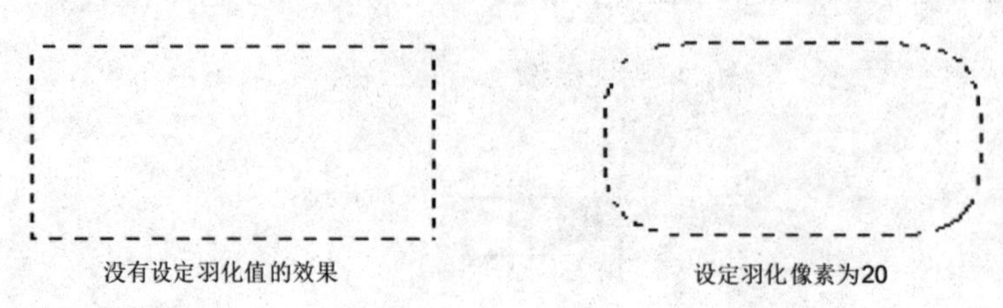

图1-10 羽化效果对比

（3）形状工具。如图1-11所示，主要通过矩形工具、圆角矩形工具、椭圆工具、多边形工具、直线工具、自定形状工具，并结合各自选项栏参数的设置绘制出各式各样的形状，满足大家的要求。

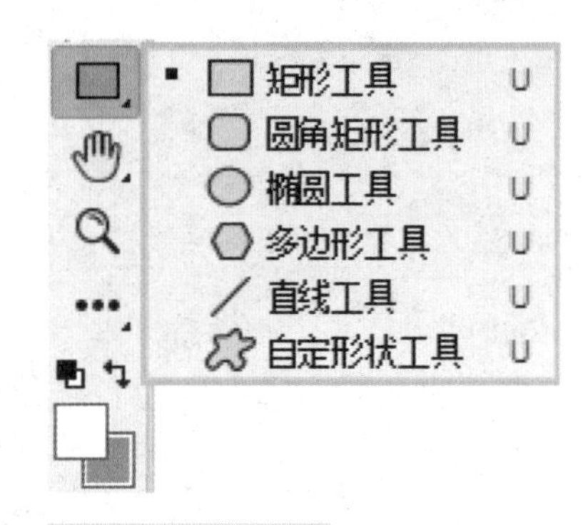

图1-11 形状工具

（4）按颜色选取对象。

①魔棒工具。魔棒工具能够依据图像的颜色进行选择。使用魔棒工具单击图像中的某一种颜色，即可将这种及与这种颜色邻近，或不相邻且在容差范围内的颜色都选中。

“容差”选项：可以确定魔棒的容差值范围。数值越大，选取相邻的颜色越多。

“连续”选项：只选取连续的容差值范围内的颜色。否则，将整幅图像或整个图层中的差值范围内的这种颜色都选中。

“对所有图层取样”选项：将在所有可见层中应用魔棒作用的颜色数据。否则，魔棒工具只选取当前图层中的颜色。

②快速选择工具。该工具是智能的，比魔棒工具的操作更加直观、准确。使用时不需要在选取的整个区域中涂画，快速选择工具会自动调整所涂画区域的大小，并找到边缘使其与选区分离。该工具基于画笔模式，即可以画出所需要的区域。

1.3.3 任务实现——图像的绘制

1.3.3.1 任务分析

首先在新建的文件中，形成图像编辑区，再利用颜色工具、选择工具及其选项栏的选项设置绘制多个大小不同的圆形选区、不规则的选区，并结合其他选取工具进行修缮，创建精确选区，再通过快捷组合键Alt+Delete快速填充不同颜色，形成不规则的图案，最终形成完整简洁的三个不同形状的图像（图1-12）。

1.3.3.2 任务操作

（1）文档创建。新建一个空白文档“图像的绘制”，画布大小为800像素×600像素，背景填充颜色为灰色，R、G、B均为215。

图1-12 图案绘制

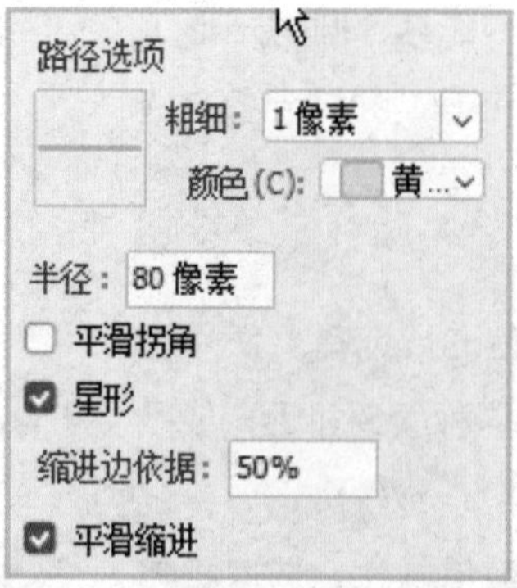

路径选项
粗细：1像素
颜色(C)：黄...
半径：80像素
平滑拐角
星形
缩进边依据：50%
平滑缩进

图1-13　多边形的设置（一）

图1-14　多边形的设置（二）

（2）圆形的绘制。新建图层，选择“椭圆选框工具”，注意创建方式的选择，将前景色设置为白色，在图像窗口的左下方按住Shift键绘制白色正圆形。

同理，新建4个图层，分别将前景色设置为玫红色、浅玫红色、浅灰色和白色，再绘制4个圆形，如图1-12左图所示排列（提示：圆形分别建在不同的图层中，方便进行调整）。

（3）月亮的绘制。新建3个图层，将前景色分别设置为黄色、浅黄色、白色，在图像窗口中下方绘制三个圆形，将其叠加后由黄色、浅黄色形成一个月亮形；分别选中这三个图层，右击执行“栅格化图层”，并且在图层面板中选择这三个图层进行向下合并Ctrl+E。选择工具箱中的魔棒工具，选取白色圆形，按Delete键将其删除；自由变换，逆时针旋转，完成变换并取消选区，得到月亮的形态，如图1-12所示。

提示：若画好的形状颜色不正确，需修改则调整好前景色，按Alt+Delete进行填充（也可用其他方法完成月亮的绘制，如选区的使用，用选区的加减来完成，也是可以的，而且能够拓展思维并对以前所学的知识进行复习）。

（4）五边形/五角星的制作。

①新建2个图层，用工具箱中的“多边形工具”，绘制大小不一的多边形，其工具属性栏设置为如图1-13所示，并通过对应的选项栏中的填充将内多边形设为白色，描边将外多边设为黄色（图1-14）。

②同理，在图像窗口创建红色五角星形。

至此完成三个图案的绘制。

图1-15　小花的绘制

小花的绘制

利用颜色工具、选择工具及其选项栏的选项设置绘制多个大小不同的圆形选区、不规则的选区，形成图像编辑区，填充不同颜色，实现小花的绘制，如图1-15所示。

项目2
图层与图层样式

素材

PPT 课件

学习目标

1. 掌握图层的基本操作，管理图层样式、图层样式面板等的使用。

2. 进一步通过常用工具，运用多种图层样式，完成网页导航栏、卡通图标和水晶图效果的制作，以达到对图层样式的灵活使用。

2.1 图层

2.1.1 任务引入

一个高品质的图像，往往由多个不同图像元素组成，在对各个图像元素进行处理时，希望各元素相互衬托，但同时能够独立，不会影响图像中其他元素。为了达到这种效果则需将各图像元素放在不同的“图层”中实现。

本任务主要利用选区工具、渐变工具实现不同形状或元素，同时将这些形状或元素放在独立的图层中，以便更好地独立操作，达到简洁的网页UI设计效果。即运用图层及常用工具实现对网页页面背景以及导航栏设计，其效果如图2-4所示。

2.1.2 知识引入

2.1.2.1 图层及类型

（1）概念。“图层”是由英文单词layer翻译而来。将图层比喻成一张张透明的纸，在多张纸上画了不同的东西，即对象或元素，然后叠加起来，就是一幅完整的画（图2-1）。为了方便管理与操作，将不同的对象或元素放在不同的图层中，可以单独处理某个元素，而不会影响图像中的其他元素。

（2）分类。

①普通图层：主要功能是存放和绘制图像，普通图层可以有不同的透明度。用户还可以通过复制现有图层或者创建新图层来得到普通图层。在普通图层中可以进行任何与图层相关的操作。

图2-1　图层的形成

②背景图层：位于图像的最底层，可以存放和绘制图像。当创建一个新的不透明图像文档时，会自动生成“背景”图层。默认情况下，“背景”图层位于所有图层之下，为锁定状态，不可调节图层顺序和设置图层样式。双击“背景”图层时，可将其转换为普通图层。

③填充/调整图层：主要用于存放图像的色彩调整信息。

④文字图层：输入与编辑文字内容，通过使用“文字工具”可以创建文字图层，文字图层不可直接执行滤镜效果。

⑤形状图层：主要存放矢量形状信息，通过使用“形状工具”或“钢笔工具”可以创建形状图层。

（3）图层浮动面板。“图层”面板用于创建、编辑和管理图层，面板中包含了所有的图层、组和图层效果。图层面板中包括多个功能按钮，在制作图像时充分发挥其按钮的作用（图2-2）。

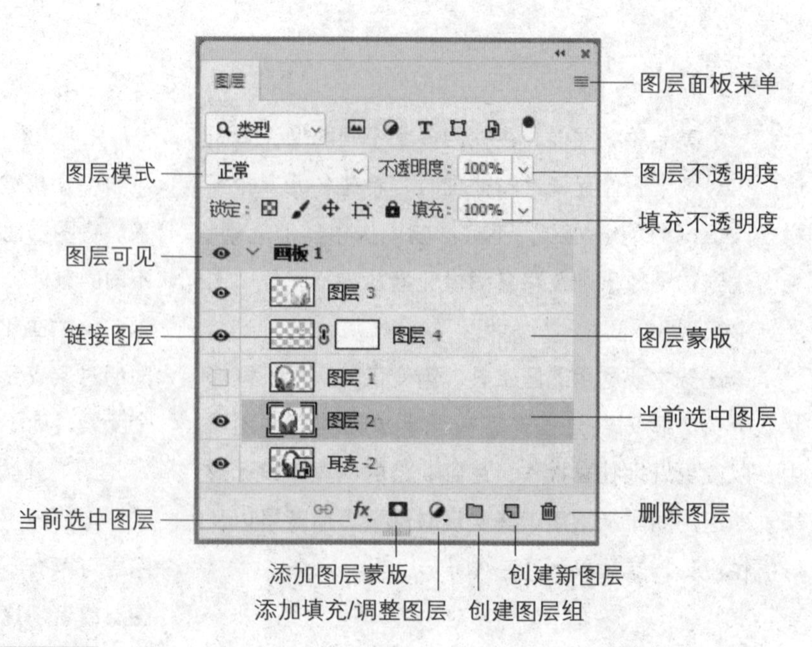

图2-2　图层面板

2.1.2.2 图层的基本操作

（1）新建图层。用户在创建和编辑图像时，新建的图层都是普通图层，具体方法如下：

方法一：执行“图层→新建→图层”命令。

方法二：单击图层面板下方的“创建新图层”按钮，直接新建一个空白的普通图层。

（2）复制图层。复制图层图像内容为副本，并形成独立的图层，具体方法如下：

方法一：单击所需复制的图层，拖动该图层到图层控制面板下方的“创建新图层”按钮。

方法二：右击所需复制的图层，执行“复制图层”命令，在复制图层对话框中的“目标”下拉列表框中选择当前文件。

（3）选择图层。制作图像时，如果想要对图层进行编辑，就必须选择相应的图层。在Photoshop CC中，选择图层的方法有多种：

①选择一个图层：在“图层”面板中单击需要选择的图层。

②选择多个连续图层：单击第一个图层，然后按住“Shift”键的同时单击最后一个图层。

③选择多个不连续图层：按住“Ctrl”键的同时依次单击需要选择的图层。

④取消某个被选择的图层：按住“Ctrl”键的同时单击已经选择的图层。

⑤取消所有被选择的图层：在“图层”面板最下方的空白处单击或单击其他未被选择的图层，即可取消所有被选择的图层。

（4）删除图层。为了尽可能减小图像文件的大小，一些不需要的图层可以将其删除，具体方法如下：

方法一：在图层调板中选中所需删除图层，拖动到调板下方的垃圾箱按钮上。

方法二：右击所需删除的图层，在图层调板菜单中，执行“删除图层”命令。

（5）调整图层顺序：

方法一：选中所需移动的图层，用鼠标直接拖动到目标位置。

方法二：执行“图层→排列”菜单下的相应命令。

（6）锁定图层。Photoshop提供图层锁定功能，让用户通过全部或部分锁定图层来避免有时在编辑图像的过程中不小心破坏图层内容。

当图层完全锁定时，锁形图标是实心的；当图层部分锁定时，锁图标是空心的。

①锁定透明区域：锁定当前图层中的透明部分，保护图层中的透明部分不被填充或编辑。

②锁定图像像素：防止使用绘画工具编辑修改图层的像素（包括透明区域和图像区域）。

③锁定全部：图层内容既不能移动也不能修改，而且不能改变图层的不透明度和图层混合模式。

④锁定位置：防止图层的像素被移动或变形。

（7）图层合并。

①向下合并。

方法：将要合并的图层或图层组在图层调板中放置在一起，确保两个图层都可视，执行“图层→向下合并”（图2-3）。

②合并可见图层。

方法：执行“图层→合并可见图层”命令。

（8）盖印图层。除了可以合并图层之外，还可以给图层盖印，盖印可将多个图层的内容合并为一个目标图层，而原来的图层不变。一般情况下，所选图层将向下盖印它下面的图层。

方法：选择多个图层，使用Ctrl+Alt+Shift+E快捷键。

（9）删格化图层。一般建立的文字图层、形状图层、矢量蒙版和填充图层之类的图层，就不能在它们的图层上再使用绘画工具或滤镜进行处理了。若要在这些图层上再继续操作就要用到栅格化图层，它可将这些图层的内容转换为平面的光栅图像。

Photoshop会弹出提示“处理前必须先删格化此形状图层。它不再有矢量蒙版。要删格化形状吗？”选择“好”删格化形状后才能正常操作。

方法：执行“图层→栅格化→文字……”

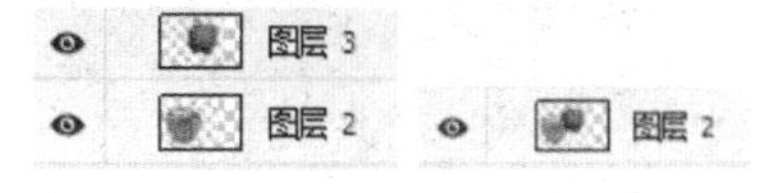

图2-3 向下合并

2.1.3 任务实现——网页页面及导航条设计

2.1.3.1 任务分析

利用视图中的标尺进行页面分栏，同时利用小图像进行背景填充。在不同图层中运用选区工具和渐变工具制作导航背景以及导航条，通过文字工具在不同图层中快速制作导航文字，最终完成简洁的页面导航设计效果（图2-4）。

2.1.3.2 任务操作

（1）文档创建。选择“文件→新建→Web→Web最小尺寸”，大小为“1024像素×768像素”，在其对话框设置名称“首页导航”（图2-5）。

（2）背景图案的设置。

①在Photoshop CC中打开素材文件“background.jpg”，执行菜单“选择→全部”，即出现一个矩形的蚂蚁线实现选取，再执行“编辑→定义图案”，在对话框中图像定义为“背景图案”。

②在“首页导航”文档中进行背景填充：“编辑→填充”，其对话框设置如图2-6所示。

（3）网页分割。

①在首页文档中新建“图层2”，并通过“视图→标尺”打开标尺。

②在该图层运用“铅笔工具”按钮，结合Shift键画出7条垂直线将画布分为8等份。同理，通过3条水平线画“网页Logo、网页主体图片、网页导航、网页版权”四个区域，其效果如图2-7所示。或使用“单行选择工具”和“单列选择工具”产生选区，并填充灰色，实现区域的分割（图2-7）。

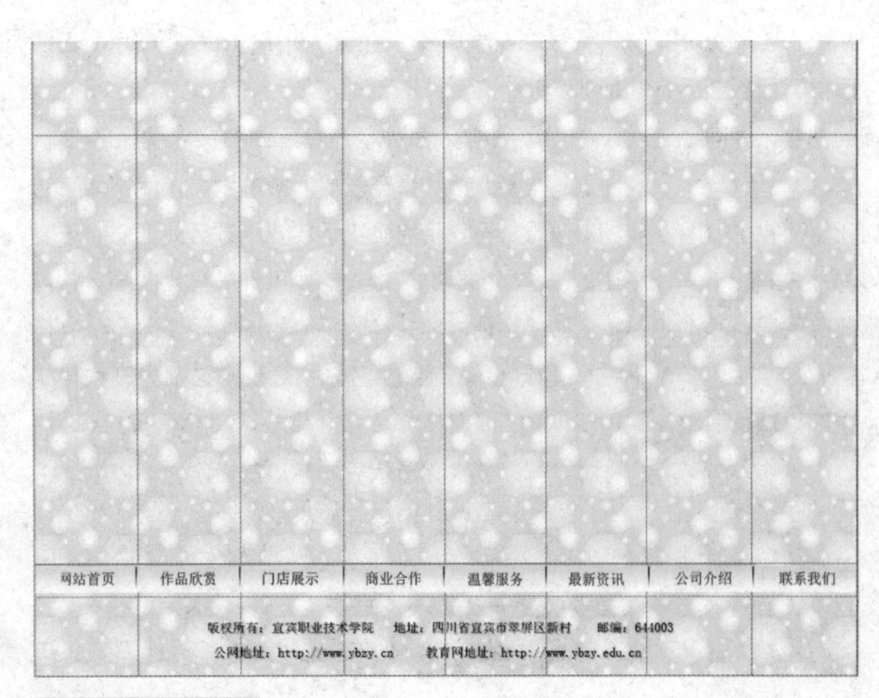

图2-4 页面导航设计

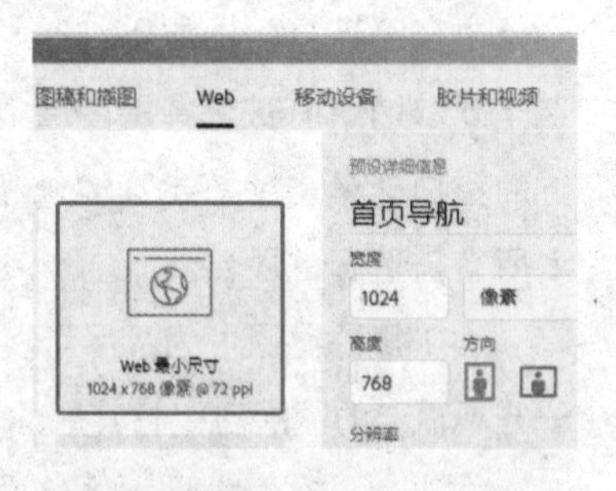

图2-5 新建对话框

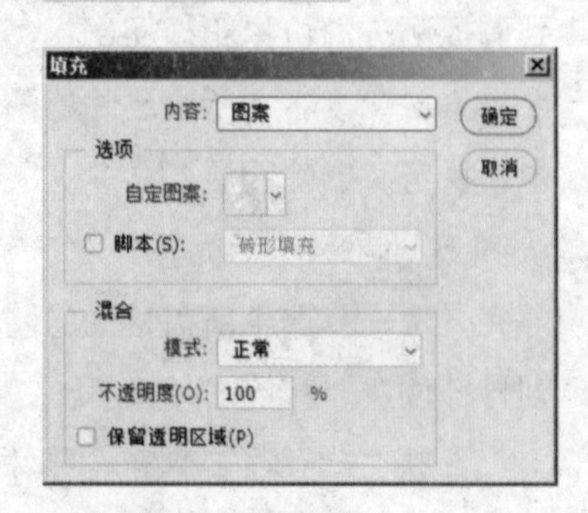

图2-6 填充对话框

图2-7　网页参考线

（4）导航栏“矩形渐变”的制作。

①新建“图层3”，在该图层运用“矩形选框工具”，在图像中拖动至合适大小，建立导航条矩形选区，高30像素（图2-7）。用“吸管工具”吸取背景图层中的蓝色为前景色，选择“渐变工具”按钮，双击“选项栏”的“渐变样式”列表框图处，弹出“渐变编辑器”对话框，设置前景色到白色的渐变（图2-8）。

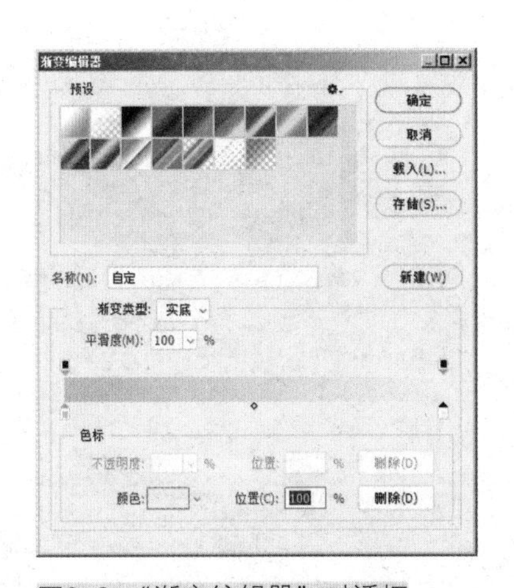

图2-8　“渐变编辑器”对话框

②在图2-7中的导航矩形选区自上而下或自下而上拖动鼠标，拉出一条垂直渐变线，得到渐变导航条。

③执行“选择”→“取消选择”或Ctrl+D取消选区。

（5）导航条分界线的制作。

①新建“图层4”，在该图层运用“矩形选框工具”在导航栏中绘制一个矩形框：宽2像素、高30像素（图2-9）。

②选择渐变工具，设置一个由蓝色到前景色的渐变色，在该矩形区内由左向右或由上而下拖动应用该渐变，实现网页导航条分界线（图2-10）。

③同理，分别新建6个图层，在不同的图层中制作出其他6条导航条分界线。

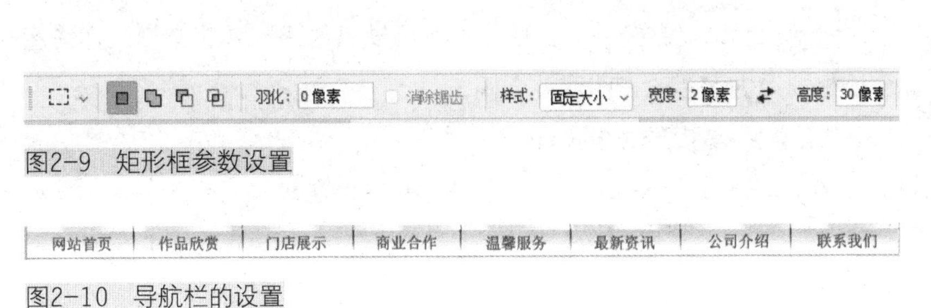

图2-9　矩形框参数设置

图2-10　导航栏的设置

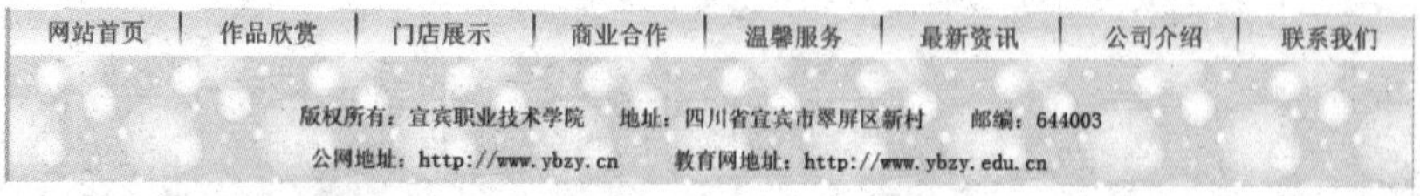

网站首页 | 作品欣赏 | 门店展示 | 商业合作 | 温馨服务 | 最新资讯 | 公司介绍 | 联系我们

版权所有：宜宾职业技术学院　地址：四川省宜宾市翠屏区新村　邮编：644003
公网地址：http://www.ybzy.cn　教育网地址：http://www.ybzy.edu.cn

图2-11　版权信息的设置

（6）导航条文字的制作。

①新建图层，在该图层使用“横排文字工具” T 为首页添加导航文字“网站首页”，字体为宋体、大小为16点（图2-10）。

②同理，分别新建7个图层，在不同的图层中添加对应的导航文字。

（7）网页版权信息的添加。

新建图层，在该图层使用“横排文字工具” T 为首页添加对应版权文字信息，字体为宋体、大小为10点（图2-11）。

至此，网站简洁界面的设计效果完成。

2.2　图层模式

2.2.1　任务引入

对图像进行一定的设计，甚至设计一些特殊效果，往往需要使用图层的强大功能，即图层样式的使用，使图层产生不同的效果，也为自己的设计作品增光添彩。

本任务主要利用图层基本操作、图层样式对图像中不同区域进行局部突出，实现卡通图标效果，吸引访问者关注图像中的突出点。

2.2.2　知识引入

2.2.2.1　概述

图层模式和绘图工具的绘图模式作用相同，主要用于决定其像素如何与图像中的下层像素进行混合，使当前图层产生特殊效果。

Photoshop提供多种混合模式，图层缺省的模式是正常模式，在图层调板的上方可以改变图层混合模式。

2.2.2.2　图层样式操作

（1）执行“图层→图层样式”子菜单下的各种样式命令。

（2）单击“图层面板”下方的样式按钮，从弹出菜单中选取“混合选项”命令。

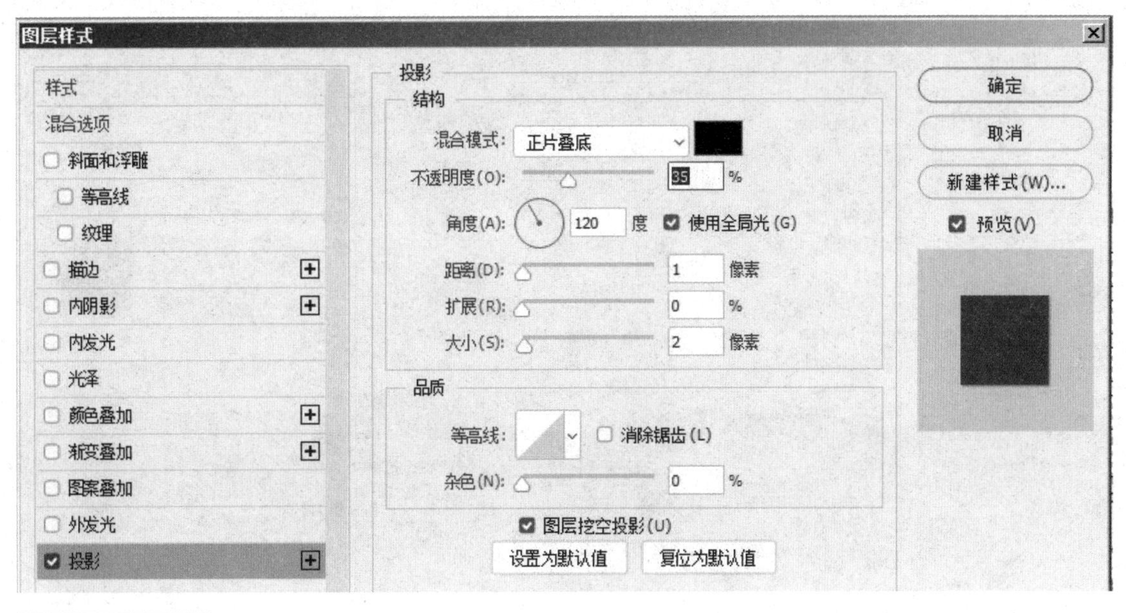

图2-12 投影样式

（3）双击图层面板中普通图层的图层缩览图，即弹出“图层样式”对话框。

在设置时特别注意预览图中的外边沿或内边沿的变化，但有些因是灰色变化不明显。

2.2.2.3 图层模式类型

（1）投影效果。用于使当前图层产生不同方向的阴影效果，在“图层样式”对话框右侧，投影效果的设置如图2-12所示，其设置各项：

①混合模式：设置阴影与下方图层的混合模式。

②不透明度：设置阴影效果的不透明程度。

③角度：设置阴影的光照角度。

④距离：设置阴影效果与图层原内容偏移的距离。

⑤扩展：用于扩大阴影的边界。

⑥大小：用于设置阴影边缘模糊的程度，数值越大越模糊。

⑦消除锯齿：使投影边缘更加平滑。

⑧图层挖空投影：用于控制半透明图层中投影的可视性。

⑨杂色：用于控制在生成的投影中加入颗粒的数量。

⑩等高线：等高线的设置用于加强阴影的各种立体效果。

（2）内阴影效果。用于在当前图层内部产生阴影效果。“内投影效果”的大部分设置项与投影效果相同，只是区域在物体对象内，不同的是有“阻塞”设置，其设置“阻塞”：用于设置阴影内缩的大小。

（3）外发光效果。用于在当前图像的边缘外部产生一种辉光效果，外发光效果的设置如图2-13所示，其设置各项：

单击色块可以设置发光的颜色。

单击色块可以打开“渐变编辑器”编辑设置发光的渐变色。

方法：用于选择外发光应用的柔和技术，可以选择“柔和”和“精确”两种设置。

①扩展：设置光向外扩展的范围。

②大小：控制发光的柔化效果。

③等高线：控制外发光的轮廓样式。

④范围：控制等高线的应用范围。

⑤抖动：用于在光中产生颜色杂点。

（4）内发光效果。用于在图像的边缘内部产生一种辉光效果。内发光的大部分设置项与外发光效果相同，其区别在于有源和阻塞设置，其设置各项：

①源：“居中”表示光线从图像中心向外扩展，“边缘”表示光线从边缘向中心扩展。

②阻塞：收缩内发光的杂边边界。

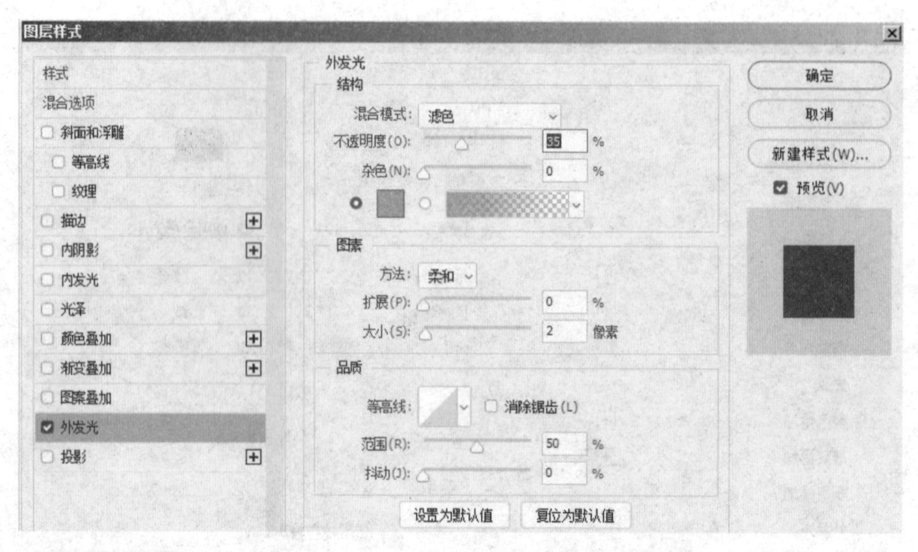

图2-13　外发光参数

（5）斜面及浮雕效果。在图层上直接产生多种浮雕效果，使图层更具有立体感，其样式有5种，即内斜面效果、外斜面效果、浮雕效果、枕状浮雕效果、描边浮雕效果（图2-14）。

（6）光泽效果。主要用于对需要设置光泽效果的当前图像进行优化，其设置各项：

①混合模式：设置光泽颜色叠加模式，可在右方的颜色按钮中选择光泽颜色。

②不透明度：设置光泽颜色叠加的不透明度。

③角度：用于设置光泽角度。

④距离：光泽效果的距离调整。

⑤大小：设置效果边缘的虚化程度。

⑥等高线：设置方法与前面的效果相同。

（7）颜色叠加效果。“颜色叠加效果”用于使用当前图层产生一种颜色叠加的效果。也可以在当前图层上添加单一的色彩（图2-15）。

图2-14　斜面及浮雕

图2-15 颜色叠加

图2-16 渐变叠加

（8）渐变叠加效果。“渐变叠加效果”用于在当前图层添加相应的渐变色（图2-16）。

（9）图案叠加效果。“图案叠加效果”用于在当前图层基础上产生一个新的图案覆盖效果层，其设置各项：

①图案：用于选择叠加图案。

②缩放：设置图案的缩放比例，调整图案的大小。

③与图层链接：用于将图层与图案链接在一起，在图层变形时可以保持图案的同步变形。

（10）描边效果。“描边效果”用于在当前图层的边缘添加各种加边效果，其设置各项：

①大小：设置描边的宽窄。

②位置：有“外部”“内部”“居中”三个设置项，用于设置描边位置。

③填充样式：用于设置描边的内容，可以选择颜色描边效果、渐变描边效果和图案描边效果。

2.2.3 任务实现——卡通图标

2.2.3.1 任务分析

主要利用移动工具、图层面板以及图层样式中的多种样式，分三个方面完成卡通背景图效果的设置，以及实现卡通头像图层样式和文字图层样式的设置（图2-17）。

2.2.3.2 任务操作

（1）文件的新建。菜单“文件”→“新建”，在“新建文档”对话框中，名称“卡通图标”，分辨率为300dpi，宽为10厘米，高度为6厘米，白色背景。

（2）背景设置。

①前景色为紫色RGB（157、0、222），按Alt+Delete填充“背景”图层。

②Ctrl＋O组合键，打开素材文件“卡通背景.jpg”，选择“移动”工具中，将卡通背景图片拖曳到图像窗口中适当的位置。

图2-17　卡通图标效果

③在图层面板中生成新的图层，并将其命名为“底图”，在“图层”控制面板上方[正常]，将“底图”图层的混合模式选项设为“变亮”。

（3）卡通头部图标制作。

①按Ctrl＋O组合键，打开素材“卡通头部.png”文件，选择“移动”工具，将图片拖曳到图像窗口中适当的位置并调整其大小，在“图层”控制面板中生成新的图层并将其命名为“小狗”。

②单击“图层”面板下方的“添加图层样式”按钮，在弹出的菜单中选择“斜面和浮雕”命令，弹出“图层样式”对话框，选项的设置如图2-18所示，单击“确定”按钮。

③单击“图层”控制面板下方的“添加图层样式”按钮 fx，在弹出的菜单中选择“渐变叠加”命令，弹出“图层样式”对话框，选项的设置如图2-19所示，单击“确定”按钮。

④同理，单击“图层”控制面板下方的“添加图层样式”按钮 fx，在弹出的菜单中选择“外发光”，在对话框中发光颜色为橘黄色（RGB为255、15、0），其设置如图2-20所示。

（4）文字设置。

①将前景色设为黑色。选择“横排文字”工具T，在适当的位置输入需要的文字并选取文字，在属性栏中选合适的字体，大小为18点，输入大写英文“LOVELY DOG”。

②选取需要的文字，按Ctrl＋T组合键，弹出“字符”面板，将“水平缩放”选项[90%]设置为90%，其他选项的设置如图2-21所示，按Enter键确定操作。

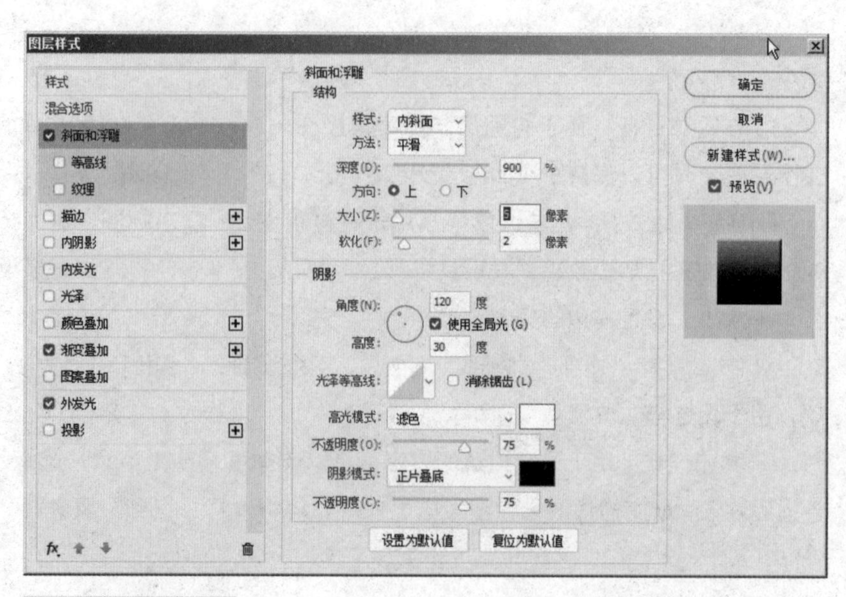

图2-18　斜面和浮雕

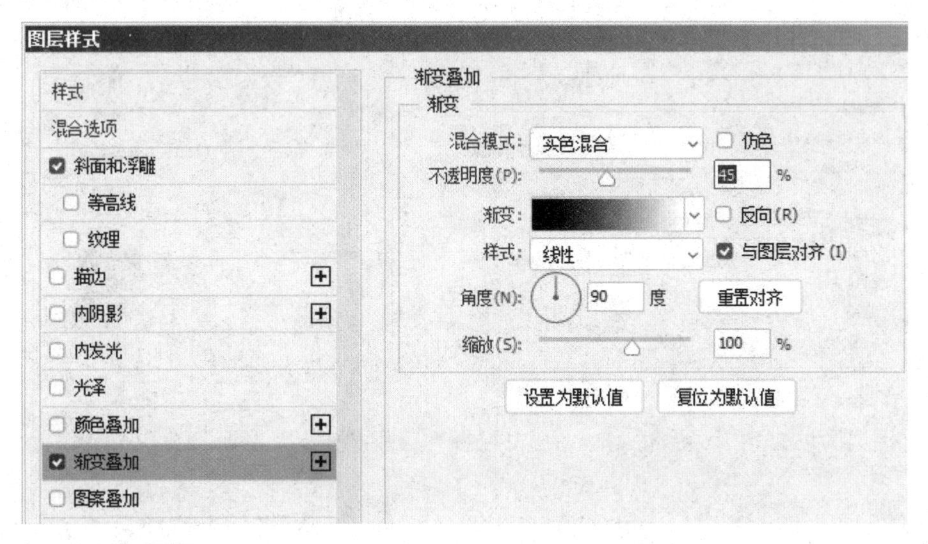

图2-19　渐变叠加

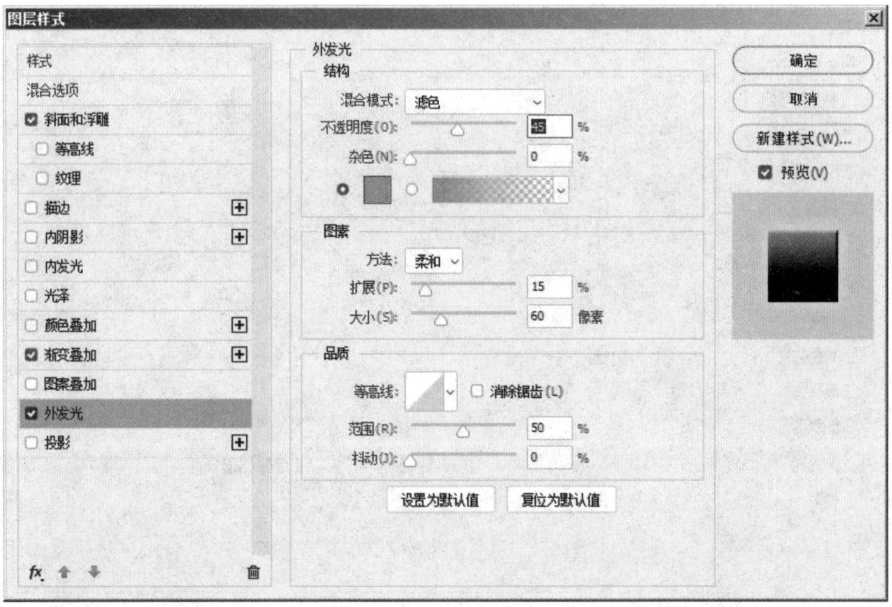

图2-20　外发光样式

③单击“图层”控制面板下方的“添加图层样式”按钮，在弹出的菜单中选择“描边”命令，弹出“图层样式”对话框，将“描边”颜色设为淡紫色（其RGB为229、200、222），其他选项的设置如图2-22所示，按Enter键确定操作。

④选择“内发光”选项，并切换到相应的对话框中，将“内发光”颜色设为淡紫色（其RGB为229、200、222），其他选项的设置如图2-23所示，按Enter键确定操作。

（5）保存。按Ctrl+S组合键进行以“卡通图标.PSD”保存。

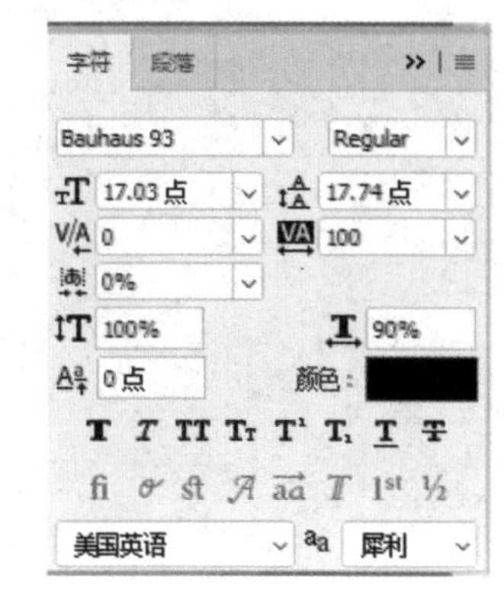

图2-21　文字字符设置

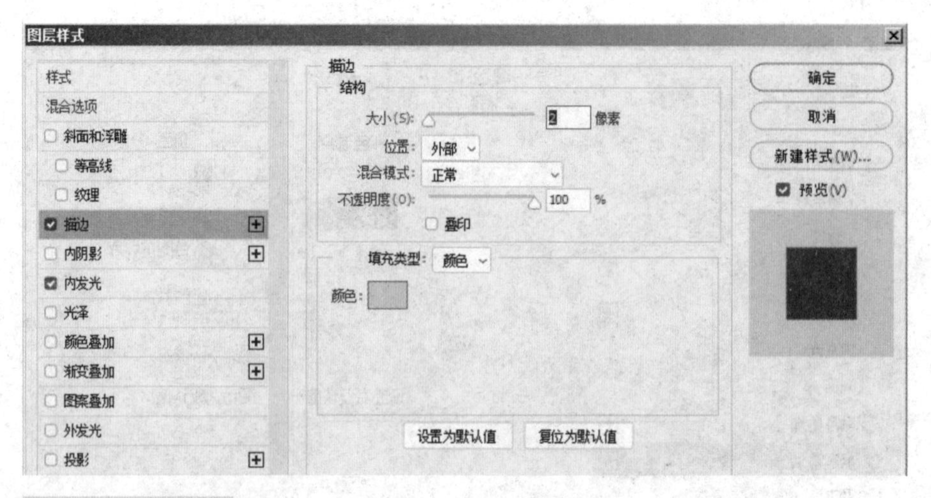

图2-22　文字的描边

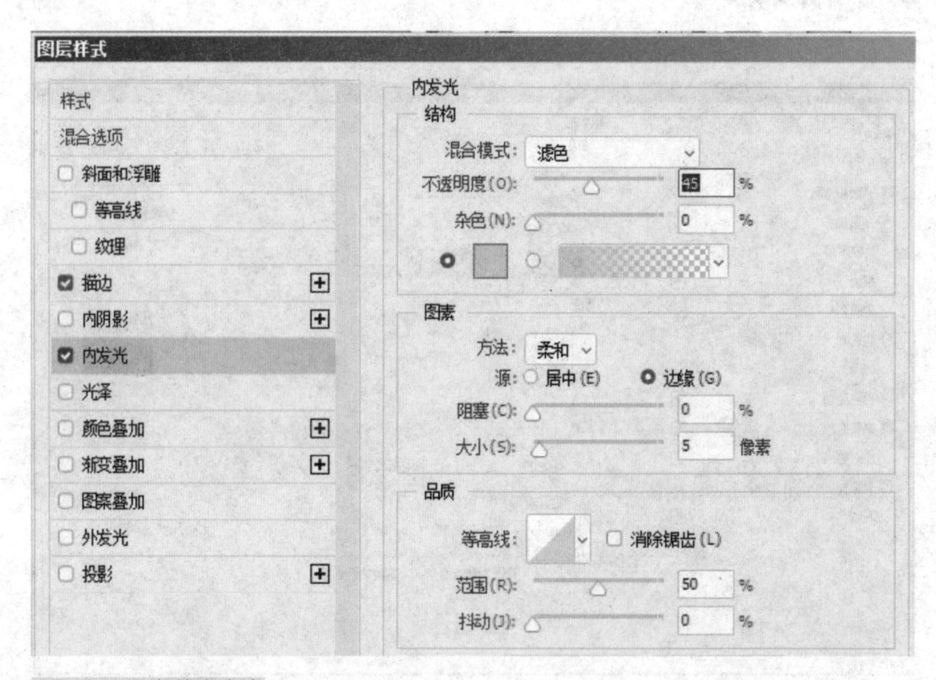

图2-23　文字的内发光

2.3　图层样式的应用——异型边框的设计

2.3.1　任务引入

经常在户外广告看到图片中通过清晰显示某部分图片，模糊背景，以突出或重点显示清晰的部分，并且还可能加一定的边框实现对清晰图像的重点突出。

图2-24 异型边框的添加

2.3.2 任务知识分析

利用“矩形工具”，利用特殊模糊对背景进行一定的模糊设置。同时结合图层样式以及蒙版对人物进行清晰设置，从而突出或重点显示图像中的人物，如图2-24所示。

2.3.3 任务操作

（1）背景的制作。

①打开素材“小坝.JPG”文件，将“背景”图层拖曳到“图层”控制面板下方的“创建新图层”按钮上进行复制，生成新的副本图层，单击“背景副本”图层左侧的眼睛图标画，隐藏该图层。

②选中“背景”图层，选择“滤镜”→“模糊”→“特殊模糊”命令，在弹出的对话置，如图2-25所示，单击“确定”按钮，按Ctrl＋Shift+U将图片去色。

图2-25　特殊模糊

（2）矩形边框的制作。

①新建图层并将其命名为“白色矩形”，将前景色设为白色。选择“矩形”工具，在属性栏中“选择工具模式”选项中选择“像素”，在图像窗口中绘制矩形。

②按Ctrl＋T组合键，在图像周围出现变换框，将指针放在变换框的控制手柄外边，指针变为旋转图标，拖曳鼠标将图像旋转到适当的角度，按Enter键确定操作，并将矩形拖曳到新娘位置，其矩形框图形效果如图2-30所示。

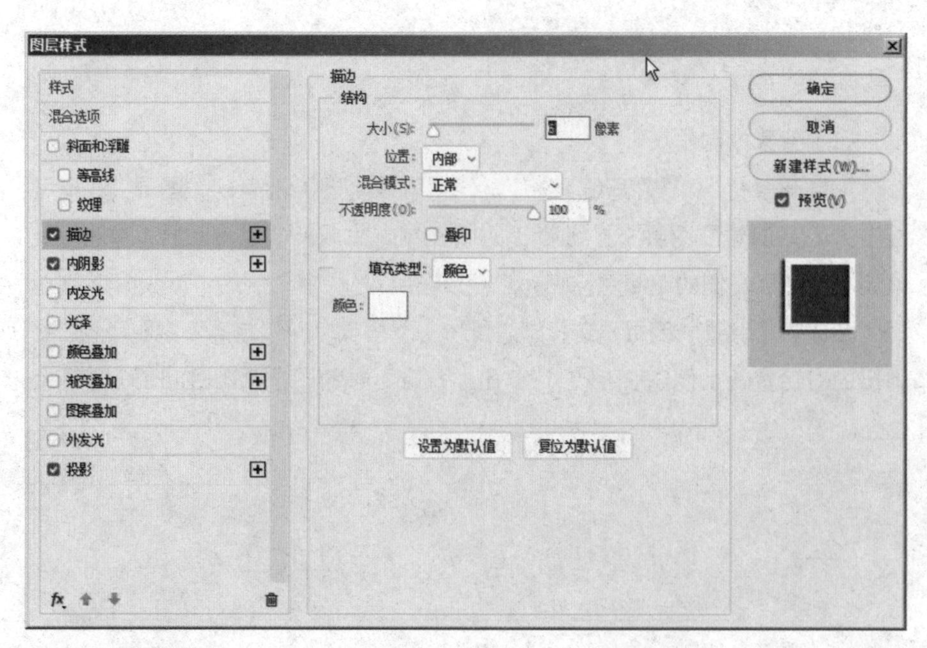

图2-26　描边设置

③单击“图层”控制面板下方的“添加图层样式”按钮fx，在弹出的菜单中选择“描边”命令，在弹出的“图层样式”对话框中进行设置，如图2-26所示。

④选择“内阴影”选项，切换到相应的对话框中进行设置，如图2-27所示。

⑤选择“投影”选项，切换到相应的对话框中进行设置，如图2-28所示。

⑥显示并选择“背景副本”图层。按Ctrl + Alt + G组合键，为“背景副本”图层创建剪贴蒙版，如图2-29所示。

⑦在“图层”控制面板中，按住Shift键的同时，将“背景副本”和“白色矩形”图层同时选取，将选中的图层拖曳到“图层”控制方的“创建新图层”按钮上进行复制，生成新的副本图层。

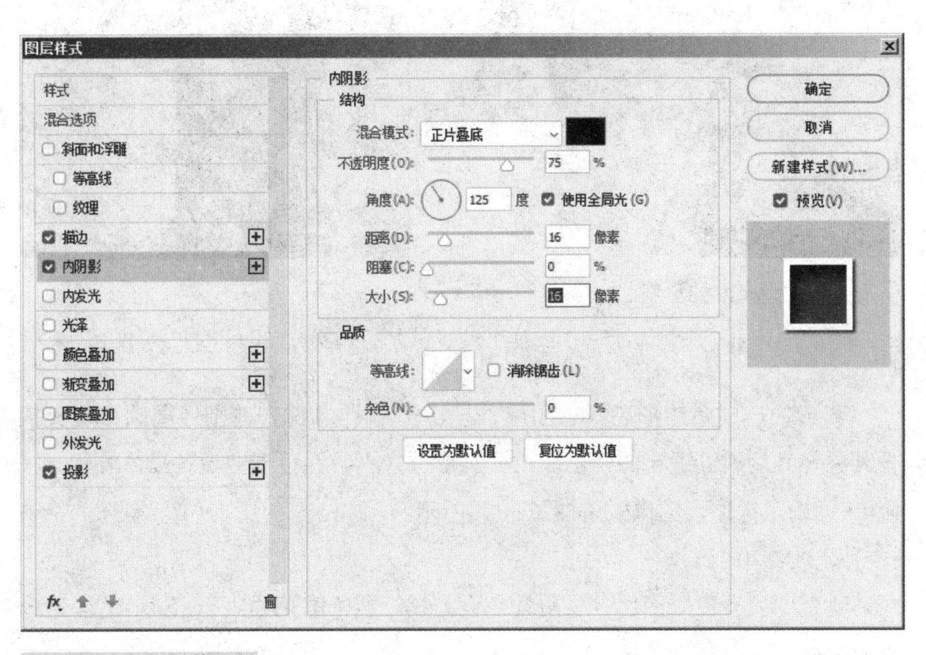

图2-27　内阴影的设置

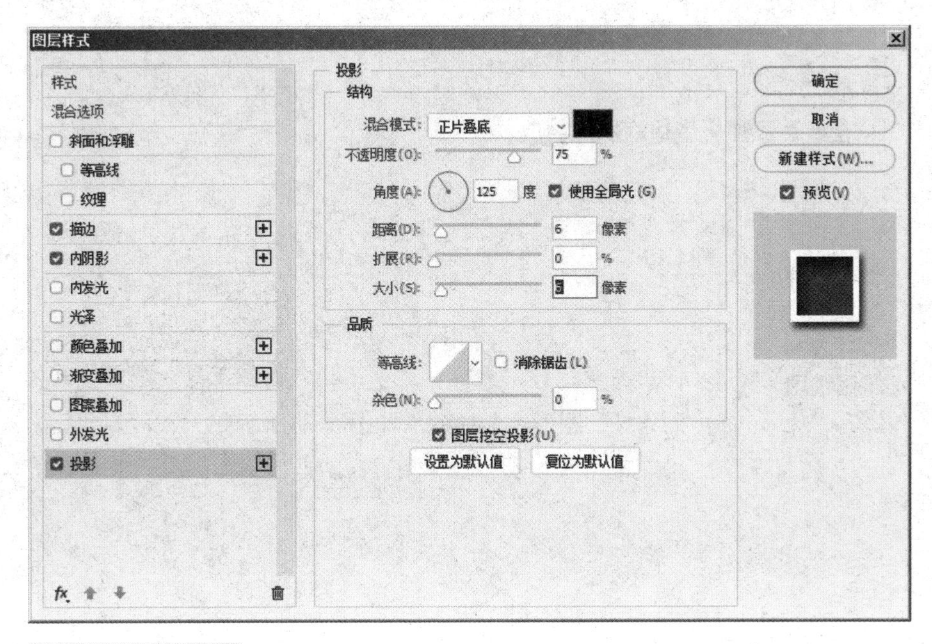

图2-28　投影的设置

图2-29　剪贴蒙版

图2-30　白色矩形的复制

⑧选中“白色矩形副本”图层，按Ctrl+T组合键，在图像周围出现变换框片并将其旋转到适当的角度，改变矩形框大小，并移到图像对应的位置，按Enter键确定操作，图像效果如图2-30所示。

（3）文字的制作。

①选中“背景”图层，将前景色设为橘红色（RGB为255、84、0）。选择“横排文字”工具**T**，在适当的位置输入需要的英文文字。

②选取文字，选择合适的字体并设置大小，按Alt+向左方向键，调整文字适当的间距，图像效果如图2-24所示，在“图层”控制面板中生成新的文字图层。

至此，添加异型边框制作完成。

图2-31　按钮

课后练习

按钮的制作

使用渐变工具、直线，文字工具、椭圆工具、图层样式命令制作按钮图形，最终效果如图2-31所示。

项目3
绘制与修饰工具的使用

素材

PPT课件

学习目标

1. 理解画笔工具、铅笔工具、填充工具、颜色替换工具、修图工具以及修补等工具的作用和使用方法。

2. 使用绘制工具和修饰工具完成漂亮画笔、花纹背景图案以及QQ卡通图案的设计与制作，进一步提高学生对常用绘制与修饰工具的使用。

3.1 绘图工具

3.1.1 任务引入

要对图像进行有效绘制和修改，首先需熟练掌握图像的一系列绘图工具，包括画笔工具、铅笔工具、图章图案工具、橡皮擦工具以及修补工具等的正确使用。从而能够快捷、精确选择图像中对应部分，以提高绘图和修改的质量，实现图像的不同效果。

本任务主要利用画笔工具及其他绘图工具完成画笔的创建，以及利用其漂亮的效果实现画笔的使用，同时在知识分析过程中引入简洁的实例，以增强对部分知识的理解。

3.1.2 知识引入

3.1.2.1 画笔工具

（1）作用。类似实际中的笔刷，能够绘制出边缘柔和的线条，效果像用毛笔绘制的线条，即使用前景色绘制带有艺术效果的笔触或线条。不仅能够绘制图画，还可以修改通道和蒙版。选择“工具”箱上的“画笔”工具后，即在界面上出现该画笔的选项栏（图3-1）。

（2）画笔选项。在选项栏中单击“画笔”样式右侧的按钮，弹出“画笔选项”调板（图3-2），包含的主要工具选项有：

图3-1　画笔选项栏

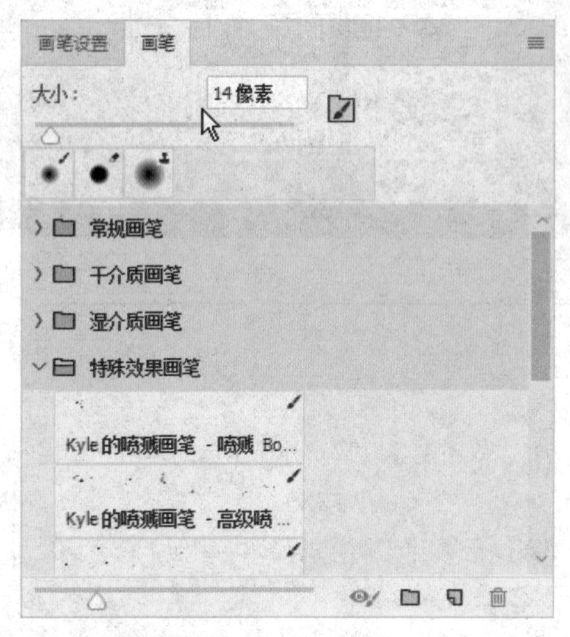

图3-2　画笔选项调板

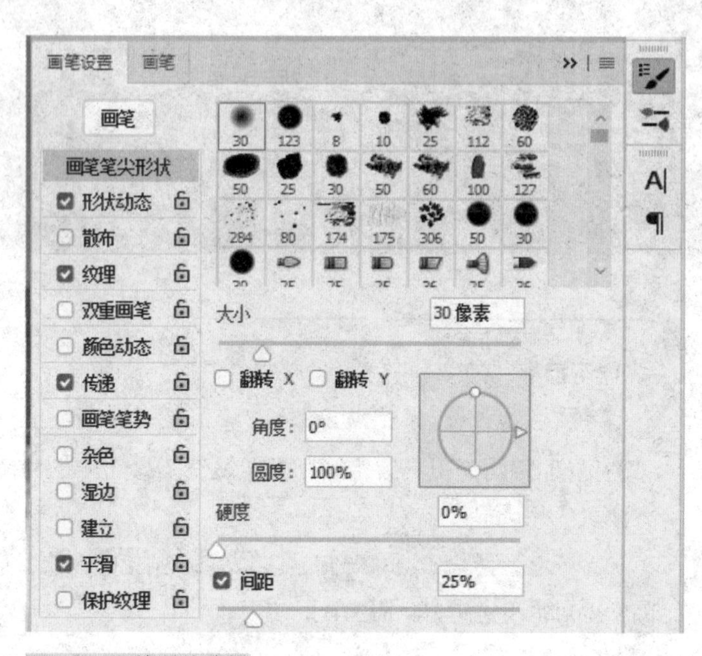

图3-3　画笔形状选择

①主直径：用来设置画笔的直径大小，大小在1～2500像素。

②硬度：用来设置画笔的边缘效果，值越小，边缘越模糊、越柔和；反之，越清晰、越坚硬。

③画笔样式库：用来选择不同大小和形状的笔刷样式。

④模式：主要包括常规画笔、干介质画笔、湿介质画笔以及特殊效果画笔四大类模式，不同的模式决定了画笔所使用的颜色对原图中像素产生的不同影响。

⑤最近画笔：在此可以选择最近使用的画笔。

⑥翻转X/翻转Y：用来设置画笔形状是否在X、Y轴方向产生倾斜。

⑦角度：-180°～180°用来设置画笔形状在X、Y轴方向的倾斜角度。

⑧圆度：0～100%用来设置画笔形状的圆滑度。

⑨硬度：0～100%用来设置画笔的硬度以及柔和度。

⑩间距：1%～1000%用来设置画笔图案或标记点之间的距离。

⑪新建画笔：可以将设置好的画笔保存为一个新的画笔，以便再次使用。

（3）画笔的设置。执行“窗口→画笔”，即可调出“画笔”面板，选择“画笔设置”选项卡，以实现对画笔的设置（图3-3）。“画笔”面板中的主要画笔设置：

①“画笔笔触”显示框：用于显示当前已选择的画笔笔触，或设置新的画笔笔触。

②形状动态：选择“形状动态”可以调整画笔的形态，如大小抖动、角度抖动等。当选择“形状动态”时，“画笔”面板会自动切换到“形状动态”选项栏。

③散布：选择“散布”可以调整画笔的分布和位置，当选择“散布”时，“画笔”面板会自动切换到“散布”选项栏。需要注意的是，在“散布”选项栏中，通过拖动的散布滑块，可以调整画笔分布密度，值越大，散布越稀疏。

④纹理：通过“纹理”选项可以使画笔纹理化。

图3-4 产生选区

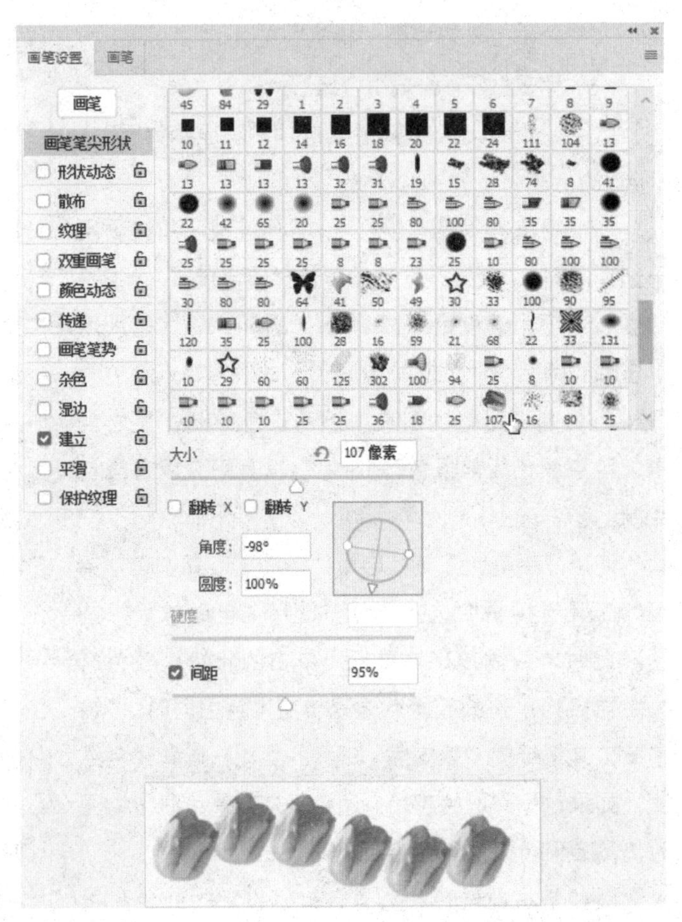

图3-5 画笔的运用

图3-6 画笔喷枪效果

在控制面板上面有纹理的预视图，单击右侧按钮，在弹出的面板中可以选择需要的图案，勾选“反相”复选框，可以设定纹理的反相效果。

（4）画笔的创建。打开一幅图像，通过选区工具将一部分选中，如图3-4所示。选择“编辑→定义画笔顶设”命令，“画笔名称”对话框，单击“确定”按钮，即将选取的图像定义为画笔。在画笔选择窗口中可以看到刚制作好的画笔，如图3-5所示。

选择制作好的画笔，在画笔选项栏中进行设置，单击“启用枪样式的建立效果”按钮，选喷枪效果（图3-6）。

打开原图像，将画笔工具放在图像中适当的位置，按下鼠标左键喷出新制作的画笔效果。喷绘时按下鼠标左键时间的长短决定画笔图像颜色的深浅。

3.1.2.2 铅笔工具

使用“铅笔”工具可以模拟铅笔的效果进行绘画。启用“铅笔”工具，有以下两种方法：

（1）单击工具箱中的“铅笔”工具。

（2）反复按Shift + B组合键。

启用“铅笔”工具，其选项栏将显示如图3－7所示的状态。

在“铅笔”工具选项栏中，“画笔预设”选项用于选择画笔；“模式”选项用于选择混合模式；“不透明度”选项用于设定不透明度；“自动抹除”选项用于自动判断绘画时的起始点颜色，如果起始点颜色为背景色，则“铅笔”工具将以前景色绘制，反之如果起始点颜色为前景色，“铅笔”工具则会以背景色绘制。

使用“铅笔”工具：启用“铅笔”工具，在“铅笔”工具选项栏中选择画笔，选择“自动抹除”选项。此时，绘制效果与鼠标所单击的起始点颜色有关。当鼠标单击的起始点像素与前景色相同时，“铅笔”工具将行使“橡皮擦”工具的功能，以背景色绘图；如果鼠标点取的起始点颜色不是前景色时，绘图时仍然会保持以前景色绘制。

例如：将前景色和背景色分别设定为红色和黄色。在图中单击鼠标左键，画出一个红色点。在红色区域内单击绘制下一个点，颜色就会变成黄色。重复以上操作，得到相应的效果。

3.1.2.3 颜色替换工具

“颜色替换”工具可以对图像的颜色进行改变。启用“颜色替换”工具，有以下两种方法：

（1）单击工具箱中的“颜色替换”工具。

（2）反复按Shift + B组合键。

启用“颜色替换”工具，在“颜色替换”工具的选项栏中，“画笔预设”选项用于设置颜色替换的形状和大小；“模式”选项用于选择绘制的颜色模式；“取样”选项用于设定取样的类型；“限制”选项用于选择擦除界限；“容差”选项用于设置颜色替换的绘制范围。

“颜色替换”工具可以在图像中非常容易地改变任何区域的颜色。

使用“颜色替换”工具：打开一幅图像。设置前景色为蓝色，并在“颜色替换”工具属性栏中设置画笔的属性（图3－8）。使用“颜色替换”工具可以将花由红色变成蓝色，效果如图3－9所示。在图像上绘制时，“颜色替换”工具可以根据绘制区域的图像颜色，自动生成绘制区域。

3.1.2.4 橡皮擦的使用

（1）橡皮擦工具。用来擦除图像中的像素，擦除过的区域可以是背景色也可以是透明区域，这取决于被擦除的图层。如果擦除的是图像的背景层，那么擦除过的区域将被工具箱中当前设置的背景色填充；如果擦除的图层不是背景层，擦除过的区域就会变透明。启用“橡皮擦”工具，有以下两种方法：

①单击工具箱中的“橡皮擦”工具。

②反复按Shift + E组合键。

启用“橡皮擦”工具，选项栏状态的设置如图3-10所示。

其设置项有：

a. 画笔：设置画笔的样式、直径大小和硬度。

b. 模式：设置“橡皮擦”在擦除像素时用哪一类笔刷。其中有三种，分别如下：

画笔：选中此项时，“橡皮擦”用画笔的笔触和参数。

铅笔：选中此项时，“橡皮擦”用铅笔的笔触和参数。

图3-7　铅笔选项栏

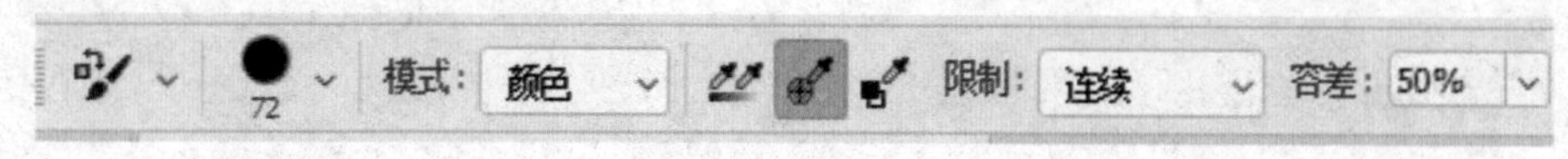

图3-8　画笔选项栏设置

图3-9　颜色替换

图3-10 “橡皮擦”工具选项

图3-11 “背景橡皮擦”工具选项

块：选中此项时，“橡皮擦”用方块笔刷。

c. 不透明度：设置“橡皮擦”工具的不透明度。

d. 流量：设置描边的流动速率。

e. 抹到历史记录：设置自定历史状态抹掉区域。

（2）背景色橡皮擦工具。用来擦除图像指定的颜色，擦除后将会变成透明效果，不同的是，如果擦除的是背景层，背景层将变成普通图层“图层0”。启用“背景橡皮擦”工具，选项栏状态的设置如图3-11所示。

其设置项有：

①画笔：设置画笔的样式、直径大小和硬度。

②取样：设置以何种模式擦除颜色。

a. ：连续，“背景色橡皮擦”擦除鼠标经过的颜色，背景色将随着擦除的颜色而改变。

b. ：一次，只擦除鼠标落点处指定的颜色，并将该颜色设置为背景色。

c. ：背景色，只擦除事先指定好的背景色。

③限制：设置“背景色橡皮擦”擦除的作用范围，其中有三种，分别如下：

a. 不连续：选中此项时，将擦除橡皮经过范围内的所有与指定颜色相近的像素。

b. 临近：选中此项时，将擦除橡皮经过范围内的所有与指定颜色相近且相邻的像素。

c. 查找边缘：选中此项时，将擦除橡皮经过范围内的所有与指定颜色相近且相邻的像素，并保留边缘效果。

④容差：设置“背景色橡皮擦”擦除颜色的精度。

⑤保护前景色：当选定此选项时，用“背景色橡皮擦”擦除像素时，将保留前景色指定的颜色。

（3）魔术橡皮擦工具。与“背景色橡皮擦工具”类似，都是用来擦除背景的，“魔术橡皮擦”工具能擦除颜色相近的像素。使用“魔术橡皮擦工具”时，只需在要擦除的颜色上单击即可。启用“魔术橡皮擦”工具，选项栏状态的设置如图3-12所示。

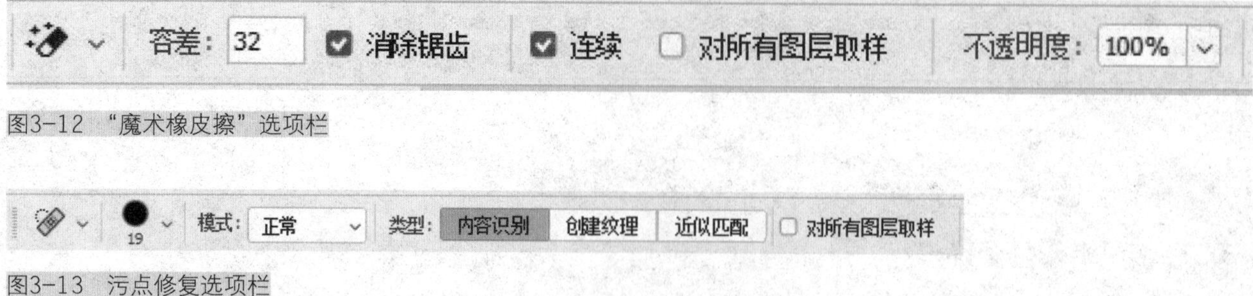

图3-12 “魔术橡皮擦”选项栏

图3-13 污点修复选项栏

图3-14 污点修复

其设置项有：

①容差：设置“魔术橡皮擦工具”擦除颜色时像素的范围。

②消除锯齿：勾选此选项可以消除擦除图像边缘的锯齿，得到柔和的边缘效果。

③邻近：勾选此选项可以擦除与鼠标落点处的颜色相近且相邻的像素。

④不透明度：设置“橡皮擦工具”的不透明度。

3.1.2.5 修图工具的使用

（1）仿制图章工具。仿制图章工具可以复制一幅图像的部分或全部。不仅可以复制需要的图像，还可以修补照片，将不需要的人或物覆盖。

①将一幅图像全部复制到另一幅图像中。选择“仿制图章工具”，按住Alt键在图片中单击得到复制图像的源点，在新建的文件中拖动鼠标。

②复制图像的部分内容到自身图像中。选择“仿制图章工具”，按住Alt键的同时在图像上单击鼠标，得到复制图像的源点，在其他位置拖动鼠标，实现复制效果。

（2）图案图章工具。“图案图章工具”可以将自定义的图案复制到图像中，也可以直接使用Photoshop中定义好的图案。

例：用“图案图章工具”实现将图片“礼花广场”的烟花复制到一个新图片中。

①图案创建。“礼花广场.jpg”，点击“矩形选框工具”，设置羽化的值为0，再选取烟花。选择“编辑”→“定义图案”命令，在弹出的“图案名称”对话框中将图案命名为“礼花”。

②图案运用。选择“图案图章”工具，在工具选项栏中单击图案样式右边的下拉箭头，在其中可以看到我们刚刚定义好的“礼花”图案，单击此图案，用鼠标在新图片中拖动即可出现礼花图案。

3.1.2.6 修补工具的使用

（1）污点修复画笔工具。“污点修复画笔工具”用来修复图像中的斑点。启用该工具后，其选项栏状态的设置如图3-13所示。

其设置项有：

①画笔：设置画笔的样式、直径大小和硬度。

②模式：设置修复后的效果。

③内容识别：自动与周围的颜色进行融合。

④创建纹理：可以创建出与周围相协调的纹理。

⑤近似匹配：相似的。能够与周围的颜色、纹理、内容识别等很好地融合。

（2）修复画笔工具。“修复画笔工具”用来修复图像中的杂质、污点和褶皱等，修复后的图像不会改变原图像的光照、纹理等效果，让其达到自然和逼真的效果。启用该工具后，其选项栏状态的设置如图3-14所示。其设置项有：

①画笔：设置画笔的样式、直径大小和硬度。

②模式：设置修复后的效果。

③“取样”源：当选择此选项时，对图像进行修复前要先取样，使用方法类似“仿制图章工具”。

④“图案”源：当选择此选项时，对图像进行修复前可以先自定义一个图案，或者从图案库中选择一

图3-15 修补工具选项

个图案，使用方法类似“图案图章工具”。

⑤对齐：当选择此选项时，对每个描边使用相同的偏移量。

（3）修补工具。“修补工具” 可用来修复图像中的杂质和污点，只是使用方法与“修复画笔”工具稍有不同。启用该工具后，其选项栏状态的设置如图3-15所示。

其设置项有：

①：可以通过添加或减去设置选区，利用这组选区工具制作更为精确的图像区域。

②修补：设置修补的类型。

③源：表示从目标修补源，即要修补的图像区域定为源区域。拖至目标区，即被目标区域的图像所覆盖。

④目标：选择此项表示从源修补目标，将选定区域作为目标区，用其覆盖其他区域。源和目标是相反的。

⑤使用图案：从图案库可以选择图案作为修补目标。

例：使用“修复画笔工具”实现对眼部皱纹的修复。

①打开素材“眼部皱纹.jpg”文件，选择“缩放”工具，将图片放大到适当的大小。

②选择“修复画笔”工具，按住Alt键的同时，在人物面部皮肤较好的地方单击鼠标左键，选择取样点。用光标在要去除的眼袋涂抹，取样点区域的图像应用到涂抹的眼袋上。

（4）红眼工具。“红眼工具”工具 主要用来修复照片中的红眼。启用该工具后，其红眼工具设置项有：

①瞳孔大小：设置瞳孔的大小。

②变暗数量：设置瞳孔变暗的程度。

3.1.3 任务实现——漂亮画笔的创建及应用

3.1.3.1 任务分析

利用画笔工具，以及其画笔载入预设功能、画笔面板的选项，实现画笔的定义，再利用移动工具等制作图案的漂亮效果，最终效果如图3-16所示。

3.1.3.2 任务操作

（1）文件打开。分别打开素材文件“热气球”和“小车”。

（2）画笔的制作。在“热气球”文件中，选择“编辑→定义画笔预设”命令，弹出“画笔名称”对话框，在“名称”选项的文本框中输入“热气

图3-16 画笔设置效果

球”。单击“确认”按钮，将热气球图像定义为画笔。

（3）画笔的使用。

①选择“移动”工具，将热气球图片拖曳到小车图像窗口中适当的位置（图3-16）。在“图层”控制面板中生成新的图层，并将其命名为“热气球”。

②单击“图层”控制面板下方的“创建新图层”按钮，生成新的图层并将其命名为“热气球02”。将前景色设为紫色（其RGB为185、143、255）。选择“画笔”工具，在属性栏中单击“画笔”选项右侧的按钮，弹出画笔选择面板，选择刚才定义好的热气球形状画笔，将大小设为150px，选中“启用喷枪模式”按钮区。

③在图像窗口中单击鼠标绘制一个热气球图形，按[和]键调整画笔大小。单击鼠标并停留较长时间，绘制一个颜色较深的图形（绘制时按下鼠标时间的长短不同会使画笔图像产生深浅不同的效果）。使用相同的方法制作其他热气球。

④在“图层”控制面板上方将“热气球02”图层的混合模式选项设为“正片叠底”。

至此，漂亮的画笔制作和应用便完成了。

3.2 修饰工具

3.2.1 任务引入

工具箱中不仅有强大的绘图工具，还有对图案进行修饰的修饰工具，能对图案进行一些特殊效果的设置：颜色渐变、颜色减淡和加深已有填充定义好的图案。

本任务主要利用渐变工具、图案定义、填充命令等功能实现对图案的定义，分别绘制QQ图案的各个图形，最终形成QQ卡通的设计与实现。

3.2.2 知识引入

3.2.2.1 渐变工具的使用

使用“渐变”工具可以在图像或图层中形成一种色彩渐变的图像效果。启用“渐变”工具，有以下两种方法：

（1）单击工具箱中的“渐变”工具。

（2）反复按Shift + G组合键。

“渐变”工具选项栏上有“线性渐变”按钮，“径向渐变”按钮、“角度渐变”按钮、“对称渐变”按钮和“菱形渐变”按钮。启用“渐变”工具，选项栏将显示如图3－17所示。

在“渐变”工具属性栏中，单击“点按可编辑渐变”按钮用于选择和编辑渐变的色彩；“模式”选项用于选择着色的模式；“不透明度”选项用于设定不透明度；“反向”选项用于产生反向色彩渐变的效果；“仿色”选项用于使渐变更平滑；“透明区域”选项用于产生不透明度。

若要自行编辑渐变形式和色彩，可单击“点按可编辑渐变”按钮，在弹出“渐变编辑器”对话框中进行操作即可（图3－18）。

①渐变颜色的设置。在“渐变编辑器”对话框中，单击“颜色”编辑框下边的适当位置，可以增加颜色。颜色可以进行调整，在下面的“颜色”选项中选择颜色，或双击刚建立的颜色按钮，弹出颜色“拾色器”对话框，如图3－19所示，在其中选择适合的颜色，单击“确定”按钮，颜色就改变了。颜色的位置也可以进行调整，在“位置”选项中输入数值或用鼠标直接拖曳颜色滑块，都可以调整颜色的位置。

模式：正常　不透明度：100%

图3－17 “渐变”工具选项

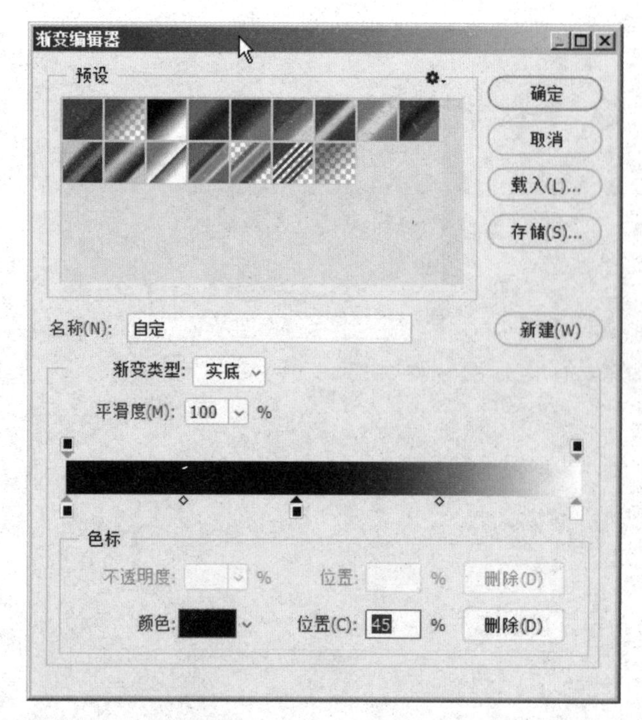

图3-18　渐变编辑器

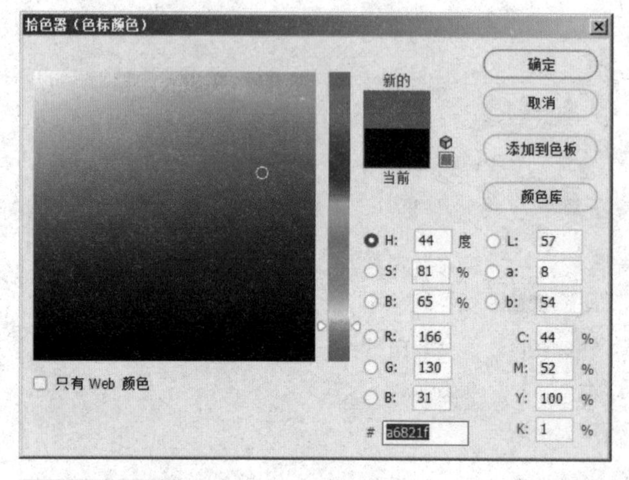

图3-19　拾色器

②渐变颜色的删除。任意选择一个颜色滑块（图3-18），单击下面的“删除”按钮，或按Delete键，即可将颜色删除。

③颜色透明度的设置。在“渐变编辑器”对话框中，单击颜色编辑框左上方的黑色按钮（图3-20），再调整“不透明度”选项，可以使开始的颜色到结束的颜色显示透明的效果。

在“渐变编辑器”对话框中，单击颜色编辑框的上方，会出现新的色标。调整“不透明度”选项，可以使新色标的颜色向两边的颜色出现过渡式的透明

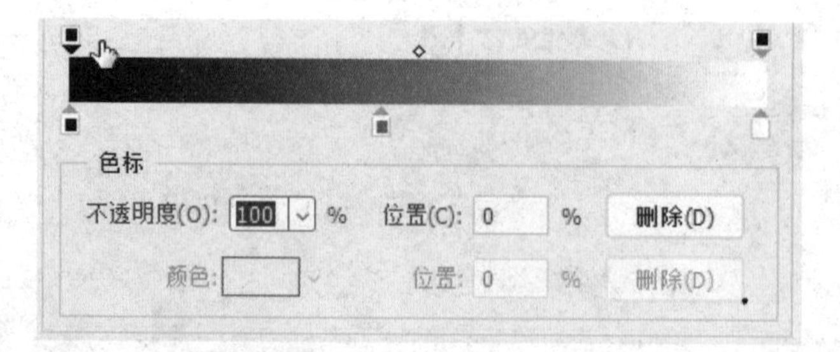

图3-20　透明度色标

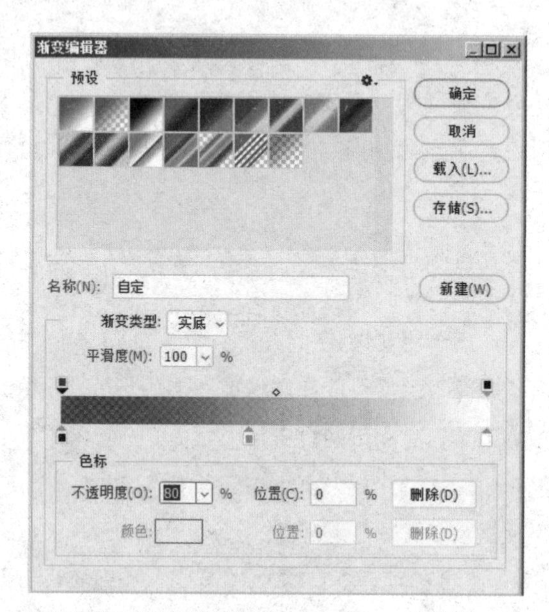

图3-21　透明色设置

效果（图3-21），如果想删除终点，单击下面的“删除”按钮，或按Delete键。

使用“渐变”工具：选择不同的“渐变”工具，在图像中单击并按住鼠标左键，拖曳鼠标到适当的位置，松开鼠标左键，可以绘制出不同的渐变效果。

3.2.2.2　油漆桶工具的使用

使用“油漆桶”工具可以在图像或选区中对指定色差范围内的色彩区域进行色彩或图案填充。启用“油漆桶”工具，有以下两种方法：

（1）单击工具箱中的“油漆桶”工具。

（2）反复按Shift＋G组合键。

启用“油漆桶”工具，选项栏将显示如图3-22所示。

在“油漆桶”工具选项栏中，“填充”选项用于选择填充的是前景色或是图案；“容差”选项用于设定色差的范围，数值越小，容差越小，填充的区域也

图3-22 “油漆桶”工具选项

图3-23 减淡工具选项

图3-24 加深工具选项

图3-25 海绵工具选项

越小；“消除锯齿”选项用于消除边缘锯齿；“连续的”选项用于设定填充方式；“所有图层”选项用于选择是否对所有可见层进行填充。

3.2.2.3 减淡/加深和海绵工具的使用

（1）减淡工具。“减淡”工具用于使图像的亮度提高。启用“减淡”工具，有以下两种方法：

①单击工具箱中的“减淡”工具。

②反复按Shift＋O组合键。

启用“减淡”工具，选项栏将显示如图3-23所示的状态。“画笔”选项用于选择画笔的形状；“范围”选项用于设定图像中所要提高亮度的区域；“曝光度”选项用于设定曝光的强度。

使用“减淡”工具：在“减淡”工具选项栏中，在图像中单击并按住鼠标左键，拖曳鼠标使图像产生减淡的效果。

（2）加深工具。“加深”工具用于使图像的亮度降低。启用“加深”工具，有以下两种方法：

①单击工具箱中的“加深”工具。

②反复按Shift＋O组合键。

启用“加深”工具，选项栏将显示如图3-24所示的状态。

使用“加深”工具：在“加深”工具属性栏中，进行设定相关参数，在图像中单击并按住鼠标左键，拖曳鼠标使图像产生加深的效果。

（3）“海绵”工具。“海绵”工具用于增加或减少图像的色彩饱和度。启用“海绵”工具，有以下两种方法：

①单击工具箱中的“海绵”工具。

②反复按Shift＋O组合键。

启用“海绵”工具，属性栏将显示如图3－25所示的状态。“画笔”选项

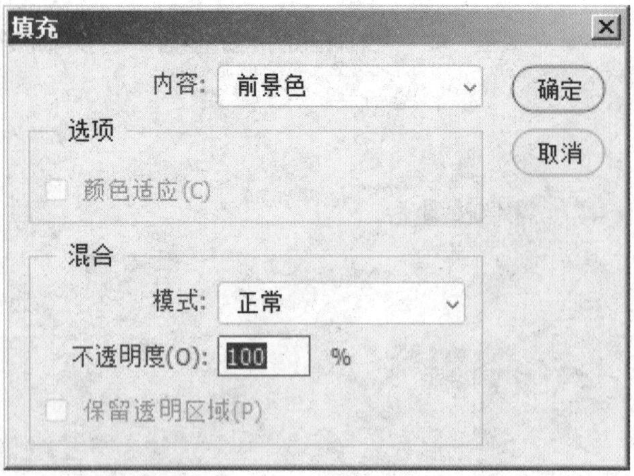

图3-26　填充对话框

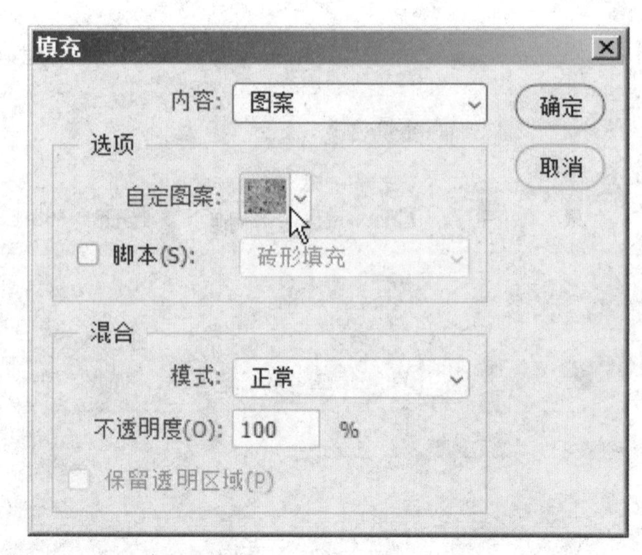

图3-27　图案的选择

用于选择画笔的形状；“模式”选项用于设定饱和度处理方式；“流量”选项用于设定扩散的速度。

使用“海绵”工具：启用“海绵”工具，在“海绵”工具属性栏中进行设定。在图像中单击并按住鼠标左键，拖曳鼠标使图像产生增加色彩饱和度的效果。

3.2.2.4　填充命令的使用

主要对选定区域进行颜色的填充和修改。

（1）填充命令对话框。选择“编辑”→“填充”命令，系统将弹出“填充”对话框（图3－26）。在“填充”对话框中，“内容”选项用于选择填充方式，包括使用前景色、背景色、颜色、内容识别、图案、历史记录、黑色、50%灰色、白色进行填充；“模式”选项用于设置填充模式；“不透明度”选项用于调整不透明度。

（2）使用快捷键。按Alt＋Delete组合键，可使用前景色填充选区或图层。按Ctrl＋Backspace组合键，可使用背景色填充选区或图层。按Delete键，将删除选区内的图像，露出背景色或下面的图像。

（3）图案定义与填充。打开一幅图像并绘制出要定义为图案的选区，选择“编辑”→“定义图案”命令，弹出“图案名称”对话框，选择要定义的图片（图3－27），单击“确定”按钮，完成图案定义。按Ctrl＋D组合键，取消图像选区。

选择“编辑”→“填充”命令，弹出“填充”对话框。在“自定图案”选项中选择新定义的图案进行设定，单击“确定”按钮，完成填充的效果。

3.2.3　任务实现——QQ卡通图案的绘制

3.2.3.1　任务分析

利用选区、绘图工具、修饰工具以及“变形”命令进行QQ卡通背景，QQ妹和QQ仔图案各元素图画的制作，如图3－28所示。主要学习绘制底纹图案→QQ妹身体设计→QQ妹脚、嘴、眼睛的绘制→绘制QQ仔的快速制作→玫瑰花及桃心的设计→QQ卡通图案。

图3-28　卡通图案

3.2.3.2 任务实现

（1）文档创建。打开“素材文件01.jpg”图片（图3-29）。

①选择“磁性套索工具”，在图片左下角的郁金香花上勾出选区（图3-30）。

②选择“编辑”→“定义画笔预设”命令，弹出“画笔名称”对话框，将画笔命名为“郁金香”。

（2）背景的制作。

①新建一个文件，设置宽度和高度分别为600像素和500像素，白色背景，文档名为“QQ卡通”。

②设置前景色为粉色（R248、G179、B246），背景色为白色。

③选择“画笔工具”，在“画笔预设”面板中进行如下设置：

在“画笔笔尖形状”中找到“145”郁金香，在框中“间距”设置为120%（图3-31）。

在“形状动态”中将“大小抖动”设置为100%，“角度抖动”设置为100%（图3-32）。

在“散布”中将“散布”设置为493%，如图3-33所示。

在“颜色动态”中将“前景/背景抖动”设置为100%（图3-34）。

图3-29　素材图片

图3-30　创建选区

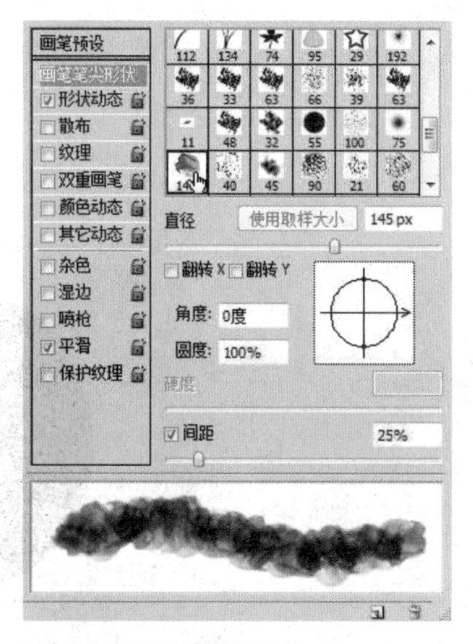
图3-31　设置笔尖间距

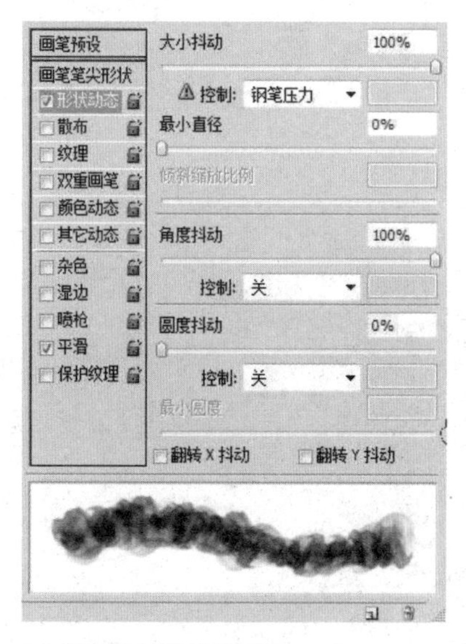
图3-32　设置动态形状

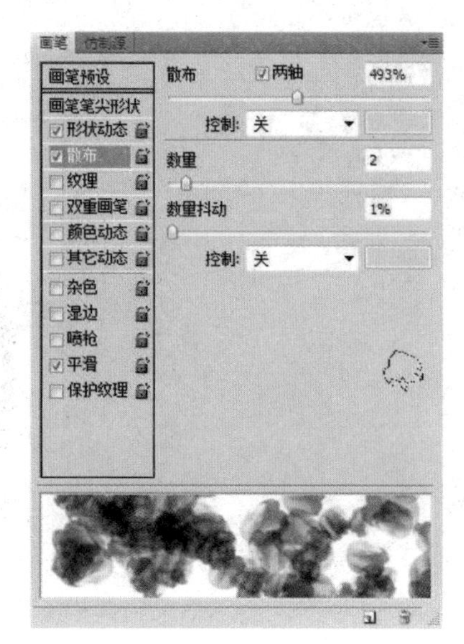
图3-33　设置散布

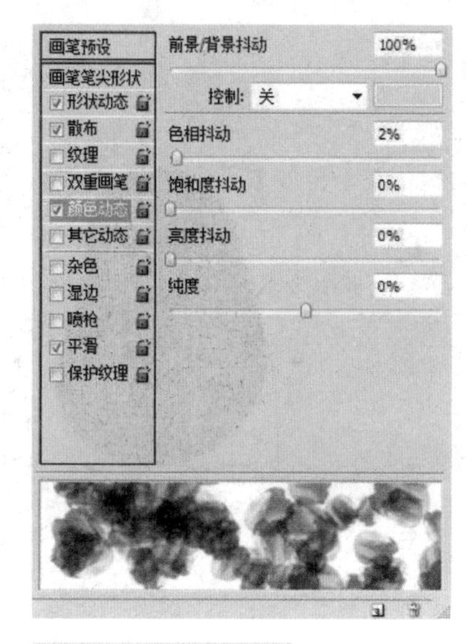
图3-34　设置动态颜色

④在窗口中单击和拖动鼠标绘制出背景图案（图3-35）（默认灰色，通过设置“图像”→“模式”→“RGB”）。

（3）QQ妹身体。

①新建一个图层，命名为“QQ妹”，绘制一个黑色椭圆，作为QQ妹的头部和身体部分（图3-36）。显然，这个很规则的椭圆作为QQ妹的身体和头部很不好看，所以我们需要将它变形。

②选择“编辑”→“变换”→“变形”命令，根据身体和头部的特点，进行拖曳变形，使得QQ妹的身体看起来是偏向左边的（图3-37）。

③绘制肚皮：新建一个图层，命名为“肚皮”。在肚子的位置绘制一个白椭圆（图3-38）。

图3-35　绘制背景图案

图3-36　绘制身体和头部

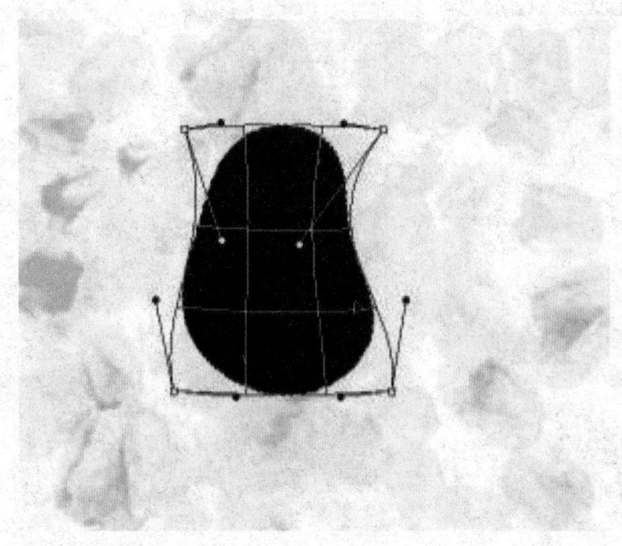

图3-37　变形身体和头部

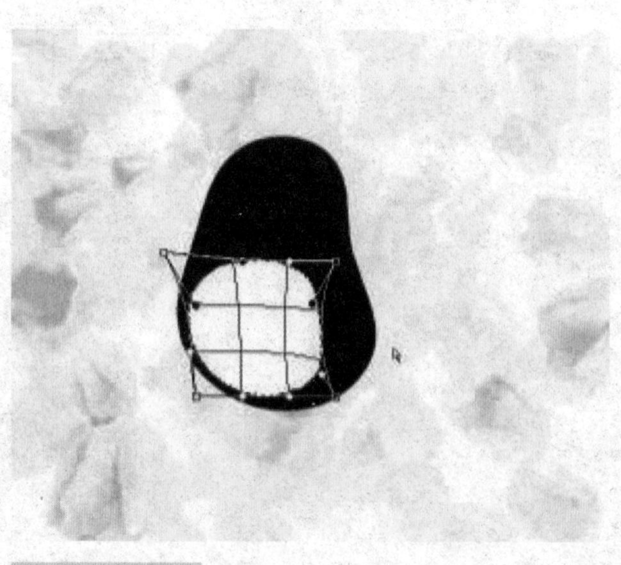

图3-38　变形肚皮

④变形肚皮：选择“编辑”→“变换”→“变形”命令，根据身体偏转的方向，进行拖曳变形（图3-38）。

⑤绘制翅膀：新建一个图层，命名为“翅膀”。选择“画笔工具”，画出两个黑色翅膀（图3-39）。

⑥绘制围巾：新建图层“围巾”，利用选区相减 的方式，用两个椭圆选区上下重叠相减，绘制完成一个围巾的形状，并“编辑→填充”填充颜色（R250、G186、B214），通过“编辑→变换→变形”。

给围巾描边：保持围巾的选区为选中状态，选择“编辑”→“描边”命令，设置宽度为2像素，颜色为黑色（图3-40）。

⑦绘制围巾的下摆：新建图层“围巾下摆”，选择“矩形选框工具”，在围巾的下方绘制一个矩形（椭圆新区），同上，通过填充、变形、描边等操作得到上窄下宽的下摆形状（图3-40）。

（4）QQ妹脚、嘴、眼睛的绘制。

①绘制脚部：新建一个图层，命名为“脚部”。选择“椭圆选框工具”，在身体的下方绘制出一个椭圆选区，并填充颜色（R250、G158、B2）。

②为脚部描边：选择“编辑”→“描边”命令。打开“描边”对话框，设置宽度为2像素，颜色为黑色。

③绘制脚趾：选择“画笔工具”，设置直径为3像素，在脚步前端绘制一条弧线，分开脚趾（图3-41）。

④复制另一只脚：复制“脚部”图层，得到“脚部副本”图层，将另一只脚移到合适的位置。选择一只脚，按Ctrl+T组合键进行旋转，用同样的方法旋转另一只脚。将“脚部”图层和“脚部副本”图层合并，放置到“QQ妹”图层的下面（图3-42）。

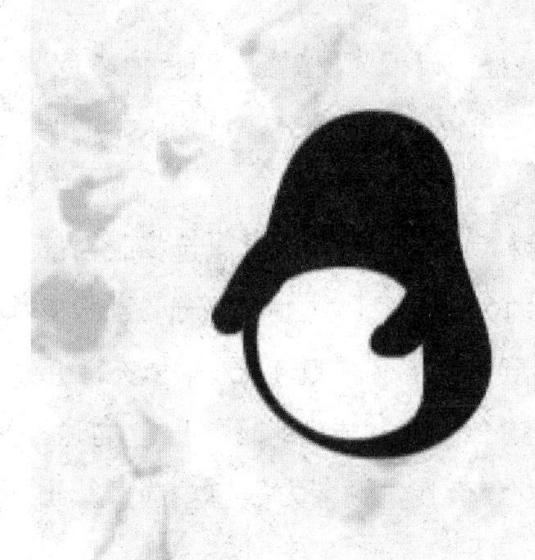

图3-39　绘制翅膀

图3-40　绘制围巾

图3-41　绘制脚部

图3-42　得到脚部最终效果

图3-43　绘制嘴巴

图3-44　绘制嘴唇线

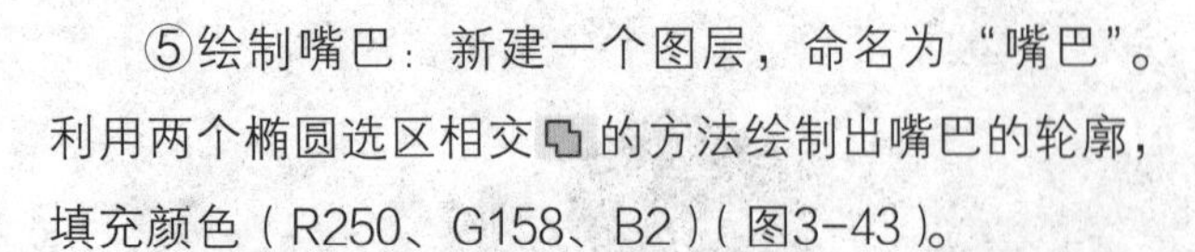

⑤绘制嘴巴：新建一个图层，命名为“嘴巴”。利用两个椭圆选区相交 的方法绘制出嘴巴的轮廓，填充颜色（R250、G158、B2）（图3-43）。

⑥绘制嘴唇线条：新建一个图层，在嘴巴合适的位置绘制一个椭圆选区，选择“编辑”→“描边”命令，宽度设置为2像素，颜色为黑色，进行描边。再选择“橡皮擦工具”，将多余的部分擦除（图3-44）。将本图层与“嘴巴”图层合并。

⑦绘制眼睛：新建一个图层，命名为“眼睛”。选择“椭圆选框工具”，绘制一个椭圆选区，填充白色，在白色区域中再绘制一个椭圆选区，填充黑色。选择“画笔工具”，直径设置为3像素，颜色为白色，在黑色区域中绘制出白色的高光部分，增加眼睛的明亮感（图3-45）。

⑧绘制眼皮和睫毛：用“魔棒工具”选择眼白部分，利用选区相减的方法在眼白的上半部分得到眼皮部分，新建一个图层，命名为“睫毛层”。填充颜色（R250、G186、B214），选择“编辑”→“描边”命令，将宽度设置为1像素，颜色为黑色。选择“画笔工具”，在眼皮上画出几根眼睫毛（图3-51）。

⑨复制眼睛：将“眼睛”图层和“睫毛层”连接，并复制得到另一只眼睛（图3-45）。

图3-45 绘制眼睛

图3-46 绘制、变形蝴蝶结

⑩绘制蝴蝶结：新建一个图层，命名为“蝴蝶结”。选择“椭圆选框工具”，绘制一个椭圆选区，选择“编辑”→“变换”→“变形”命令，将椭圆选区变成蝴蝶结的样子（图3-46）。

⑪将蝴蝶结放在头顶合适的位置并旋转，给蝴蝶结描边，并用画笔工具画出线条（图3-47）。将除了“蝴蝶结”“眼睛”“眼睫毛”，背景图层以外所有的图层合并（Ctrl+E），将合并后的图层命名为“QQ妹”。

（5）绘制QQ仔。

①将“QQ妹”图层复制，得到的新图层命名为“QQ仔”。选择“编辑”→“变换”→“水平翻转”命令，将QQ仔水平翻转。通过“魔术工具”将QQ仔的围巾填充成红色（R230、G14、B23）。

②将“QQ妹”的所有图层合并。将QQ仔和QQ妹放置在合适的位置（图3-48）。

（6）花及桃心的绘制。

①绘制花枝：新建一个图层，命名为“叶子”。选择“画笔工具”，直径设置为5像素，颜色为绿色（R22、G6、B10），画出花枝。

②制作玫瑰花：新建一个图层，命名为“玫瑰花”。打开“花02.jpg”图片，用“磁性套索工具”勾选红色玫瑰花和叶子，并将它复制到“玫瑰花”图层，放在花枝的上方，进行变形和旋转（图3-49）。合并“叶子”图层和“玫瑰花”图层。

③制作桃心：制作心形地板。新建一个图层，命名为“心形地板”。打开“桃心.jpg”图片，将桃心复制到“心形地板”图层，按Ctrl+T组合键进行缩放。

图3-47　完成蝴蝶结

图3-48　QQ妹及QQ仔

图3-49　制作玫瑰花

图3-50　制作心形地板

④制作心形地板的柔和边缘效果：按住Ctrl键的同时单击“心形地板”图层的缩览图，得到心形地板的选区。选择“选择”→“修改”→“羽化”命令，将羽化值设置为10像素。按Ctrl+Shift+I组合键进行反选，按Delete键进行删除，可以得到边缘柔和的效果。将“心形地板”图层拖放到“背景”图层的上方，并通过Ctrl+T进行变形（图3-50）。

⑤仿制桃心：确认“桃心.jpg”为当前选定图片，选择“仿制图章工具”，按住Alt键在“桃心”图案上面单击，切换到“QQ”图片，新建一个图层，命名为“桃心”，在两个“QQ”的中间拖动鼠标绘制出桃心（图3-51）。

⑥复制桃心：将“桃心”图层复制几个，进行变形和旋转，得到如图3-51所示的效果。至此，QQ卡通图案的设计与制作全部完成。

图3-51　制作桃心

图3-52　装饰图案

时尚装饰图案的设计与制作

要求：使用画笔工具、绘制工具、填充工具绘制小草图形，使用横排文字工具添加文字，并将相关元素有效组合到相应的位置，最终效果如图3-52所示。

项目4

Photoshop CC的选区与路径

素材

PPT课件

学习目标

1. 理解选区、路径的概念与作用。
2. 掌握不同选区的创建、编辑与填充的使用方法，绘制不规则的选区或形状。
3. 使用路径工具、路径选择工具、形状工具、路径控制面板等工具实现路径的创建、编辑、存储，以及路径和选区相互转换的技巧与方法。

4.1 选区

4.1.1 任务引入

要对图像进行编辑时，为了进行选择图像的操作，达到能够快捷、精确地选择图像中对应的部分，从而提高图像处理效率。利用不同工具在图像或图层中绘制或生成规则的、不规则的选区，实现对图像中精确部分的选取，实现图像的不同效果做设计与制作。

本任务主要利用选区工具及选区模式生成不规则的选区，以及对选区填充不同颜色，形成不同形状的图像，从而实现机器人的设计与制作。

4.1.2 知识引入

4.1.2.1 选区的概念与作用

（1）概念。选区是指图像中被选择的全部或局部像素，并呈现为黑白交替的浮动线，即蚂蚁线。选区有256个级别。由于图像是由像素组成，所以也可以说，选区是由像素构成的。此外，像素是图像的基本单位，不能再分，故选区至少包含一个像素。

对于灰度模式的图像，所创建的选区可以为透明，有些像素可能只有50%的灰度被选中，当执行删除命令时，也只有50%的像素被删除。

（2）作用。选区在图像处理时能够有效保护选区外的图像，所有操作都只对选区内的图像有效，这

羽化：0 像素　消除锯齿　样式：固定比例　宽度：1　高度：1

图4-1　选区的选项栏

样将不会给选区外的图像造成影响。若未创建选区，则是对整个图像进行修改。

4.1.2.2　几何选区的创建

（1）创建矩形选区。方法：单击工具箱中的“矩形选框”工具，利用矩形选框工具绘制具有一定宽度和高度的选区。在“矩形选框工具”工具属性栏中设置参数后（图4-1），将鼠标光标移到图像窗口中，按住鼠标左键不放，拖动至适当大小后释放鼠标左键，可创建一个矩形选区（图4-2）。

（2）创建椭圆形选区。方法：单击工具箱中的“椭圆选框”工具，利用椭圆选框工具可以绘制具有一定宽度和高度的椭圆形选区。

（3）创建单行/单列选区。方法：用单行选框和单列选框工具可方便在图像中创建具有一个像素宽度的水平或垂直选区。

4.1.2.3　不规则选区的创建

（1）使用套索工具。

①作用：用于绘制不规则的自由选区，且选区要求不太精确的情况。

②方法：选取套索工具，按住鼠标左键不放并进行拖动，以确定一个选区范围，然后释放鼠标（图4-3）。

（2）使用多边形套索工具。

①作用：将图像中不规则的直边对象从复杂的背景中选择出来，并可绘制直线或折线样式的多边形选区，让选区区域更加精确。

图4-2　矩形选区

图4-3　套索工具

②方法：选取多边形套索工具，按住鼠标左键绘制直线，以确定一个多边形选区，然后释放鼠标。

（3）使用磁性（多边形）套索工具。

①作用：在图像中捕捉相近的像素，形成选择区域。

②方法：使用磁性套索工具在图像中沿颜色边界捕捉像素，形成选择区域。

4.1.2.4 创建颜色选区

（1）使用“魔棒工具”。

①作用：快速选取图像中颜色相同或相近的像素。

②方法：在图像中的某个点单击，图像中与单击处颜色相似的区域会自动进入绘制的选区内。

（2）使用“快速选择工具”。

①作用：快速选择工具与魔棒工具的功能相似，特别适合在具有强烈颜色反差的图像中绘制选区。

②方法：图像中通过选项栏中的新、加、减选区方式，单击处颜色相似的区域会自动进入绘制的选区内。

4.1.2.5 随意选区的创建

（1）使用色彩范围。

①作用：根据指定的颜色采用点来选取相似的颜色区域。

②方法：菜单“选择”→“色彩范围”→对话框。“色彩范围”只针对选中的图像进行分析，结合加、减选区按钮重复使用“色彩范围”命令，可达到精确调整选区。

（2）使用“快速蒙版”按钮。

①作用：用于处理通过选区工具直接创建选区后遗漏的、无法创建的区域。

②方法：选单击工具中的“快速蒙版”按钮，再用画笔在图像中涂抹所需要的区域，再次单击“快速蒙版”按钮。

4.1.2.6 选区的编辑

（1）变换选区。指对选区的边界进行调整，通过移动、缩放和旋转选区，从而修改选区的选择范围，而选区内的图像保持不变（缩放和旋转必须要选择像素）。

（2）存储与载入选区。抠取较复杂的图像都需花费大量的时间，此时若希望该选区能够多次使用，可对现有的选区进行保存，等到需使用时再通过载入选区的方式将其载入到图像中，以避免重复操作。

4.1.3 任务实现——机器人模型的制作

4.1.3.1 任务分析

主要利用椭圆选框工具、矩形选框工具，以及其他不规则选区工具形成不规则的选区，并结合其他选取工具修缮选区创建精确选区，并填充白色，形成不规则的图案，最终形成完整简洁的机器人图像，如图4-5所示。

4.1.3.2 任务操作

（1）机器人头部。

①打开图像文件“蓝天白云.jpg”，并新建图层1，填充浅蓝色。

②新建图层2，利用椭圆选框工具，按住Ctrl，绘制一个正圆选区，再利用选区交叉模式，形成头部选区，并填充白色，绘制机器人头部白色背影，并设置其图层样式“斜面和浮雕”（图4-4）。

③新建图层3，在机器人头部背影区域内，利用椭圆选框工具绘制一个椭圆选区，并填充黑色，绘制机器人黑色面部。

④同理，新建图层4，绘制蓝色眼睛。

（2）天线的绘制。

①新建图层5，利用矩形选框工具绘制一个宽4像素、高80像素的矩形选区。

②利用Ctrl+T变形，转换角度30度，移动位置形成机器人的天线。

③复制图层5，“编辑”→“变换”→“水平翻转”，形成机器人的两根天线。

（3）机器人身体。

①新建图层6，在机器人头部下方区域，利用椭圆选框工具绘制一个椭圆选区，再利用选区减模式，形成身体选区，并填充白色，绘制机器人身体，并设置图层样式“斜面和浮雕”（图4-4）。

②新建图层6，绘制大小为8个像素、羽化为2的

图层样式
样式
混合选项
斜面和浮雕
等高线
纹理
描边
内阴影
内发光
光泽
颜色叠加
渐变叠加
图案叠加
外发光
投影
斜面和浮雕
结构
样式：外斜面
方法：平滑
深度(D)：52 %
方向：上 下
大小(Z)：2 像素
软化(F)：2 像素
阴影
角度(N)：117 度
使用全局光(G)
高度：53 度
光泽等高线：消除锯齿(L)
高光模式：滤色
不透明度(O)：75 %
阴影模式：正片叠底
不透明度(C)：75 %

图4-4　图层样式

图4-5　机器人

蓝色小点，并复制两个蓝色小点。

（4）机器人手。

①新建图层7，利用椭圆选框工具绘制一个椭圆选区，再利用选区减模式，形成机器人手，并填充白色，绘制机器人的手。

②隐藏图层1，完成机器人的绘制（图4-5）。

（5）保存文档。以“机器人.PSD”为名保存到文件夹中。

4.2　路径的使用

4.2.1　任务引入

钢笔工具的使用比较常用，可以灵活绘制具有不同弧度的曲线路径，以及利用钢笔工具、自由钢笔及其相关工具绘制不同的形状，并且能非常准确地描摹出不同对象。

本任务主要通过钢笔工具以及相关辅助工具的灵活运用，实现较为简洁的“音乐”网站标志的制作，如图4-6所示。

图4-6　音乐标志

4.2.2 知识引入

4.2.2.1 路径的概念

路径是由一条或多条具有多个锚点（节点）的矢量线条（也称为贝赛尔曲线）构成的图形，可以是一个点、直线段或曲线，通常是指有起点和终点的一条直线或曲线。路径可以是闭合的，没有起点或终点；也可以是开放的，有明显的终点。

路径具有矢量性，是面向对象的，没有锁定在背景图像的像素上，不同于点阵图像素属性，占磁盘空间很小，可进行快速选择、移动、调整其大小等编辑修改。路径在图像显示效果中表现为不可打印的矢量图形，用户可沿着产生的线条对路径进行填充和描边。

作用：用于光滑图像区域选择、辅助抠图、绘制光滑线条、定义画笔等工具的轨迹绘制、输出路径及选择区域间的转换。

4.2.2.2 基本元素

元素主要由曲线段、直线段、锚点、控制柄等组成（图4-7）。

路径面板主要由填充路径、描边路径、路径转化为选区、选区生成路径、创建新路径以及删除当前路径等按钮组成（图4-8）。

（1）曲线段：位于平滑点之间的线段。

（2）直线段：钢笔工具单击不同位置，两点间创建一条直线。

（3）锚点：所有与路径相关的点叫锚点，标志着组成路径的各线段的端点。

（4）控制句柄：当选择一条曲线的锚点后，会在锚点上显示其控制句柄。

（5）闭合路径：起点和终点重合。

（6）开放路径：起点和终点未重合。

（7）工作路径和子路径：使用相应的工具每次创建的都是子路径，完成所有子路径的创建后就组成一个新的工作路径。

路径具有强大的可编辑性，具有光滑曲率属性，与通道相比，有更精确、更光滑的特点。

4.2.2.3 钢笔工具的使用

（1）钢笔工具。

①作用：用来绘制连接多个锚点的线段或曲线的，创建各种直线、曲线或自由线条的路径。

②方法：将光标移至图像窗口时，单击一点确定路径的起点，再将光标移动到另一个位置并单击，即可绘制一条直线。若创建一个封闭的路径，再将光标移到另一个位置并单击，最后将光标移到路径的起点处。当光标变为形状时，单击鼠标左键即可创建一条由直线组成的封闭的路径。

（2）自由钢笔工具。

①作用：用于随意绘图，就像用铅笔在纸上绘图一样。

②方法：在画布窗口内拖动鼠标，无须确定锚点的位置，鼠标经过的地方将会自动添加锚点和路径，在拖动过程中也可以单击鼠标定位锚点。若要结束绘制路径，在结束点双击鼠标或按Enter键，即可完成路径的绘制，创建一个形状路径。

（3）形状工具。用于在图像中快速地绘制直线、矩形、圆角矩形、椭圆形和多边形等形状。

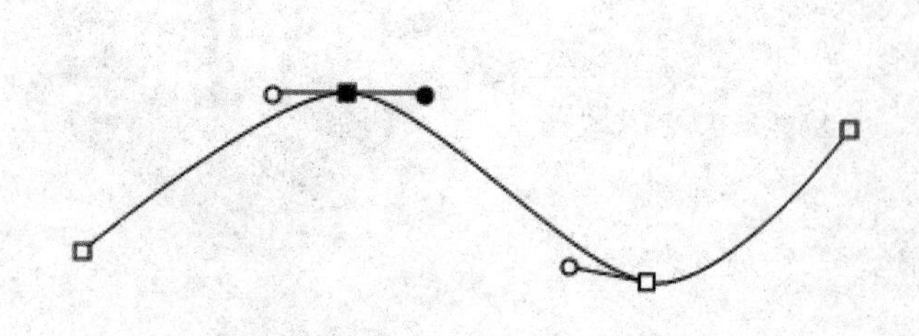
图4-7 路径锚点

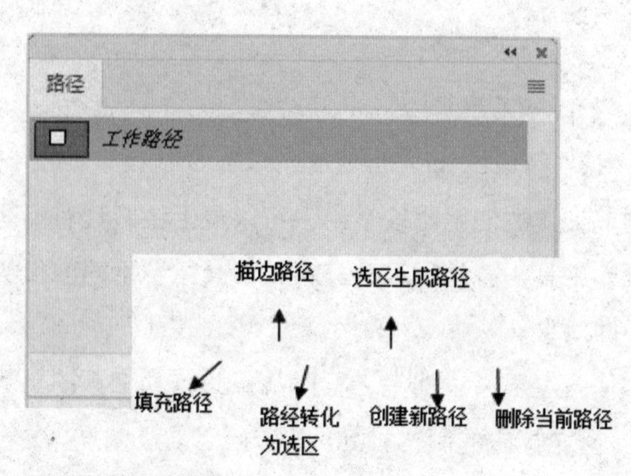

图4-8 路径面板

路径 建立： 选区... 蒙版 形状 自动添加/删除 对齐边缘

图4-9 钢笔工具选项栏

路径 建立： 选区... 蒙版 形状 磁性的 对齐边缘

图4-10 自由钢笔工具选项栏

4.2.2.4 路径的编辑工具

（1）添加锚点工具。

①作用：以改变路径中锚点的密度，增加路径的复杂程度。

②方法：选择添加锚点工具，在需要增加锚点位置处单击鼠标，即可在工作路径上添加新的锚点。

（2）删除锚点工具。

①作用：用删除锚点工具删除路径上的锚点，改变路径中锚点的密度，减少路径的复杂程度。

②方法：选择删除锚点工具，将鼠标定位到已创建的工作路径上锚点位置单击。

（3）转换锚点工具。

①作用：用于将曲线路径上的平滑点（曲线点）转换为角点（角点两旁的路径段为直线而非曲线），或者将角点转换为平滑点。

②方法：选择转换点工具，用鼠标拖动直线锚点，可以显示出该锚点的切线，将直线锚点转换为曲线锚点。

（4）路径选择工具。

①作用：路径选择工具，用于选择一条或按住Shift键选择几条路径，结合其选项栏（图4-11），并对其进行移动、复制、删除、组合、对齐、平均分布或旋转、变形等操作。

②方法：选择路径选择工具，单击路径曲线或拖动鼠标圈选路径，路径中所有锚点呈实心状态显示，即选中整个路径。再用鼠标拖动路径，在不改变路径形状和大小的情况下整体移动路径，把路径移动至目标处放开鼠标即可。

（5）直接选择工具。

①作用：用于显示路径锚点、改变路径的形状和大小。选择直接选择工具，选项栏没有选项。选取路径上的锚点、线段，或用框选的方式选择部分路径，并对选区部分进行删除或移动等操作。

②方法：选择直接选择工具，拖动鼠标框选一部分路径，路径中所有锚点显示出来，只是被选中的锚点呈实心状态显示，没有被选中的锚点呈空心状态

选择： 现用图层 填充： 描边： W: H: 对齐边缘

图4-11 路径选择工具选项栏

显示。在路径曲线外任一点单击鼠标，即可隐藏路径上的锚点。单击选中锚点，拖动鼠标，即可改变锚点在路径上位置，从而改变路径的形状。

4.2.3 任务实现——“音乐”网站标志的制作

4.2.3.1 任务分析

使用钢笔工具可以灵活地绘制具有不同弧度的曲线路径，并可用来抠取边缘光滑或不规则形状的对象，也可非常准确地描摹出对象，同时利用形状工具、钢笔工具、路径面板实现“音乐”网站标志的制作，如图4-6所示。

4.2.3.2 任务操作

（1）文档创建。长300像素×宽300像素，分辨率为72dpi，色彩模式为RGB，白色背景。

（2）形状的创建。

①选择“自定形状工具”，载入“全部”形状。

②选择形状列表中的“八分音符”图形，设置方法：形状填充为红色，描边为空，创建大小不一的两个音符。

③自由变换调整大小、位置（图4-6）。

（3）绘制多边形。

①利用钢笔工具绘制如图所示的多边形。

②在多边形中填充颜色（R190、G226、B20），并调整图形在画布中的位置。

（4）绘制三角形。利用钢笔创建出若个三个角形，填充颜色为橙色（R238、G132、B62），调整其位置和大小。

（5）保存文档。以“音乐网站标志.gif”为名保存到文件夹。

4.3 选区与路径的应用

与路径相关的操作都可以在“路径”面板中完成，例如创建、保存、复制、删除路径、选区与路径转换等操作（图4-8）。

4.3.1 任务引入

Photoshop CC中选区与路径之间相互转换的运用非常多，也是核心功能之一。在路径面板中点击“从选区生成工作路径”按钮可以将选区转换为路径；点击“将路径作为选区”载入，可以将路径转换为选区。

本任务主要利用文字工具生成相应的选区，再通过路径面板中的“选区转化为路径”工具，将文字选区转换为路径，利用钢笔相关辅助工具生成相应的流线字的路径，并再次转换为选区，填充相应的颜色，实现流线字的设计与制作。

4.3.2 知识引入

4.3.2.1 路径的编辑操作

（1）选择/取消路径。

①快捷方法。

a. 在路径控制面板中的路径名或路径缩览图上单击，即可选中路径。该路径即成为当前路径。

b. 取消路径选择在控制面板的空白处点击。

②选择工具组。

a. 路径选择工具：选中或移动整条路径。

b. 直接选择工具：选中或移动单个锚点。

（2）建立新路径。

①选择钢笔工具、自由钢笔工具或形状工具，确保工具选项栏中创建工作路径按钮被选中。

②单击路径面板下方的新建路径按钮，路径面板

中即以缺省名称新建一个空白路径。

（3）复制路径。

①在“路径”面板中单击，选中所需复制的路径，拖动到面板下方的“新建路径”按钮上松开鼠标即可。

②在“路径”面板中单击鼠标左键，选中所需复制的路径，在路径面板的弹出菜单中选择“复制路径”命令，在弹出的“复制路径”对话框中可为复制路径命名，确定即可。

（4）删除路径。

①删除某个路径。先在路径面板中单击以选中该路径，将之拖动到路径面板的“删除路径”按钮上松开鼠标即可。

②删除一个路径的某段路径。先使用“直接选择工具”选所要删除的路径段，然后按下“Delete”键将其删除即可。

（5）变换路径。

①对当前工作路径进行变换：Ctrl+T。

②对当前工作路径的部分路径进行变换：用“直接选择工具”选择某部分路径，再按Ctrl+T。

4.3.2.2 选区与路径的互转操作

（1）将路径转换为选区。

①在路径面板中，按住Ctrl键的同时将鼠标移动到需转换的路径上单击即可产生选区。

②在路径面板中，单击选中所需转换的路径后，单击路径调板下方的“将路径作为选区载入”按钮。

（2）将选区转换为路径。建立选区后，单击在路径面板下方的“从选区生成路径”按钮。

（3）描边路径。

①在路径面板中，单击选中所需描边的路径，然后右击执行路径面板弹出菜单中的“描边路径”命令。

②在路径面板中，单击选中所需描边的路径后，单击路径面板下方的“用画笔描边路径”按钮。

（4）填充路径。

①选需要填充的路径，单击面板中的“填充路径”按钮，用前景色快速填充。

②右击需要填充的路径，选择“填充路径”。

4.3.3 任务实现——流线字的制作

4.3.3.1 任务分析

本任务主要通过选区和路径间的转换，实现流线字的制作。其主要利用

图4-12 流线字

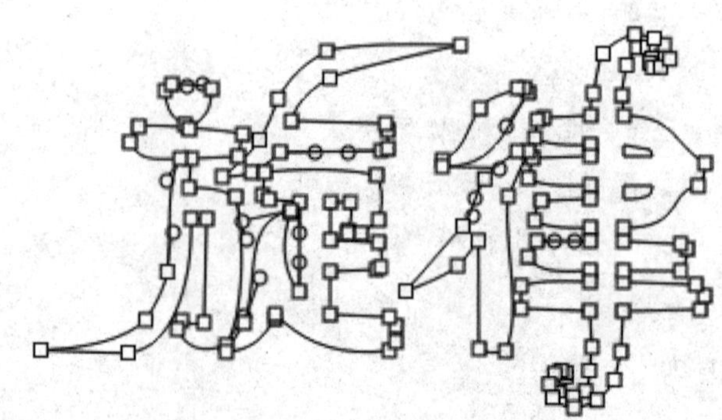

图4-13 路径锚点

文字工具生成“旋律”文字，并将其生成相应的选区后，利用路径面板中的“选区生成路径”按钮生成对应的路径，利用路径直接转换锚点工具、路径选择工具和直接选择工具改变路径形状，并转换成选区后，填充相应的颜色，实现流线字的制作，如图4-12所示。

4.3.3.2 任务操作

(1)文档创建。新建一个文件“流线字”，画布大小400像素×300像素，背景透明。

(2)输入文字“旋律”。

①利用文字工具，输入文字“旋律”，大小为100点，黑体。

②对“旋律”图层进行“栅格化文字”。

(3)选区制作。

①按住Ctrl，单击“旋律”图层缩览图则形成选区。

②单击“路径”面板中的按钮，然后再隐藏文字所在的图层。

(4)流线字形状的制作。

①分别选择、、和工具，对“旋律”路径进行编辑，效果如图4-13所示。

②新建“图层1”，取消编辑状态，显示“施律”图层。

③单击“路径”面板中的按钮形成选区，设置前景色(R130、G2、B255)，按Alt+Del对选区进行填充，或者点击按钮进行填充。

④对文字的大小、倾斜处理等进行操作。

(5)保存文档。以“流线字.gif”为名保存到文件夹。

图4-14 百事可乐标志

可口可乐标志

运用选区工具、形状工具以及绘图工具完成绘制图4-14所示“百事可乐”的标志。

项目5
Photoshop CC 色彩及图像调整

素材

PPT 课件

学习目标

1. 理解色彩的色相、饱和度、亮度/明度概念，以及色彩感情和背景颜色与文字色彩搭配要求。
2. 理解“色阶”及“曲线”工具的作用和用途。
3. 学会使用专业调整工具“色阶”及“曲线”实现调整照片、修饰照片和制作相册的操作。

5.1 色彩调整

5.1.1 任务引入

Photoshop CC中有一项强大的功能——调整命令，调整图像的色彩是Photoshop CC的强项。主要通过对色阶、自动色阶、自动对比度和自动颜色的方法的使用，对去色、匹配颜色、替换颜色、曲线、色彩平衡、亮度对比度和色相饱和度的处理技巧的掌握，最终应用于图像的处理。

本任务主要利用调整命令的使用完成一系列图像的处理，以达到对图像一系列操作技巧和使用方法的掌握，最终实现美丽的图案效果。

5.1.2 知识引入

5.1.2.1 色彩的元素组成

（1）饱和度（S）。颜色的强度或纯度（有时称为色度）。饱和度表示色相中灰色分量所占的比例，它使用从0（灰色）至 100%（完全饱和）的百分比来度量。在标准色轮上，饱和度从中心到边缘递增。

（2）色相（H）。色相指的是色彩的名称，是色彩最基本的特征，是一种色彩区别于另一种色彩的最主要因素。在0度到360度的标准色轮上，按位置度量色相。在通常的使用中，色相由颜色名称标识，如红色、橙色或绿色。

（3）亮度/明度（B）。亮度指的色彩的明暗程度，明度越大，色彩越亮。亮度是颜色的相对明暗程度，通常使用从0（黑色）至100%（白色）的百分比来度量。

5.1.2.2　色彩模式

（1）RGB颜色模式。RGB模式是工业界的一种颜色标准。

（2）CMYK颜色模式。CMYK模式是一种印刷模式，指青、洋红、黄、黑。

（3）HSB颜色模式。HSB模式是基于人对颜色的直观习惯，分别为色泽、饱和度、明亮度。

5.1.2.3　网页配色

（1）红色。红色的色感温暖，性格刚烈而外向，是对人刺激性很强的颜色。适当使用红色、部分使用红色主要用于突出颜色吸引眼球，同时也可达到现代与激进的感觉。

（2）橙色。橙色象征着爱情和幸福，具有轻快、欢欣、健康、收获、温馨、时尚的效果，是快乐、喜悦，属于注目、芳香、传递正能量的色彩。用于视觉、味觉要求较高的时尚网站。

（3）黄色。黄色是阳光的色彩，具有活泼、轻快的特点，同时中黄色具有崇高、尊贵、辉煌的心理感受，达到喜庆的气氛和富饶的景色，也起到强调、突出的作用。运用黄色能达到一种明朗愉快的效果。

（4）绿色。绿色是永恒的欣欣向荣的自然之色，所传达的清爽、理想、希望、生长的意象，代表了生命和希望，也充满青春活力，象征和平与安全、发展与生机、舒适与安宁、松弛与休息、安详与宁静，有缓解眼部疲劳的作用，符合服务业、卫生保健业、教育行业、农业的要求。

（5）蓝色。蓝色是一种爽朗、开阔、清凉的感觉，同时也给人很强烈的安稳感，具有智慧、准确的意象，是冷色的代表。适合商业设计中强调科技、效率的商品或企业形象，将作为标准色、企业色，符合计算机、汽车、摄影器材等。蓝色也代表忧郁和浪漫，可运用到文学作品或感性诉求的商业设计。

（6）紫色。紫色具有强烈的女性化性格，也象征着神秘与庄重、神圣和浪漫，代表了高贵和奢华、优雅与魅力，同时具有孤独等感觉。

（7）白色。在商业设计中白色具有洁白、明快、纯真、清洁的意象，通常需与其他色彩搭配使用，特别是黑色。纯白色给人以寒冷、严峻的感觉。

（8）黑色。具有深沉、神秘、寂静、悲哀、压抑的特点，具有很强的感染力，也能表现出特有的高贵，黑色还常用于表现神秘。

（9）灰色。灰色具柔和、高雅的意象，属于中间性格，具有中庸、平凡、温和、谦让、中立和高雅的感觉。通过调整透度的方法产生灰度层次。

5.1.2.4　图像“调整”命令

（1）【去色】命令。去除图像中的彩色，使图像变成无彩色，即灰度图像。去色之后的图像模式并不发生改变。

例：打开“照片1.jpg”，执行“图像→调整→去色”，即可去掉彩色变成黑白色。

（2）【反相】命令。可以反转图像中的色彩，即取原色彩的补色。若两种颜色相混合后，可以得到中性灰色，那么这两种颜色就互为补色。【反相】命令正是两补色之间的互相转换，如果再次执行此命令，图像的色彩即可恢复到原来的样子。红色的补色是绿色，黄色的补色是紫色，蓝色的补色是橙色。

例：打开“鲜花.jpg”，执行“图像→调整→反相”，即可得到反相图像的效果，再次反相得到原图。

（3）【色调均化】命令。能够重新分布图像中像素的亮度值，更均匀地调整整个图像的亮度。在执行此命令时，Photoshop查找图像中最亮和最暗的值，最亮的值表示白色，最暗的值表示黑色。然后对亮度进行色调均化处理，即在整个灰度范围内均匀分布中间像素值。

（4）【阈值】命令。利用【阈值】命令可以制作黑白图像。此命令是根据用户定义的图像中某个亮度值为阈值。将比该阈值亮的像素转换为白色，比该阈值暗的像素转换为黑色。

（5）【色调分离】命令。可以减少图像中的色调级别，将邻近色调的像素合并。色调级别值越小，色调级越少，图像的变化也就越大。

（6）【亮度/对比度】命令。调整图像的明暗程度和对比度，值越大对比度越大。有时一幅图片可能会较暗或者是对比度较弱，图像显得模糊，缺少层次感，主次不分明。这时我们就可以使用【亮度/对比度】命令来调节图像的明暗度和对比度。当然，我们也可以将一幅曝光过度的照片降低其亮度和对比度。

（7）【通道混合器】命令。使用“通道混合器”命令不仅可以将图像不同通道中的颜色进行混合，产生图像合成的效果，还可以快速去除图像中的颜色信息，制作出灰度图像，达到改变图像色彩的目的。

如：打开“飞舞.jpg”（图5-1），执行“图像→调整→通道混合器”，在输出通道中分别对“红”“绿”的源通道红、绿、蓝、常数设置为“68、-53、101、-11”“-4、114、-4、0”（图5-2）。

（8）【色彩平衡】命令。

该命令可以更改图像的总体颜色混合，可以对图像中的某一个色阶进行单独调整。可以校正照片出现的偏色现象，参数：

①色阶：用于显示红、绿、蓝色通道的颜色变化值：-100—100。

②色阶滑块：拖动进行色彩的变化。

③色调平衡：选择着重调整的色调范围。

④保持亮度：防止图像的亮度值随颜色的更改而改变。

如：打开“客厅.psd”，将沙发设置为咖啡色。

a. 利用“磁性索套工具”制作出沙发的选区。

b. 单击图层面板下的 按钮后，选择“色彩平衡”。

c. “色彩平衡”参数设置如图5-3所示。

d. 同理，将整个房间设置为浅咖啡色调。

（9）【渐变映射】命令。将相等的图像灰度范围映射到指定的渐变填充色，使用该命令可以为图像添加渐变映像效果。

（10）【替换颜色】命令。可以替换图像中的颜色，在图像中基于特定颜色创建蒙版，然后替换。可以设置蒙版区域内的色相、饱和度和明度。

例：打开“餐厅.psd”，“图像→调整→替换颜色”。

①将其颜色容差值改为30，在图像中单击紫色

图5-1　飞舞

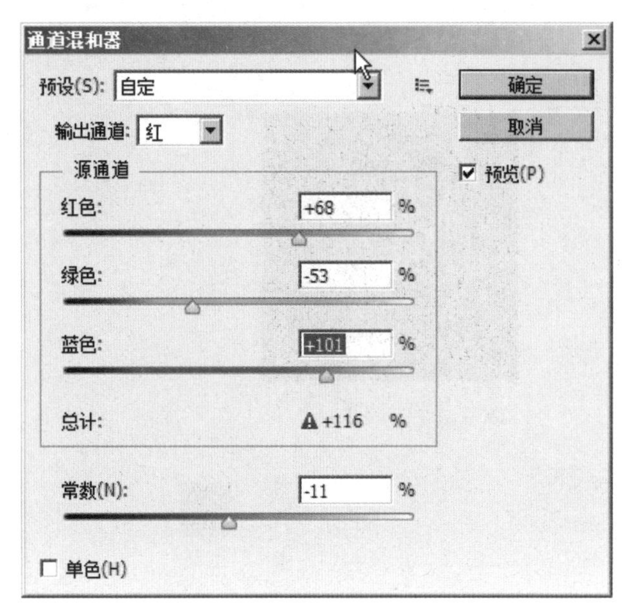

图5-2　通道混和器

的桌布，再选择带“+”的吸管工具单击扩大范围，将它们添加到蒙板中。

②在“替换”区域的“结果”色块上单击，吸管选取红色，色相为27，饱和度为44，明度为1，如图5-4所示，单击“确定”按钮生效。

5.1.3 任务实现——色彩调整命令的使用

5.1.3.1 任务分析

利用“调整”命令完成背景替换、色彩平衡、渐变映射以及亮度/对比度的调整，并运用“选区”等命令，完成卡通娃的制作以及室内效果的调整。

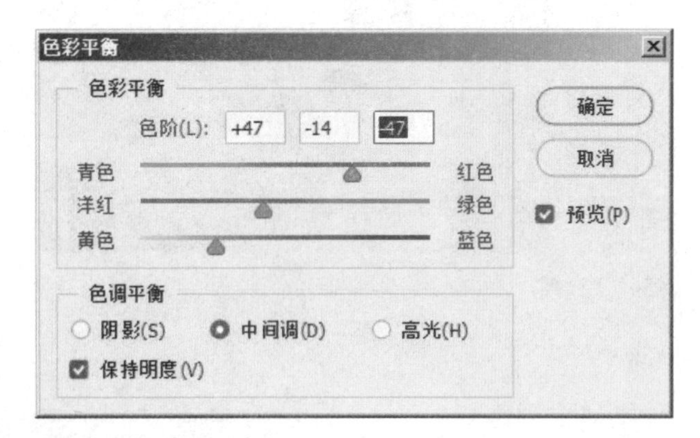

图5-3 色彩平衡

图5-4 替换颜色

5.1.3.2 任务操作

（1）卡通娃的制作。

①背景替换。

a. 打开文件“卡通.jpg”，用“魔术工具”制作背景选区，点击“编辑→清除”使其透明。

b. 复制背景图层，隐藏原背景图层，使之不可见。

c. 打开文件“背景.jpg”，执行“滤镜→像素化→晶格化”，将单元格大小设置为35。

d. 按Ctrl+A全选背景图片，Ctrl+C复制背景图片，回到“卡通”图片窗口，执行“编辑→选择性粘贴→贴入”实现背景替换。

②衣服色彩调整。

a. 用“魔棒工具”或“磁性套索工具”选卡通娃娃的衣服。

b. 执行“图像→调整→色彩平衡”，参数如图5-7所示，实现衣服色彩修改。

c. 同理，选娃娃胸前的蝴蝶结，执行“图像→调整→变化”，单击4次“加深红色”，4次“加深洋红”，实现色彩修改。

③头发修饰。

a. 利用“磁性套索工具”以及“快速选取工具”选取卡通娃娃的头发。

b. 执行“图像→调整→渐变映射”，单击“渐

图5-5 原图

图5-6 效果图

变映射”对话框中的黑色三角形，点击下面出现的三角形，追加“照片色调”样式，最后选取合适样式：铜色2或其他。

c. 或者点击渐变条，打开渐变编辑器，单击左下角颜色色标，更改颜色为（R56、R6、B124）。

④眼睛亮度的调整。

a. 利用“魔棒工具”选择眼睛选区。

b. 选择“图像→调整→亮度/对比度”，亮度调整为-25，对比度为13。

c. 取消脸上的白色点。至此，效果如图5-6所示。

（2）利用调整命令实现室内效果图的制作（图5-8图5-9）。

①打开文件“卧室.jpg”。

②床头墙的调整。

a. 在“通过”面板，单击蓝色通道，并制作深色墙面的选区（图5-10）。

b. 单击RGB通道，回到“图层”面板，设置“色彩平衡”，色阶（15、0、-16），见图5-11。

c. 设置“亮度/对比度”，亮度为-50，对比度为45。

③右侧墙的调整。右侧墙面选区的选择（图5-12），设置色彩平衡，色阶（11、0、-32）。

④地板和床板、房顶颜色的调整。

a. 地板和床板选区的选择（图5-13），设置“曲线”，适当降低亮度。

b. 房顶的调整，设置“曲线”，适当提高亮度。

至此，调整命令的使用已完成。

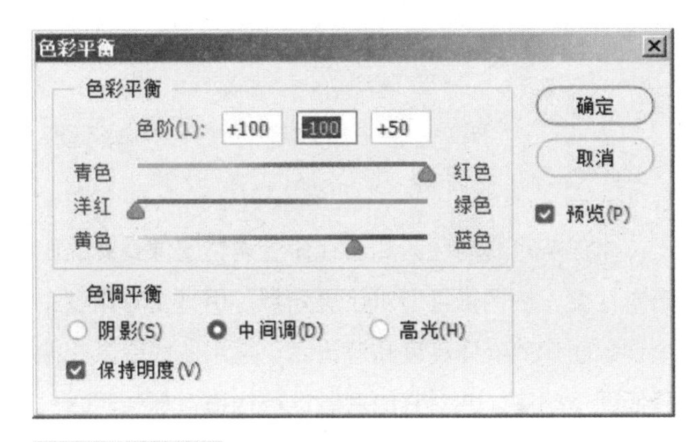

图5-7 色彩平衡

图5-8 调整前的原图

图5-9 调整后的效果图

图5-10 蓝色通道效果

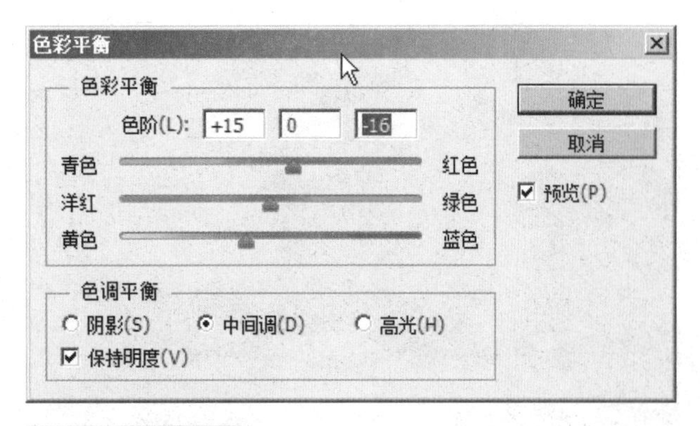

图5-11　色彩平衡

图5-12　墙面选区的选择

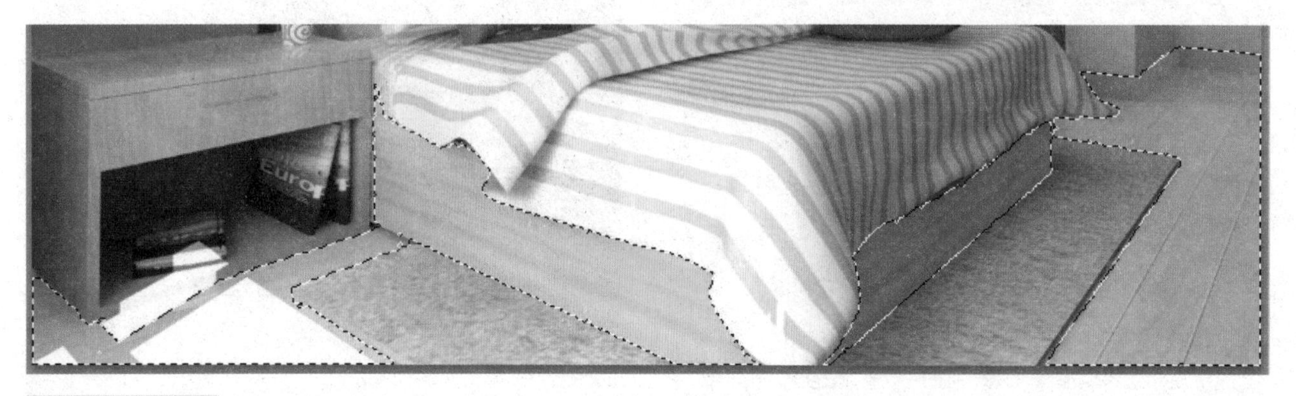

图5-13　床板选区

5.2　图片色阶及曲线

5.2.1　任务引入

在图像形成时，由于各种原因，可能形成的图像存在明暗不足，曝光过度，亮度过暗，使照片效果差，因此，需要通过处理，达到理想状态。

本任务可利用色阶和曲线命令调整图像整体的明暗对比度，使图像细节对比更强烈；用亮度对比度命令调整图像的整体亮度和对比度，再用曲线命令整体降低图像明度，并对它的蒙版进行操作，加强明暗的对比，从而完成对图像色阶及曲线的应用。

5.2.2 知识引入

5.2.2.1 解析“色阶”

（1）作用。可以通过调整图像的暗调/阴影、中间调和高光的强度级别，校正图像的色调范围和色彩平衡，纠正色偏。将每个颜色通道中的最亮和最暗像素定义为白色和黑色，然后按比例重新分布中间像素值。

（2）用途。利用【色阶】命令可以修改图像的曝光度。

（3）直方图（Ctrl+L）（图5-14）。

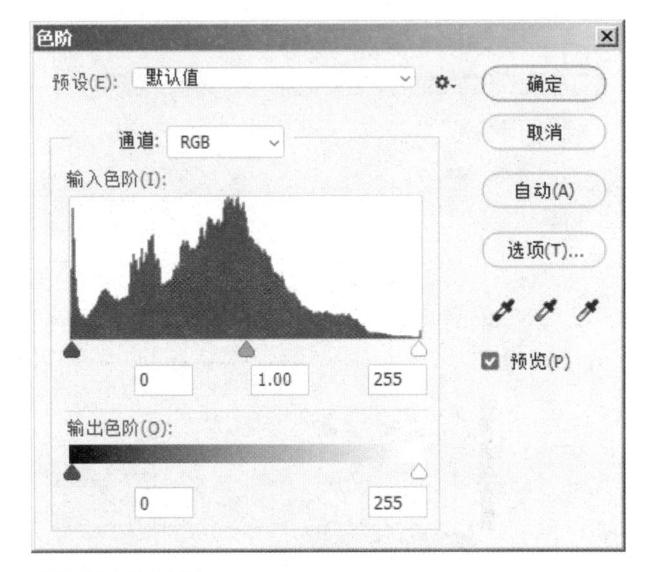

图5-14 直方图

①明度分布图形。直方图描述的是图片显示范围内影像的明度分布图形。

a. 直方图左边显示的是图像的阴影信息部分。

b. 中间显示图像的中间色调信息。

c. 右边则显示图像的高亮信息部分。

②纵横轴。横轴代表由暗到亮（0～255）的信息，纵轴则代表该亮度值下的像素数量：直方图的垂直纵轴方向代表在给定值下像素的数量，给定值下柱子越高，代表像素信息越多；柱子越低，代表像素信息越少，少到为零。

a. 过曝：图形偏向右边，即高光部分堆积大量像素，左边基本上没有图形，即暗部没有像素。

b. 正常曝光（Average）：图形很平均地从左到右分布，中间的图形比较多。呈现为钟的形状，类似于正态分布。

c. 曝光不足（Underexposed）：图形偏向左边，即暗部堆积大量像素，右边基本上没有图形，即高光部分没有像素。

如：打开“吧柜.jpg”，“图像→调整→色阶”，左中右色阶值为35、1、197，可达到比较清晰的效果。

③吸管工具。作用：调整图片亮度、暗度、层次、灰色。

a. 黑场工具在图像中单击，可将单击点（位置）的像素调整为黑色，图像中比该点暗的像素也会变为黑色。

b. 灰色工具在图像中单击，可根据单击点（位置）的像素的亮度来调整其他中间色调的平均亮度。

c. 白场工具在图像中单击，可将单击点（位置）的像素调整为白色，图像中比该点亮度值高的像素也都变为白色。

5.2.2.2 解析“曲线”

（1）作用。调整图像的整个色调范围，实现综合调整图像的亮度、色相、对比度和色彩。

“曲线”是最强大的调整命令，基于原图的基础上对图像做一些调整，具有“色阶”“阈值”和“亮度/对比度”等多个命令的功能。

在调整色调时不是只使用三个变量（高光、暗调、中间调），而是可以调整0～255的任意点，同时保持15个其他值不变。也可以使用【曲线】命令对图像中的个别颜色通道进行精确的调整。“曲线”命令对话框与“色阶”命令对话框类似。

（2）“曲线”界面（Ctrl+M）（图5-15）。

A. 通过添加点来调整曲线。

B. 使用铅笔绘制曲线。

C. 高光。

D. 中间调。

E. 阴影。

F. 黑场滑块和白场滑块。

G. 曲线显示选项。

H. 设置黑场。

I. 设置灰场。

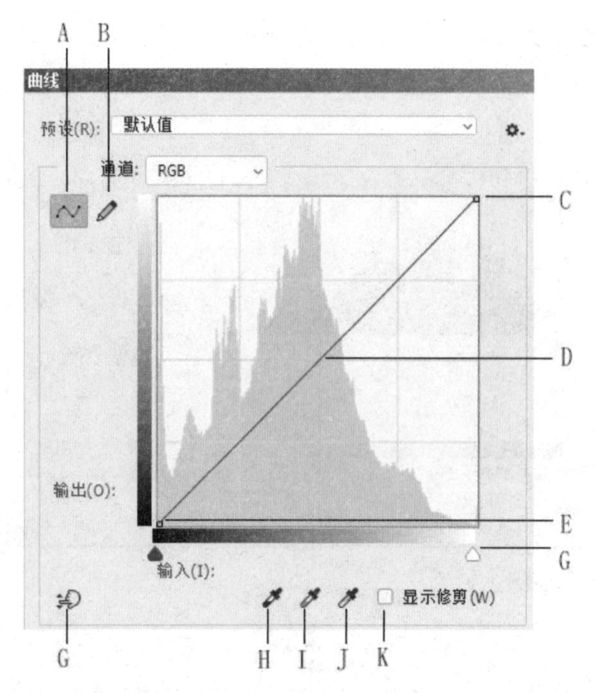

图5-15　曲线界面功能

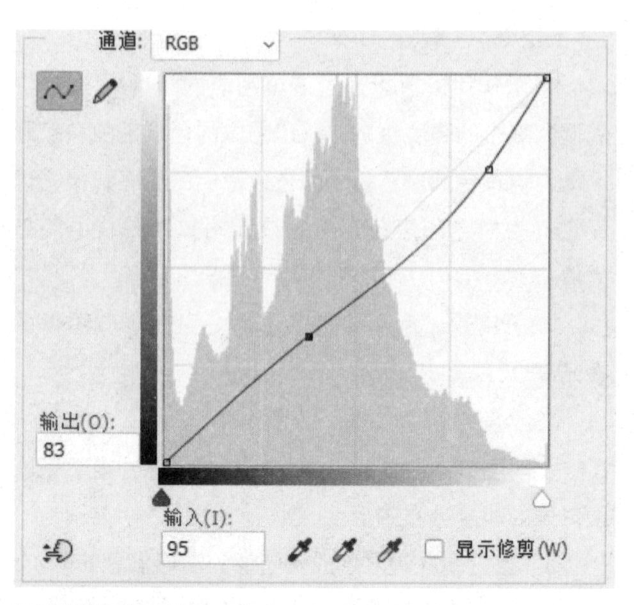

图5-16　调整曲线

J. 设置白场。

K. 显示修剪。

如：打开“晚霞.jpg”，“图像→调整→曲线”，或按Ctrl+M调整曲线，参考图5-16所示。

（3）曲线构成。

①顶部：用来调整高光。

②中心：用来调整中间调。

③底部：用来调整阴影。

（4）使用原则。

①一点调节影调明暗/高度。

②两点控制图像反差/对比度。

③三点提高暗部层次。

④四点产生色调分离。

注：移动曲线上的控制点，要上下垂直移动，不应该按住一控制点随意斜向移动，因为这样移动所对应的就不是这个控制点，而是原来的灰阶关系（图5-17）。

图5-17　移动方向

（a）原图

（b）效果图

图5-18　绿水青山的制作

5.2.3　任务实现——绿水青山及拨云见日的制作

5.2.3.1　任务分析

（1）利用色阶和曲线命令调整图像整体的明暗对比度，使图像细节对比更强烈。使用选区工具单独选出天空部分并为天空图层添加曲线和亮度对比度命令，增强天空的明暗对比；利用“色阶”减少天空和地面的灰度范转，接着利用“亮度/对比度”整体调整图像的亮度和对比度，最后利用“曲线”调节天空的明暗对比，如图5-18所示。

（2）为表现阳光被部分云层遮盖的效果，先用亮度/对比度命令调整图像的整体亮度和对比度，再用曲线命令整体降低图像明度，并对它的蒙版进行操作，加强明暗的对比。

5.2.3.2　任务操作

（1）绿水青山的制作。

①打开“绿水青山.jpg”素材，选中“背景”图层，执行“图层→新建调整图层→色阶”，产生一个“色阶1”图层，调整面板色阶值（22，0.61，148）。

②执行“图层→新建调整图层→曲线”，调整曲线（图5-19）。

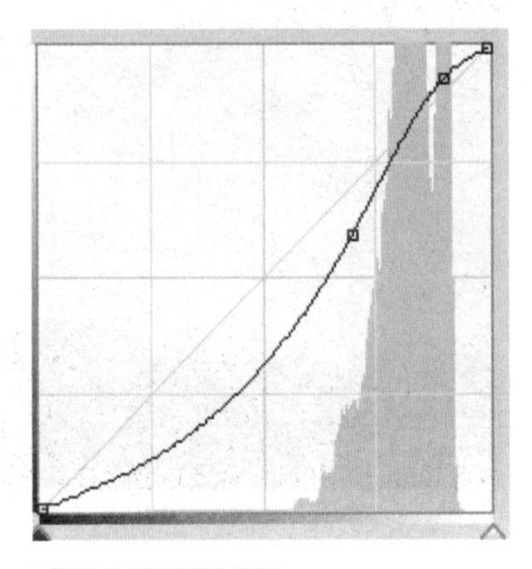

图5-19　曲线设置

③将“背景”图层拖到图层面板新建图层按钮“■”，形成副本，并将副本移到最上层。

④在副本中选取天空，形成选区，并反向选择形成新的选区，删除山水区域。

⑤再反向选择形成新的天空选区，使用“曲线”和“亮度/对比度”（2、10）增强天空的明暗对比；（在各相应面板点击“■”按钮使其仅作用背景副本）。

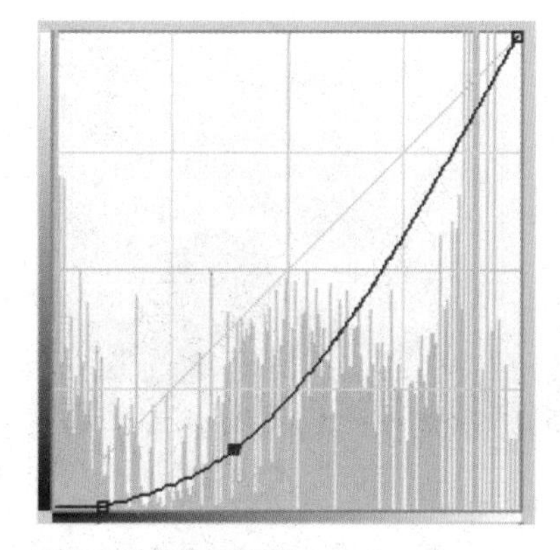
图5-20 曲线设置

（2）拨云见日的制作。

①打开“拨云见日.jpg”素材，看到太暗，需要提高亮度：执行“图层→新建调整图层→色阶”，产生一个“色阶1”图层，调整面板色阶值（0，1.34，35）。

②选中“色阶1”缩览图，运用渐变工具（前景色：143，143，143；背景色：白色），从上至下拉黑到白的渐变，即天空基本恢复以前的状态。

③执行“图层→新建调整图层→色阶”，产生一个“色阶2”图层，调整面板色阶值（70，1.27，255）。

④同理，参照第二步，运用渐变工具（前景色：143，143，143；背景色：白色），从上至下拉黑到白的渐变，即地面基本恢复以前的状态。

⑤执行“图层→新建调整图层→亮度/对比度”，产生一个“亮度/对比度1”图层，亮度/对比度的值设置为“-9，8”。

⑥执行“图层→新建调整图层→曲线”，产生曲线1，并调整曲线1（图5-20）。

⑦同理，参照第二步，运用渐变工具（前景色：143，143，143；背景色：白色），从上至下拉黑到白的渐变，即地面基本恢复以前的状态（图5-21）。

（a）原图

（b）效果图

图5-21 拨云见日的制作

5.3 调整命令的应用——相册图像的设计

5.3.1 任务引入

现在图片在相册中的设计与制作在现实生活越来越常见，无论是个人临时图像的设计，还是针对一系列相册的设计，同时设计效果要求越来越高，以达到自己心目中的图像效果（图5-22）。如何实现这种效果呢？主要更多运用Photoshop中的“调整”命令，同时结合一定的其他功能完成对图像效果的设计。

图5-22 相册图片

5.3.2 任务分析

通过使用相应的素材、常用工具以及调整命令完成如图5-22所示的相片的修饰设置。主要运用选区工具完成相框、树木的绘制，然后通过“调整”命令的色彩平衡、饱和度、亮度/对比度、色阶以及曲线工具设置出相应的效果。

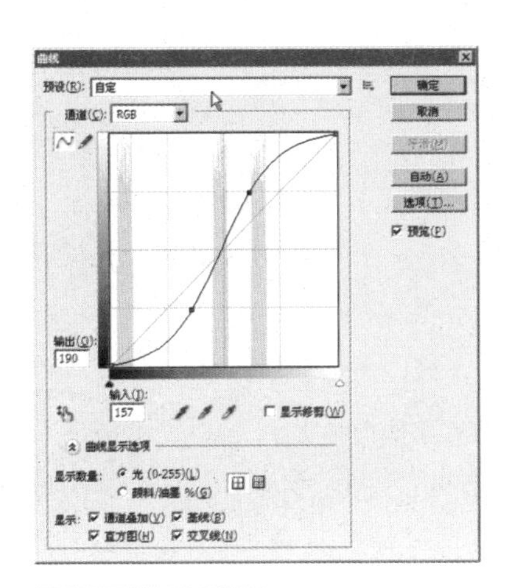

图5-23 曲线设置

图5-24 绘制效果

5.3.3 任务实现

5.3.3.1 背景制作

（1）新建文件：新建一个1024px×768px，分辨率为72dpi的文件。

（2）相册背景：前景色设置为淡咖啡色（# b58261），背景色设置为淡咖啡色（# a8edeb），此时选择“滤镜→渲染→云彩”，并设置背景。

（3）背景色彩平衡：选择“图像→调整→色彩平衡”，其值为35，94，－83。

（4）饱和度：选择“图像→调整→色相/饱和度”，饱和度的值为−36。

5.3.3.2 小树的绘制

（1）前、背景颜色：新建图层“小树”，前景色为咖啡色（# ae7b5b），背景色为深咖啡色（# 58321a）。

（2）树干及其颜色：选取“矩形工具”，在选项栏中选择“填充像素”□模式，绘制一个长长的矩形，选择“滤镜→渲染→纤维”，设置其差异为16，强度为5。

（3）树干变形：选择“编辑→ 变换→透视”，将树的顶端向中间靠拢。

（4）树枝制作：新建图层“树枝”，用“矩形工具”，同上方法制作树枝，旋转成树枝，修改其大小、位置，然后将所有树枝图层和树干图层合并。

5.3.3.3 树叶的绘制

（1）前景色：前景色设置为绿色（#6bc01f）。

（2）树叶：在图层“小树”下新建图层“树叶”，选择“自定义形状工具”，在选择栏中单击“形状”后下拉箭头，追“自然”形状，再选择“云彩1”，绘制长形树叶。

（3）树叶修改：选择“滤镜→杂色→添加杂色”其值为3%～5%，调整曲线（图5−23），最后添加投影。

（4）其他形状点缀：在树上添加月亮、星星等图形。

5.3.3.4 大相框的制作

（1）新建一个图层“大相框”，前景色设置为白色（# f3eeee），运用“圆角矩形工具”，半径为10像素，绘制一个高度大约占2/3，宽度大约占2/5的矩形。

（2）矩形修饰：选择“滤镜→扭曲→波浪”，生成器数为10，波长为50、50，波幅为30、30，比例为11%、11%，并通过图层样式添加“斜面和浮雕”，可旋转一定的角度。

（3）添加小花：打开“小花和苹果.psd”，将其小花拖到“相册.psd”的大相框左上角，共添加2个小花。

5.3.3.5 小相框及苹果的制作

（1）新建图层“小相框”，绘制一个“圆角白色矩形”，再绘制一个小点的黑色同心矩形。

（2）选取“魔棒工具”单击黑色部分并用Delete删除，只剩下一个边框，为边框添加“斜面和浮雕”。

（3）复制一个小相框，并调整位置（图5−24）。

（4）将“小花和苹果”中的苹果复制到“相册”下边形成一排。

5.3.3.6 导入相片

（1）大相框导入

①打开“照片A. jpg”，“色彩平衡”：选择“阴影”，然后将色阶设为（19，0，0），同理，选择“高光”，然后将色阶设为（13，0，−15）。

②通过Ctrl+A全选，再通过Ctrl+C复制。

③回到相册文件“相册.psd”，用“矩形选择工具”制作一个选区，略小于大相框，再通过“选择→变换选区”进行调整大小，旋转选区与大相框相符，然后“编辑→选择性粘贴→导入”，即实现相片粘贴到选区中。

④最后自由变换Ctrl+T旋转照片、调整大小及位置。

（2）小相框照片导入

①打开“照片B. jpg”，亮度/对比度：亮度值调为18，对比度调为20。

②按Ctrl+A全选，按Ctrl+C复制。

③回到相册文件“相册.psd”，找到小矩形所在的图层，用“魔棒工具”在矩形内单击产生矩形选区，然后“编辑→选择性粘贴→导入”，最后自由变换Ctrl+T旋转照片、调整大小及位置。

（3）同理导入另一小相框照片：

①打开“照片C. jpg”，在曲线的右中间点添加控制点向上移动到合适位置。

②曲线：在曲线的右中间点添加控制点向上移动到合适位置。

③调整肤色：放大2倍，选择“减淡工具”，其曝光度为25%，画笔为100像素，在脸上和身上较暗的部分单击多次，使肤色变白或变亮。

④同理，将“照片A”导入到大相框中，进行旋转照片、调整大小及位置。

5.3.3.7　添加其他修饰

a. 添加红色文字“Sweet　Heart”。

b. 添加小花等其他修饰。

至此，相册图像的制作已全部完成。在此过程中特别注意其中各元素的大小比例、位置、色彩搭配以及最后各元素的协调性。

课后练习

叠岭层峦的制作

要求：利用亮度/对比度、曲线、渐变工具实现叠岭层峦效果制作，如将图5-25设置其效果如图5-26所示。

图5-25　原图

图5-26　效果图

项目6

通道的应用

素材

PPT 课件

学习目标

1. 理解通道的概念、分类、功能以及通道的选择、编辑等操作。
2. 掌握用通道来制作精确的选区和对选区进行各种处理的方法。
3. 掌握使用通道对图片进行调色和抠图等操作。

6.1 通道

6.1.1 任务引入

通道是图像处理中最重要的部分，为了记录选区范围，可以通过黑与白的形式将其保存为单独的图像，进而制作各种效果。人们将这种独立并依附于原图的、用以保存选择区域的黑白图像称为“通道”。本章通过常用的图像处理方法，来探讨Photoshop CC通道的本质、运算及其特殊形式，从中获得启发，理解本质，掌握应用。

6.1.2 知识引入

6.1.2.1 通道的概念

通道是由遮板演变而来的，也可以说通道就是选区。在通道中，以白色代替透明，表示要处理的部分（选择区域）；以黑色表示不需处理的部分（非选择区域）。因此，通道也与遮板一样，没有其独立的意义，而只有在依附于其他图像（或模型）存在时，才能体现其功用。而通道与遮板的最大区别，也是通道最大的优越之处，在于通道可以完全由计算机进行处理，也就是说，它是完全数字化的。

6.1.2.2 通道的分类及功能

通道分类：

①复合通道。复合通道是一个用于快速浏览颜色通道复合信息的快捷方式。换句话说，复合通道就是一个快速浏览图像全部色彩的快捷方式。当我们在编辑其他通道的时候，单击这个复合通道我们就能马上看见图像的全部色彩信息。

②颜色通道。颜色通道是存储图片的色彩信息的。研究发现，大自然的绝大多数色光可以用红、绿、蓝三种颜色通过不同的混合比例混合出来，这就是色光三原色。有了这个发现，我们在保存图片色彩信息时就不用保存那么多种颜色信息了，只要记录下一张图片每个像素点的红、绿、蓝三种颜色的多少，就能知道那个像素的颜色是什么了，而记录这三种颜色分布信息的就是颜色通道，红、绿、蓝分别对应RGB。

③Alpha通道。Alpha通道是用于存储选区的（图6-1）。

颜色通道是存储图片色彩信息的，并且以亮度等级的方式来存储，越亮表示颜色饱和度越高，越暗表示饱和度越低，白色表示纯色，黑色表示没有。那么Alpha通道又以何种方式来存储选区呢？其实，Alpha通道也是以亮度等级的方式来存储选区，也是分为256个亮度等级，从黑到白的取值也是0～255。越亮表示选取的程度越"深"，越暗表示选取的程度越"浅"，白色表示全部选取，黑色表示不选取。

6.1.2.3 选择与编辑通道

在Photoshop应用程序中，要对通道进行操作，必须使用"通道"面板，选择"窗口"→"通道"命令，即可打开"通道"面板，见图6-2。在面板中，将根据图像文件的颜色模式显示通道数量。

（1）通道可视图标：显示或隐藏当前通道。

（2）通道缩览图：用来显示该通道的预览缩略图，供用户处理时快速参考。

（3）专色通道：特殊的混合油墨，用来替代或补充印刷色（CMYK）油墨。

（4）Alpha通道：用于存储选区。

（5）将通道作为选区载入：单击该按钮能够将通道中的图像内容转化为选区。

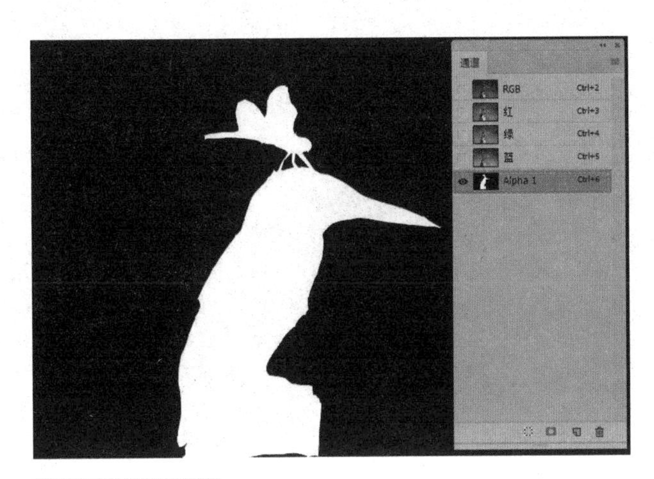

图6-1　Alpha通道

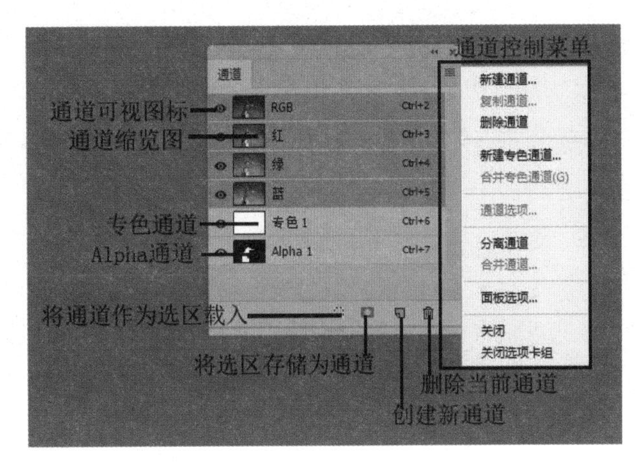

图6-2　通道面板

（6）将选区存储为通道：单击该按钮可以将当前图像中的选区载入一个新的Alpha通道里，并将选区保存为一个蒙版。

（7）创建新通道：单击该按钮能够快速建立一个新的通道。

（8）删除当前通道：单击该按钮可以删除当前选择的该通道。

（9）通道控制菜单：用来执行与通道有关的各种操作。

6.1.2.4 复制和删除通道

（1）复制通道。复制通道的方法有两种：

①选中通道将其向创建新通道按钮上拖动，即可创建一个新的副本通道。

②选中通道右键“复制通道”。

（2）删除通道。

①用鼠标将要删除的通道拖到通道面板下方的“删除当前通道”按钮上。

②选中通道右键“删除通道”。

6.1.2.5 分离和合并通道

（1）分离通道。分离通道是将图像中的所有通道分离成多个独立的图像。分离后，原始图像将自动关闭，剩余的通道以通道为单位各自形成灰度图像。一个通道对应一幅图像，新图像的名称由系统自动给出。如一幅RGB图像文件可以分离成3个独立文件，分别保存了原始图像中的红色、绿色、蓝色通道信息。执行“通道”面板控制菜单中的“分离通道”命令完成分离。

（2）合并通道。合并通道是将分离的各个独立的通道图像再合并为一幅图像。合并通道的操作步骤如下：

①执行合并通道前，确保通道的各灰度图像分辨率和图像大小一致。打开所有要合并通道的灰度图像文件，选择任何一个灰度图像文件，单击“通道”面板上的控制菜单中的“合并通道”命令。

②单击“合并通道”对话框内的“确定”按钮，将打开“合并RGB通道”的对话框。

③单击“合并RGB通道”对话框内的确定按钮，即可将多幅灰度图像合并成一幅原色图像。

6.1.3 任务实现——利用通道实现头发的抠图

6.1.3.1 任务分析

通道抠图原理：即先选择较为清晰的颜色通道，用绘图和修饰工具进行黑白灰的处理，再将处理好的通道载入选区，最终在图像中出现虚线框起来的选区。

通道抠图思想：在几个通道中，要选择背景和前景色色相相差较大的一个通道进行处理，为了不破坏原图，需将要进行处理的通道进行复制。然后用各种混合模式或调整复制的通道的亮度/对比度、色相饱和度、色阶或曲线，使前景和背景最大可能的分离，以黑白色显示，可灵活调整。但仍要注意把握好分寸，否则就会损失图像的层次感。初步调整后如不满意，就使用前景色设置画笔的颜色为黑色或白色，用画笔或路径工具做大的修补。要想微调，可把正处理的通道载入选区，再用画笔工具对已选取的选区进行修补。

6.1.3.2 任务操作

（1）启动Photoshop，打开要处理的图片。打开通道面板（F7键），在R、G、B三通道中找出一个对比度最强的通道，即反差最大的，这样的通道容易实现主体与背景的分离。在图6-3中选择绿色通道，复制黑白对比强烈的绿色通道（拖曳蓝色通道到下方的复制通道按钮上），生成新通道“绿拷贝”。

（2）选择“图像”→“调整”→“反相”命令（Ctrl+I），使准备被抠出来的头发区域变成白色，见图6-4。

图6-3 通道拷贝

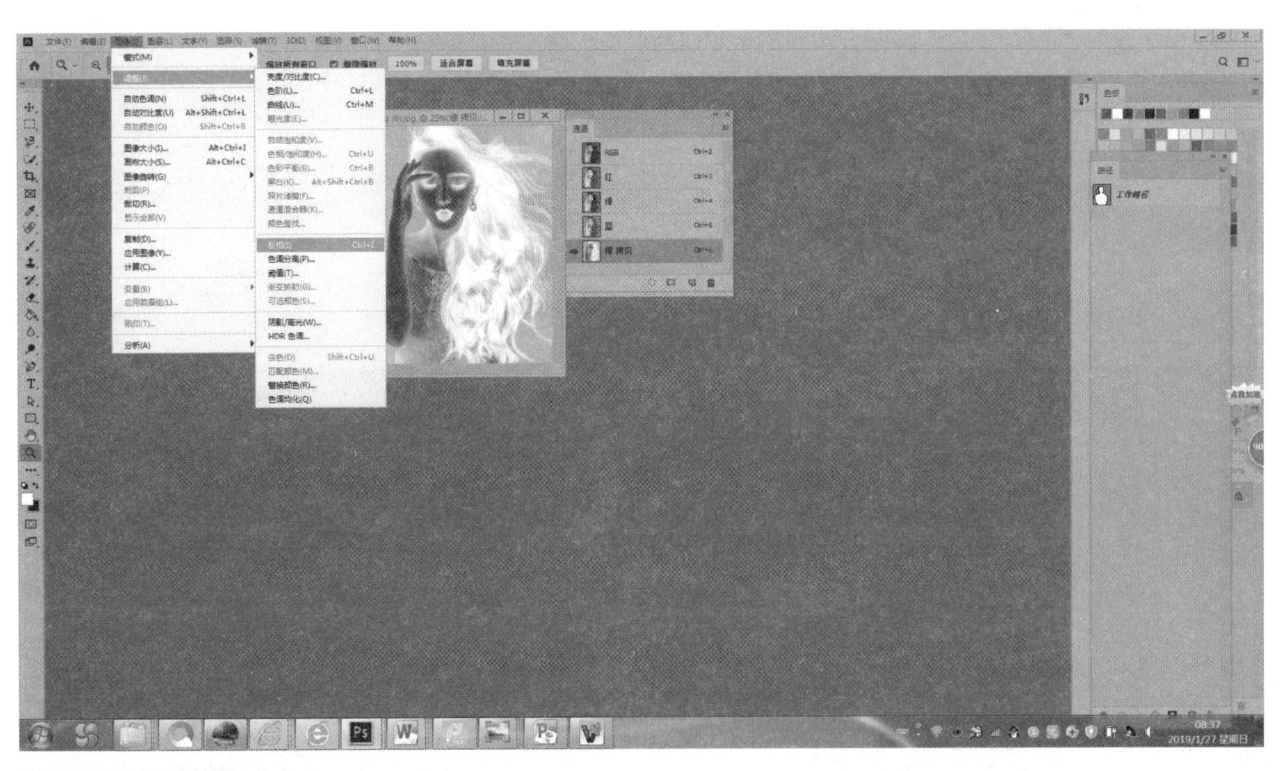

图6-4 “反相”命令

（3）选择“图像”→“调整”→“色阶”命令（Ctrl+L），黑、白两三角向中间移动，目的是进一步加大对比，见图6-5。

（4）头发被抠区全部变成白色，背景全部变成黑色。头发被抠的内部不够白的，用画笔工具，设置前景色为白色，画笔硬度调为最大值，将内部涂为白色，见图6-6。

（5）载入白色区域为选区，选择RGB通道，再切换回图层，Ctrl+J复制头发，得到头发层，见图6-7。

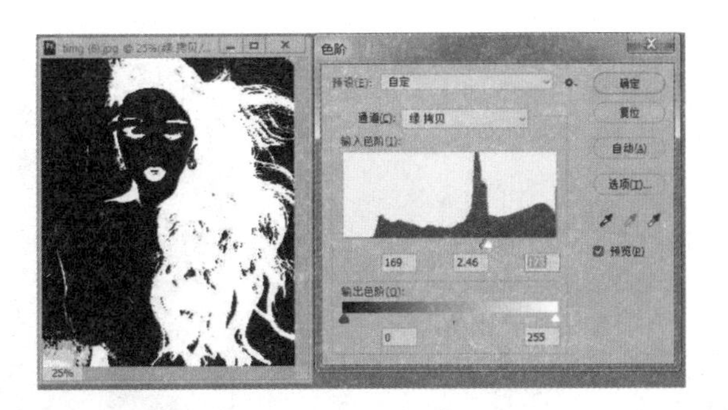

图6-5 “色阶”命令

图6-6 画笔涂抹

图6-7 头发复制

（6）点选“钢笔”工具，将图片中人物的主体轮廓勾出。注意碎发部分不要勾在里面，因为在后面将对其进行专门处理。在用“钢笔”工具勾图片时，略向里一点，这样最后的成品才不会有杂边出现，见图6-8。

（7）选择“窗口→路径”打开“路径”面板，这时你会发现路径面板中多了一个“工作路径”，单击“将路径作为选区载入”按钮，将封闭的路径转化为选区，见图6-9。

（8）Ctrl+J复制身体，得到人身图层，合并头发和人身图层（图6-10）。

（9）与背景素材合成，效果见图6-11。

图6-8　轮廓勾出

图6-9　路径转化

图6-10　身体复制

图6-11　效果图

6.2 通道计算

6.2.1 任务引入

通道计算可以使用与图层关联的混合效果，将图像内部与图像之间的通道组合成新的图像，实现选区创建的复杂效果。“计算”是混合模式的一种综合运用，以通道为载体，以蒙版为对象，在PS实践应用中，作用巨大。要理解“计算”工具，充分利用混合模式，快速选择需要选取的对象，达到高效准确的目的。

6.2.2 知识引入

6.2.2.1 “计算”命令的使用

“计算”：通道与通道间，上下图层与本图层都不发生改变，产生新的选区。

选择区域间可以进行通过“图像”→“计算”命令实现诸如加、减、相交等不同的布尔运算。计算命令是专门制作选区用的，该命令用于混合两个来自一个或多个源图像中的单色通道，然后将结果应用到新图像、新通道或现有的图像选区中的一种方法。

直接以不同的Alpha选区通道进行计算，生成一些新的Alpha选区通道，也就是一个新的选择区域。在如图6-12所示的对话框中，可以将前两个区域中的“源1”“源2”看作两个不同的数字1、2，那么第三个区域中的“混合”方式则可以看作前两个数字的运算符号，此处的运算方式有：正常、叠加、变暗等，运算得到的结果可以是生成一个新的通道或选区。其中参与计算的源1、源2可以来自同一个图像文件，也可以来自不同图像文件。若来自不同的图像文件，要求两个图像文件具有相同的尺寸与分辨率。

6.2.2.2 “应用图像”命令的使用

“应用图像”：通道与通道间，本图层直接发生改变。

应用图像命令可以将图像的图层或通道（源）与现用图像（目标）的图层或通道混合，可以将一个图像的图层和通道源与当前图像的图层和通道目标混合为一体，常用于合成复合通道和单个通道的图片处理（图6-13）。

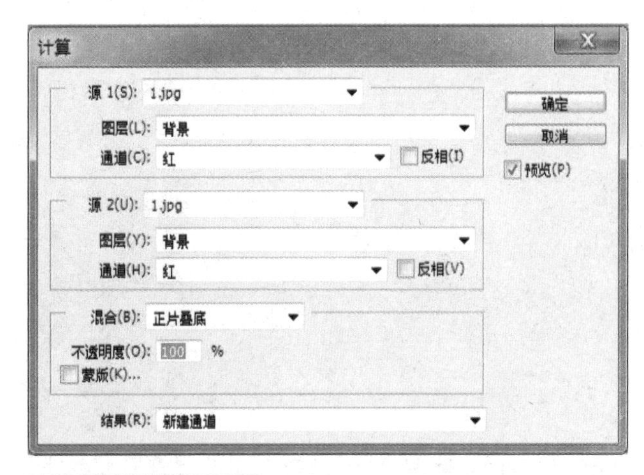

图6-12 “计算”命令

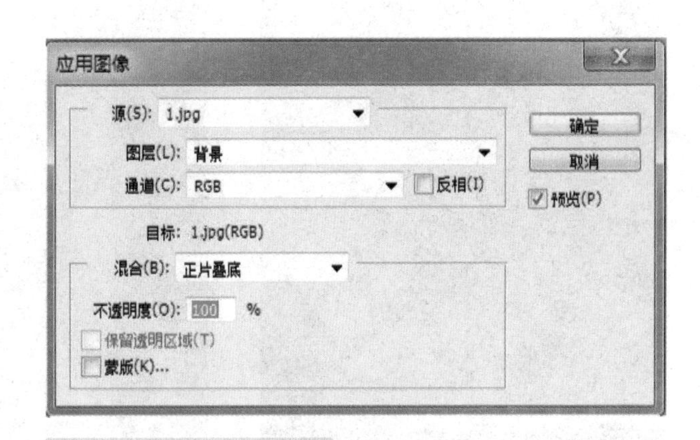

图6-13 “应用图像”命令

6.2.3 任务实现——计算命令抠图换背景

6.2.3.1 任务分析

因为图片效果有较大差异，后期处理的部分都不同，所以在处理每张图片的时候都要先进行分析，确定问题所在，然后再通过Photoshop这种专业软件进行修补和加工。本案例的原图片色调平淡、灰暗，画面感差。对原图片的处理方法，主要使用“计算”命令对繁杂的树枝进行抠图，配以合适的背景，运用图层混合模式和调整图层中的亮度与对比度等命令进行处理。

6.2.3.2 任务操作

（1）执行“文件”→“打开”命令或Ctrl+O，打开“树与屋顶”的图片素材（图6-14）。

（2）按住鼠标左键，把背景图层拖至图层面板中的“新建图层”，复制背景层，得“背景副本”，如图6-15所示。

（3）通道面板中，选择树枝和背景反差比较大的蓝通道，如图6-16所示。

（4）菜单栏中执行图像→“计算”命令，设置如图6-17所示，生成新通道Alpha1，效果如图6-18所示。

图6-14 “树与屋顶”文件

图6-15 背景副本

图6-16 蓝通道

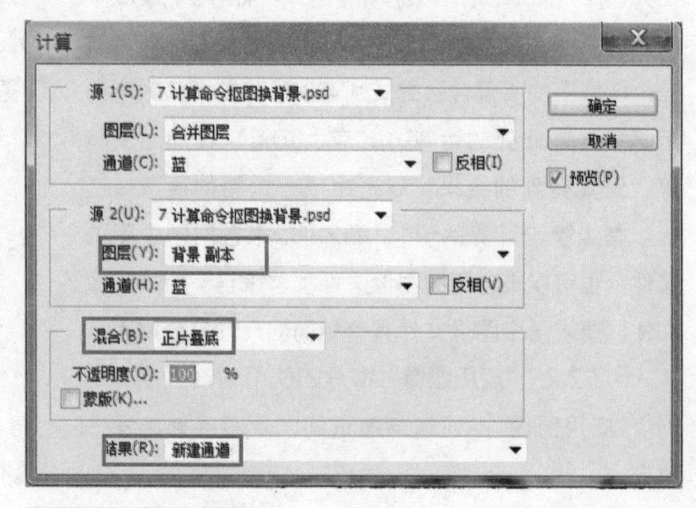

图6-17 “计算”命令

图6-18　新通道Alpha1

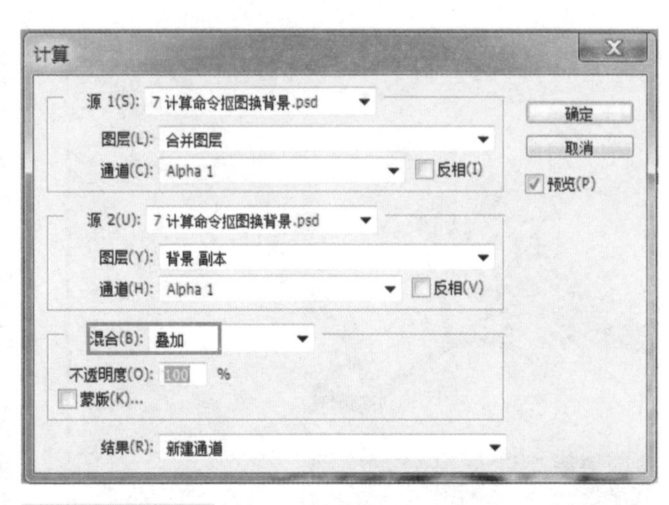

图6-19　混合设置

图6-20　新通道Alpha2

图6-21　色阶设置

图6-22　屋顶涂抹

图6-23　树枝和屋顶选区

（5）再执行一次“计算”命令，混合模式改为叠加，生成通道Alpha2，如图6-19、图6-20所示。

（6）菜单栏中，执行“图像”→“调整”→“色阶（Ctrl+L）”，进行效果的处理，如图6-21所示。

（7）菜单栏中，执行“图形”→“调整”→“反相（Ctrl+I）”，树枝和屋顶变成白色。运用画笔工具把屋顶涂抹成白色，如图6-22所示。

（8）按住Ctrl键点击Alpha2缩略图，调出树枝和屋顶选区，回到图层面板，如图6-23所示。

图6-24　图层蒙版

图6-25　“正片叠底”效果

图6-26　亮度和对比度调整

图6-27　效果图

（9）点击红框内的图标添加图层蒙版，之后隐藏背景，效果如图6-24所示。

（10）执行“文件”→“打开”命令（Ctrl+O），打开“云”图片素材，移动工具拖至主图中，放在“背景副本”图层下面，且“背景副本”图层的混合模式为“正片叠底”，如图6-25所示。

（11）盖印图层（Ctrl+Alt+Shift+E）:合并所有图层到一个新图层。在图层面板中，选中并点击“调整图层”→“亮度/对比度”，调整图像的亮度和对比度，效果如图6-26所示。

（12）最终效果如图6-27所示。

6.3 通道的使用——化妆品广告的设计

6.3.1 任务引入

化妆品平面设计是进行平面艺术创意性的一种设计活动或过程，是一种信息传递艺术，是一种大众化的宣传工具。主要是通过使用图像、文字、色彩、版面、图形等表达广告的元素，结合广告媒体的特征，在计算机上通过相关设计软件为实现表达广告目的和意图，所进行平面艺术创意的一种设计活动或过程。

6.3.2 任务分析

本任务选用拉链素材，把人物模特脸上雀斑分为两个部分：一部分未处理；另一部分运用通道、图层混合模式等去除雀斑、美白皮肤，两部分形成鲜明的对比，处理成具有创意性的设计。

6.3.2.1 化妆品平面设计的构成要素

（1）商标：商标即品牌名称，是指使用在商品上，用于区别商品来源和特征的标记，是一种独特性和可识别性的视觉辨认符号。

（2）文字：属于广告文案的组成部分，文字形式包括三个方面：字体、字号和文字编排。

（3）色彩：可以增加广告内容的真实感，再现商品的本色、质感、量感和空间感，增强消费者对广告的信赖感。

（4）插图：具有生动的直观形象性。生动形象、直观地展现商品的特质和信息（造型、色彩、包装等）针对不同文化消费者进行有效沟通。

6.3.2.2 化妆品平面设计的具体要素

（1）充分的视觉冲击力，可以通过图像和色彩来实现。

（2）化妆品平面设计表达的内容精炼，抓住主要诉求点。

（3）一般以图片为主，文案为辅。

（4）文字要求简洁明了，篇幅要短小精悍。

（5）主题字体醒目，内容不可过多。

6.3.3 任务实现

6.3.3.1 合成拉链

（1）执行“文件”→“打开”命令（Ctrl+O），置入人物和拉链素材，将“拉链”素材拖至“人物”素材中。复制人物背景图层得“背景图层副本”以备用，使用魔术棒工具创建选区，并删除，如图6-28所示。

（2）设置拉链图层的混合模式为叠加，然后再按Ctrl+T进行自由变换，调整其大小和位置，效果如图6-29所示。

（3）设置拉链图层的混合模式为叠加，不透明度为58%，效果如图6-30所示。

6.3.3.2 祛除雀斑

（1）隐藏拉链图层，回到人物背景上，并进入通道，复制蓝色通道（图6-31）。

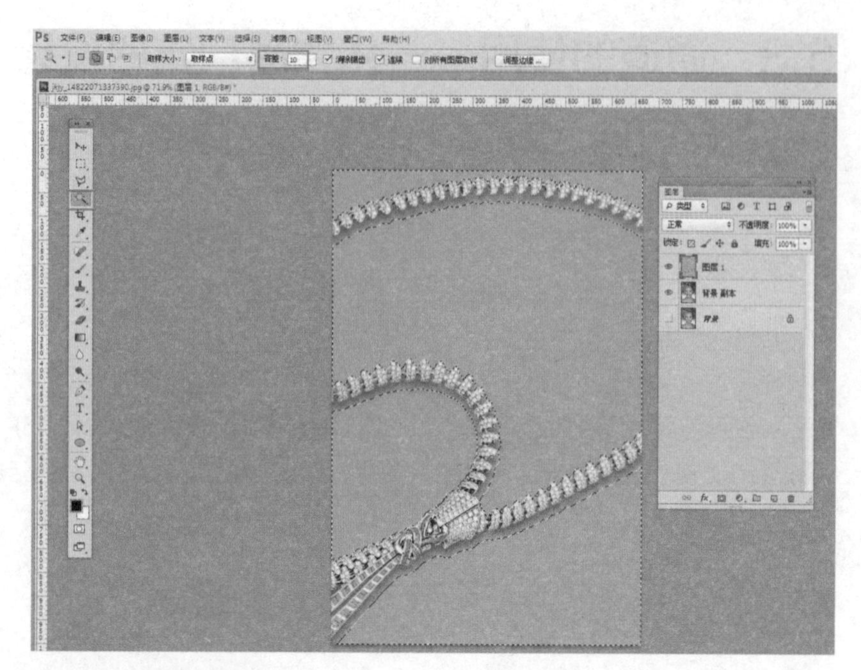

图6-28 背景图副本

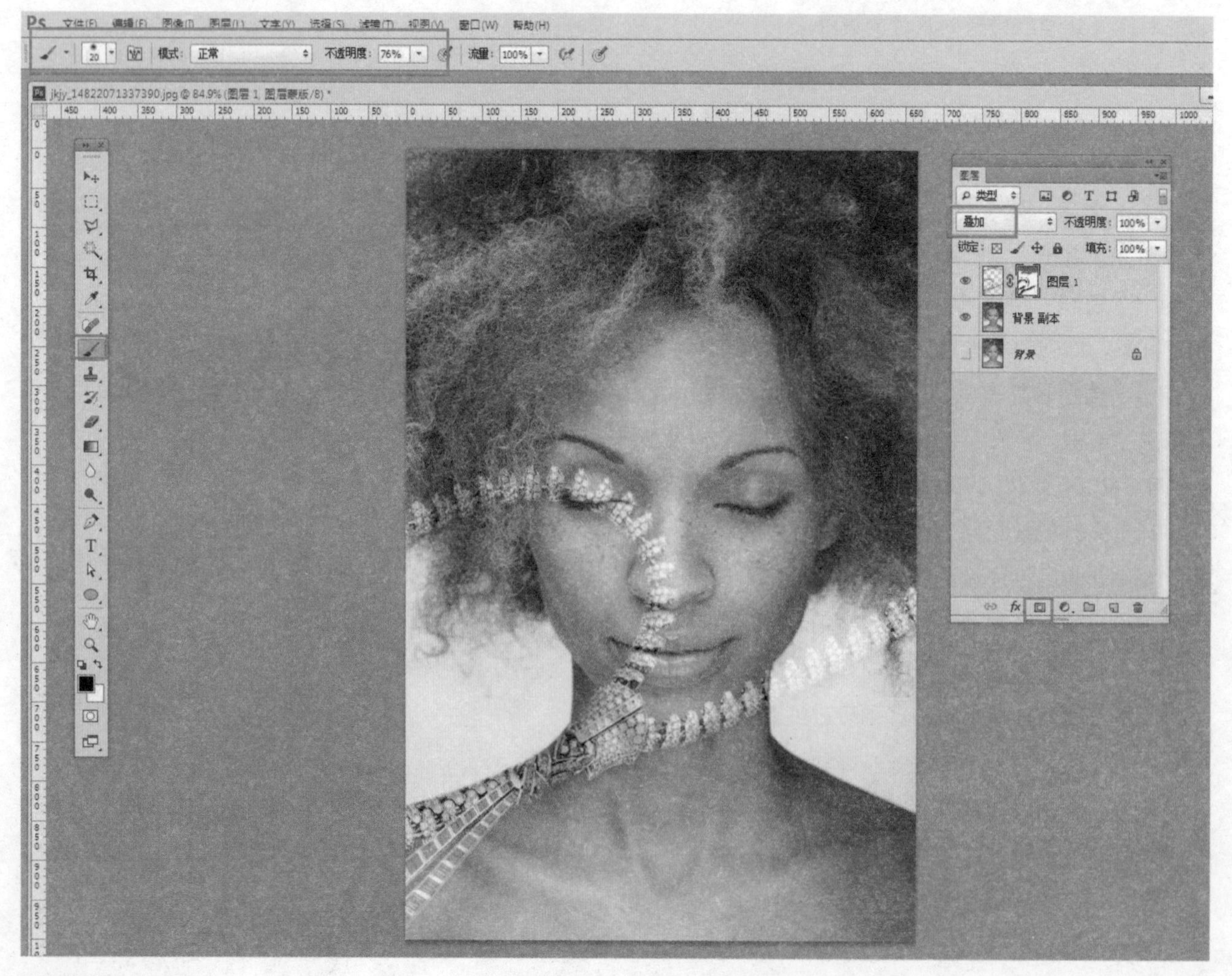

图6-29 自由变换

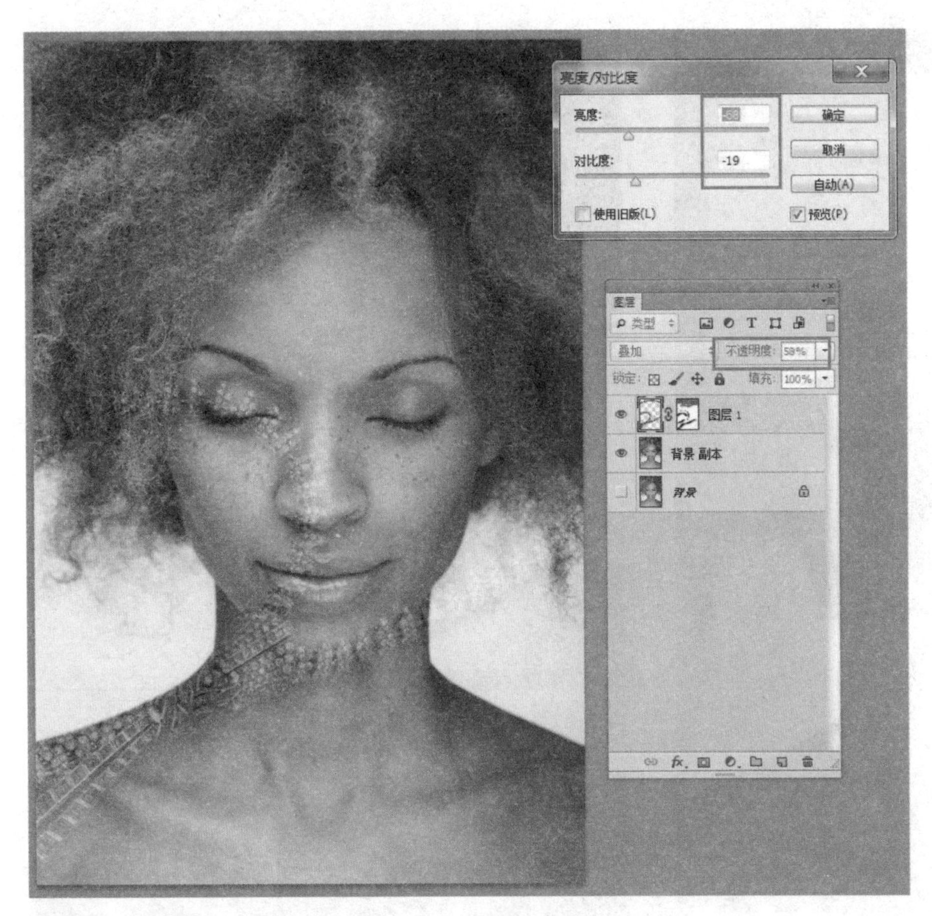

图6-30　混合模式

图6-31　“蓝”通道副本

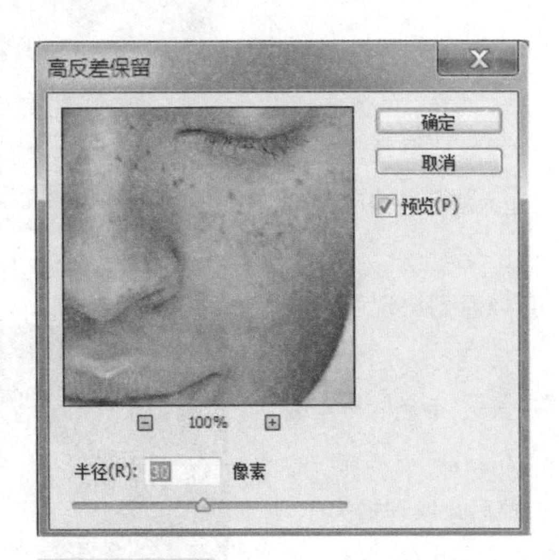

图6-32　高反差

（2）执行“滤镜”→“其它”→“高反差保留”，设置半径为30像素，如图6-32所示。

（3）对蓝副本通道进行运算。执行“图像”→“应用”图像命令，设置模式为强光，再重复两次运算，效果如图6-33所示。

（4）按住Ctrl键单击蓝副本通道载入选区，然后按Ctrl+Shift+I反选选中暗斑。单击RGB通道，回到图层，新建曲线调整图层，但先不进行调整

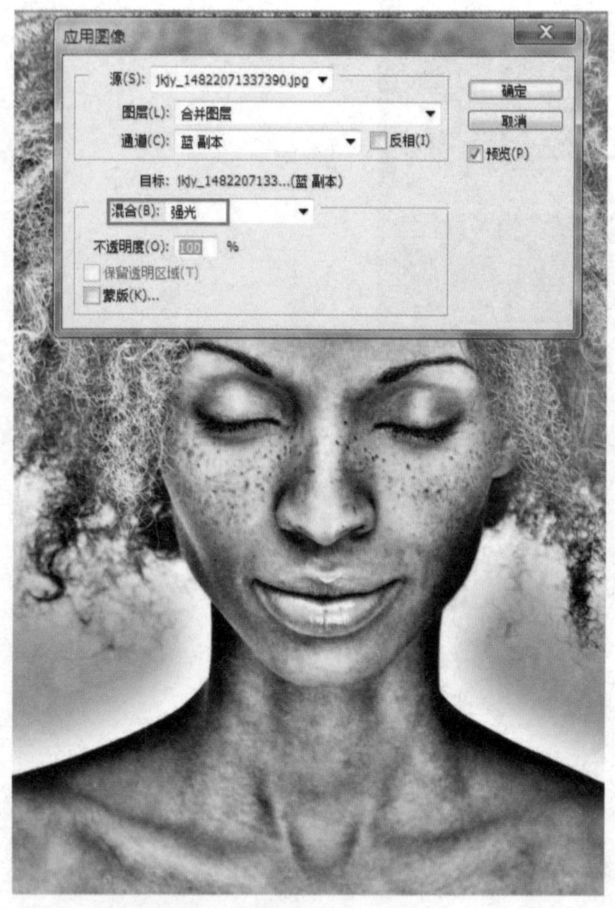

图6-33 “应用”图像命令

（图6-34）。

（5）创建黑白调整图层，保持默认参数。然后回到曲线调整图层，拖动曲线，让大部分色斑刚好消失（图6-35）。

（6）隐藏黑白调整图层，可以看到出现了新的黄色斑（图6-36）。

（7）盖印图层，执行“滤镜”→“杂色”→“减少杂色”滤镜，消除杂色（图6-37）。

（8）找回皮肤纹理。杂色去掉后，纹理损失了，下面我们将找回纹理。隐藏图层只显示人像背景，然后进入通道，选择红色通道，按Ctrl+A全选，然后按Ctrl+C拷贝图像（图6-38）。

（9）回到图层，显示盖印后的图层2，在其上方按Ctrl+V粘贴图像。然后执行“滤镜”→“其它”→“高反差保留”滤镜，设置半径为1像素（图6-39）。修改图层混合模式为亮光模式，效果见图6-40。

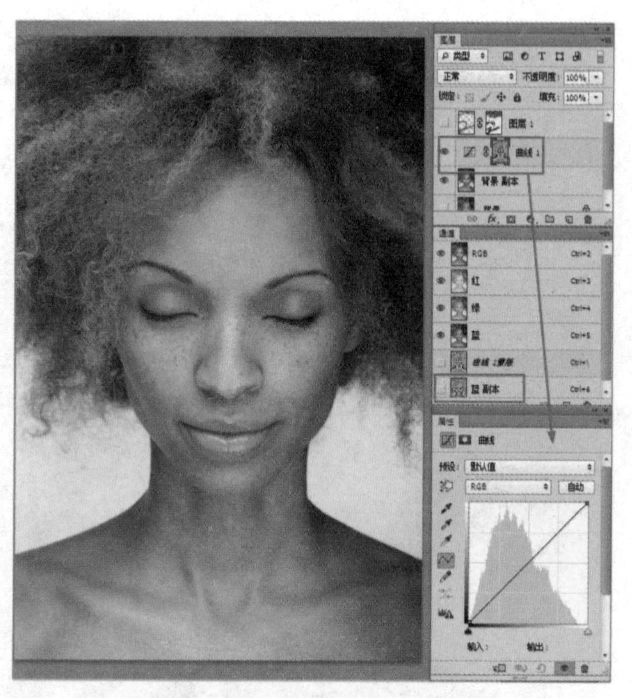

图6-34 曲线调整图层

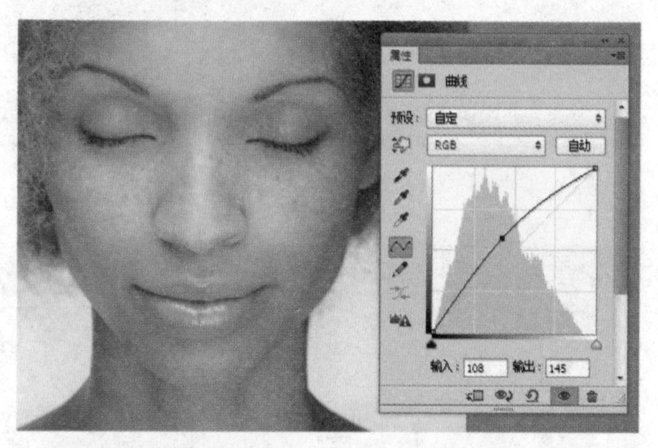

图6-35 曲线调整图层

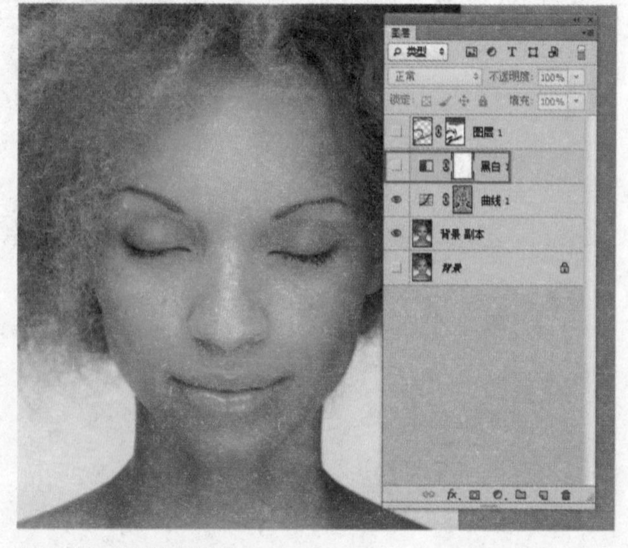

图6-36 黑白调整图层

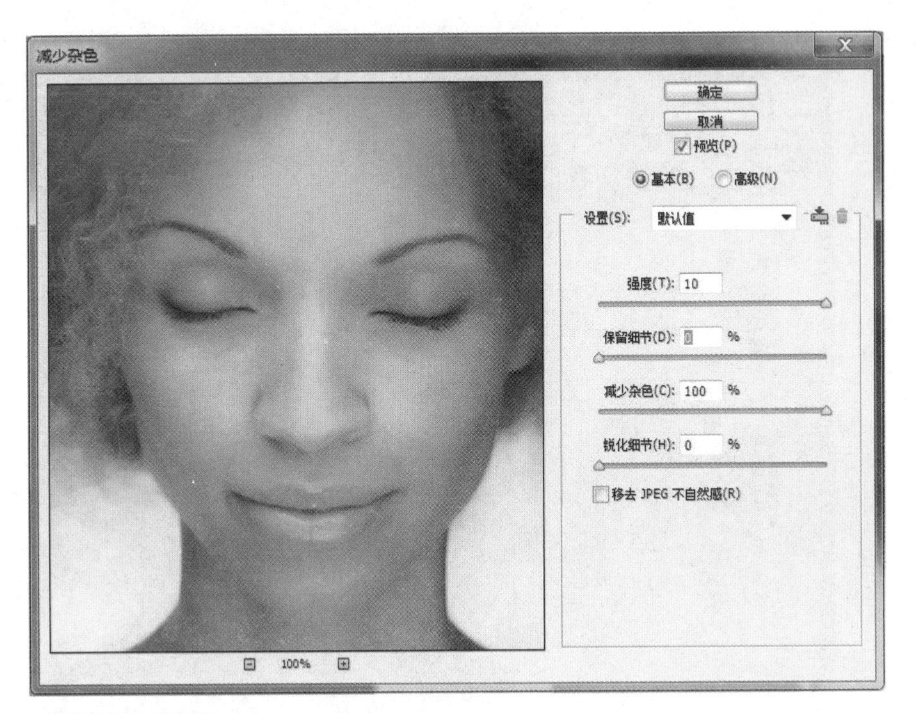

图6-37　杂色减少

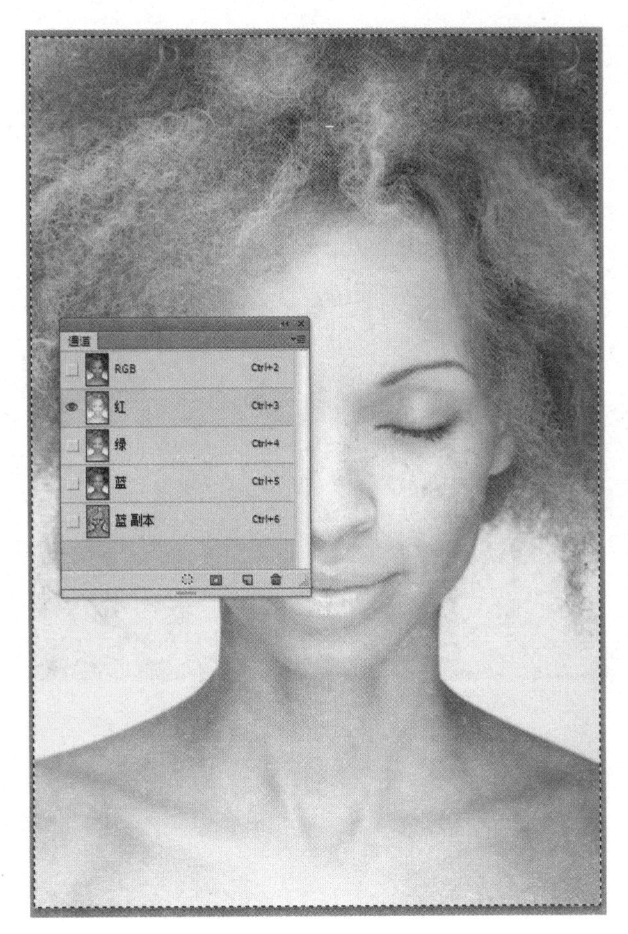

图6-38　红色通道

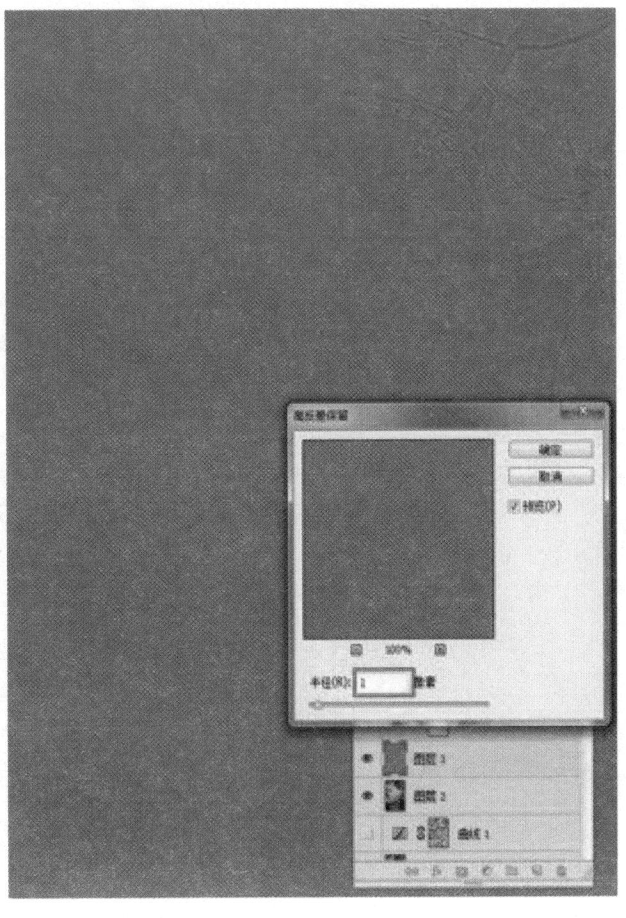

图6-39　盖印图层

（10）恢复头发和眼睛，把因为消除杂色以及亮光模式造成的头发、眼睛变化恢复。

盖印图层（Ctrl+Shift+Alt+E），得到图层4。隐藏图层4下方除背景层外所有图层。为图层4建立图层蒙版，并用画笔编辑蒙版把眼睛和头发恢复。用修补工具，修复去掉剩下的色斑，效果如图6-41所示。

图6-40　层混合模式效果

6.3.3.3　调亮肤色

（1）新建两个组，分别命名为磨皮、调整（图6-42）。再次盖印图层（Ctrl+Shift+Alt+E），得图层5。将图层5拖入调整组中，将图层4到曲线1拖入磨皮组中。隐藏磨皮组，见图6-43。

（2）为调整组创建蒙版：单击图层1（拉链图层），使用魔棒工具选择拉链的开口区域，注意把透明区域加选，如图6-44所示。单击调整组，单击图层面板下方“添加图层蒙版”按钮为调整组添加蒙版，效果见图6-45。

图6-41　蒙版效果

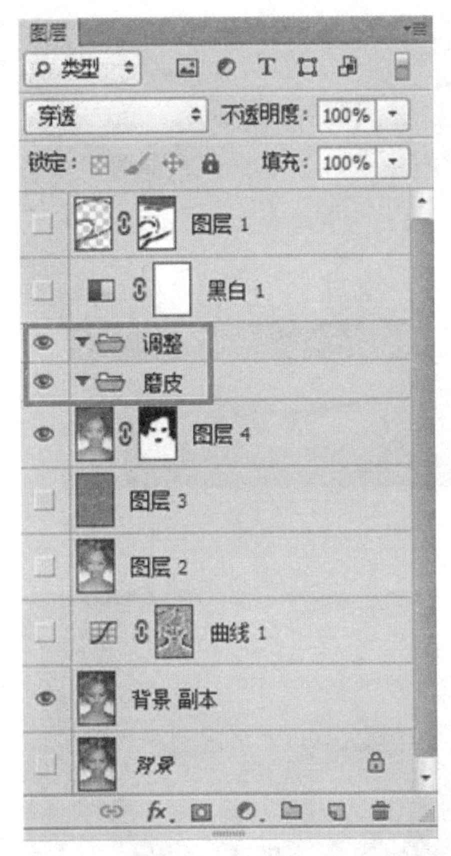

图6-42　调整组

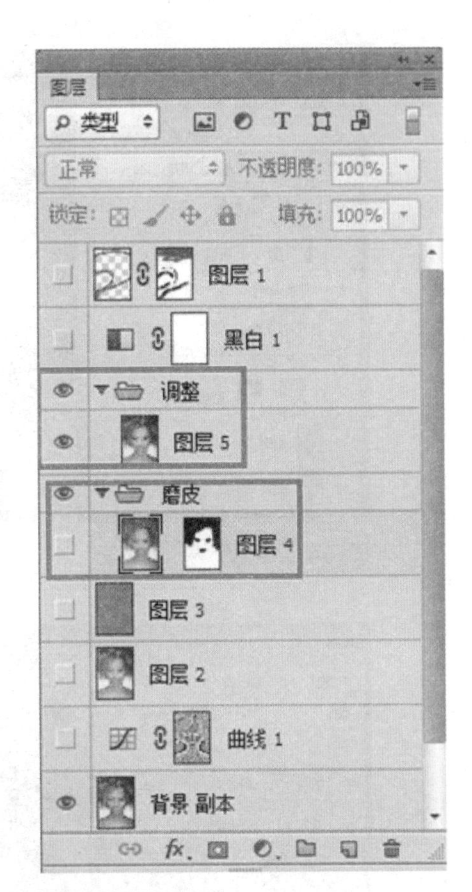

图6-43　磨皮组

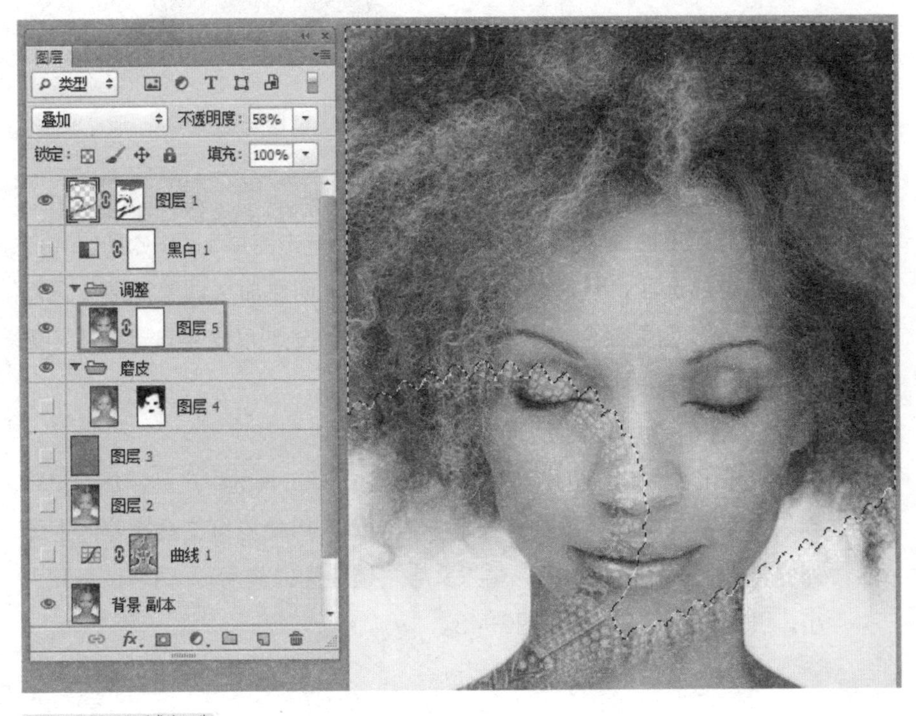

图6-44　区域加选

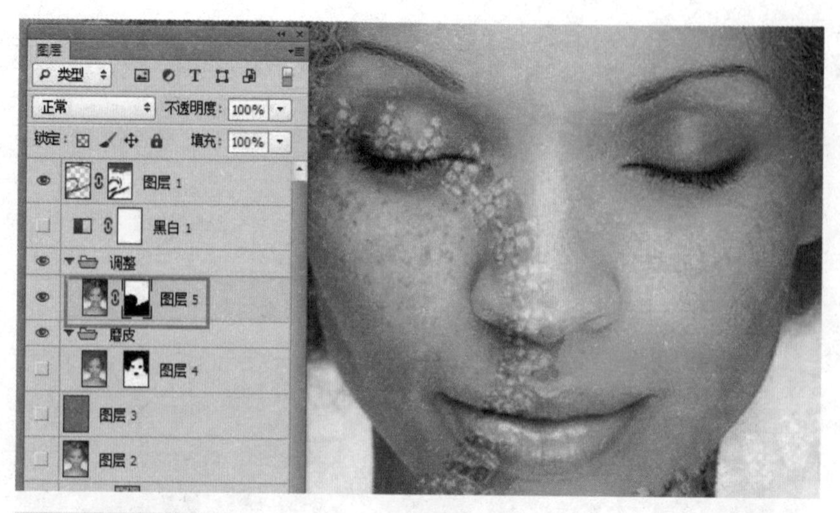

图6-45　蒙版效果

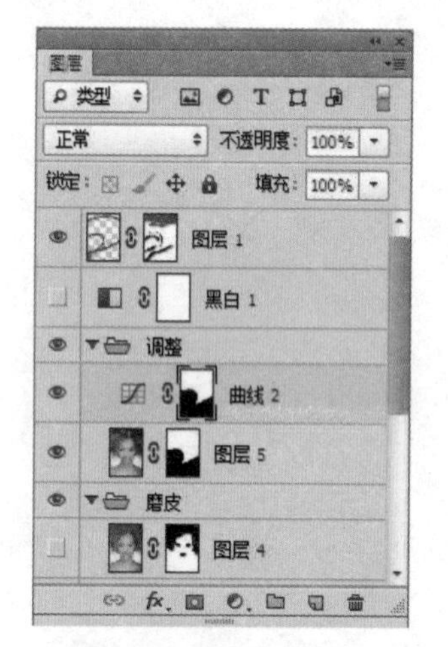

图6-46　曲线调整

图6-47　“滤色”模式

（3）利用曲线让皮肤更光滑、均匀。单击图层5，按Ctrl+Alt+2载入其亮部选区，然后Ctrl+Shift+I反选，创建曲线调整图层，见图6-46。修改图层混合模式为滤色，并调整不透明度直至自己满意，见图6-47。

6.3.3.4　增加化妆品产品图片、广告语

打开化妆品产品图片素材，利用快速选择工具选中产品，然后复制到人像中，自由变换调整其大小直至合适，用橡皮擦工具擦除除主体外的背景。选择文字工具，输入文字“锁住你的美丽”。调整位置和大小，填充渐变色，效果见图6-48。

图6-48　效果图

图片的合成

要求：结合所学知识，制作以下创意合成图片。

（1）素材（图6-49、图6-50）。

（2）合成图片效果（图6-51）。

图6-49　人物

图6-50　手

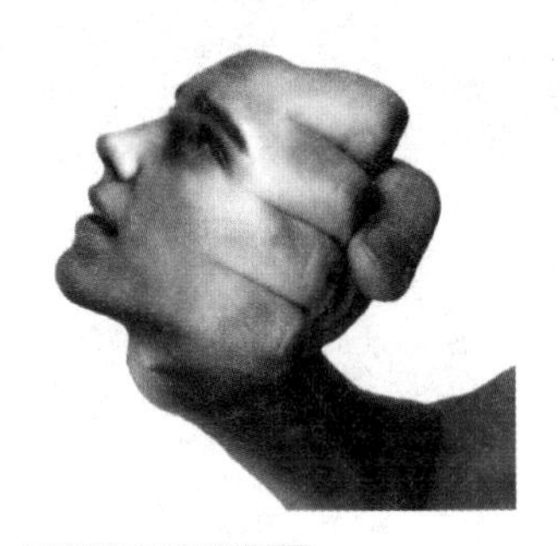

图6-51　效果图

项目7

蒙版的使用

素材

PPT 课件

学习目标

1. 理解蒙版的含义以及蒙版在图片处理中的运用。

2. 掌握蒙版的一些使用技巧，使其能够熟练应用，并引导学生利用所学知识思考设计，让学生能够将理论应用于实践。

3. 增强学生的审美观，培养学生的动手实践能力以及创新能力。

7.1 蒙版及蒙版的分类

7.1.1 任务引入

蒙版是什么？蒙版有什么作用？蒙版可以比喻成一层雾气盖在玻璃上。雾气越厚，窗外什么也不能看见，只有白茫茫一片（表示蒙版上填充白色）。但任意擦掉玻璃上一个位置的雾气，那个位置就能清晰地看到外面（表示蒙版上填充黑色）。如果擦不干净，就只能隐约看到外面（表示不同灰度值的不同效果）。

7.1.2 知识引入

7.1.2.1 蒙版的概念

Photoshop蒙版是灰度的，是将不同灰度色值转化为不同的透明度，并作用到它所在的图层，使图层不同部位透明度产生相应的变化。黑色为完全透明，白色为完全不透明。

7.1.2.2 蒙版的作用

（1）蒙版主要用于图层间的融合构图，运用画笔工具或渐变工具使其边缘淡化。

（2）运用各种滤镜做出意想不到的特别效果。

（3）可以制作其他软件（比如Illustrator、Pagemaker）需要导入的“透明背景图片”。

（4）可以看到精确的图像颜色信息，有利于调整图像颜色。不同的通道都可以用256级灰度来表示不同的亮度。

7.1.2.3　蒙版的类型

（1）快速蒙版（Q）。快速蒙版模式使你可以将任何选区作为蒙版进行编辑，将选区作为蒙版编辑的优点是可以使用任何Photoshop工具或滤镜修改蒙版。受保护区域和未受保护区域以不同颜色进行区分。当离开快速蒙版模式时，未受保护区域成为选区。如图7-1所示，红色区域为保护的区域，背景为未受保护区域成为选区。

工具面板上的“快速蒙版模式编辑”按钮。通过用黑白灰三类颜色画笔来做选区，白色画笔可画出被选择区域，黑色画笔可画出不被选择区域，灰色画笔画出半透明选择区域。

（2）矢量蒙版。通过路径和矢量形状控制图像显示区域。由钢笔工具或形状工具创建在图层面板中，而且它只能用黑或白来控制图像透明与不透明，不能产生半透明效果（图7-2）。矢量蒙版可在图层上创建锐变形状，若需要添加边缘清晰分明的图像可以使用矢量蒙版。

通过形状控制图像显示区域的，它仅能作用于当前图层。矢量蒙版中创建的形状是矢量图，可以使用钢笔工具和形状工具对图形进行编辑修改，从而改变蒙版的遮罩区域，也可以对它任意缩放而不必担心产生锯齿。矢量蒙版的创建方法：

①先选中一个需要添加矢量蒙版的图层。

②使用形状或钢笔工具等方法绘制工作路径。

图7-1　快速蒙版设置

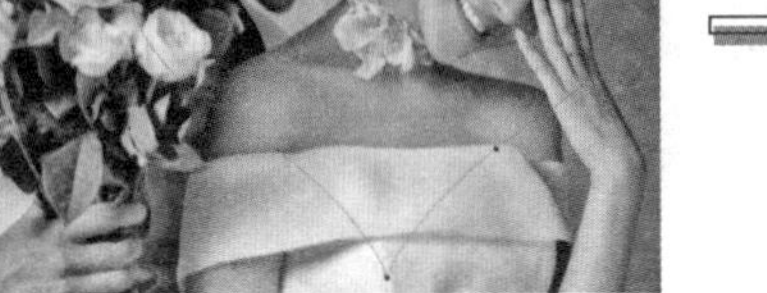

图7-2　矢量蒙版的运用

③然后选择“图层”菜单下的“添加矢量蒙版”中“当前路径”命令就创建了矢量蒙版。

（3）剪切蒙版（图层→创建剪贴蒙版或按Ctrl+Alt+G或Alt键，单击两个图层的连接处）。通过一个对象的形状控制其他图层的显示区域。剪切蒙版和被蒙版的对象起初被称为剪切组合，并在“图层”调板中用虚线标出。你可以从包含两个或多个对象的选区，或从一个组或图层中的所有对象来建立剪切组合。可以使用上面图层的内容来蒙盖它下面的图层。底部或基底图层的透明像素蒙盖它上面的图层（属于剪贴蒙版）的内容（图7-3）。

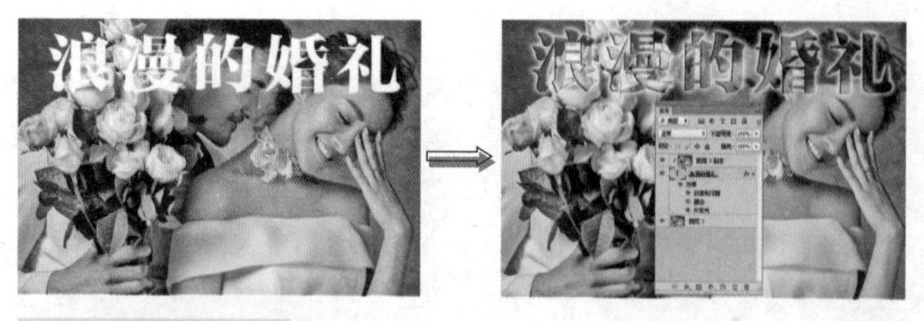

图7-3　剪切蒙版的运用

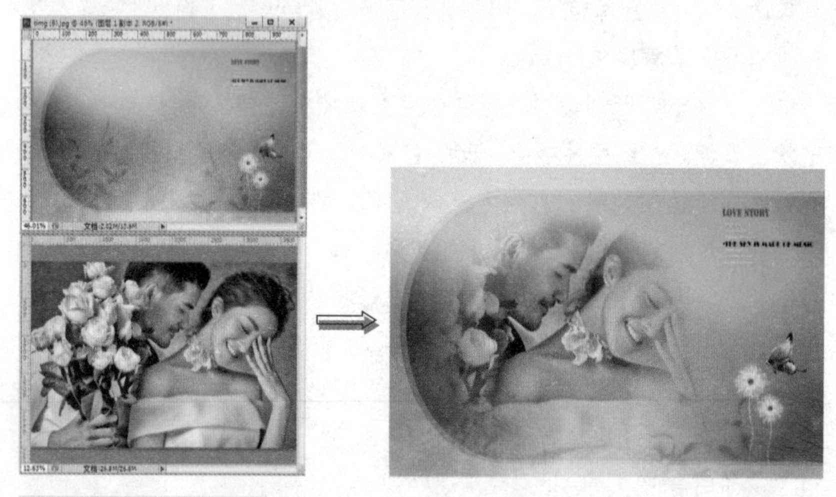

图7-4　图层蒙版的运用

剪切蒙版是一个可以用其形状遮盖其他图稿的对象，因此，使用剪切蒙版，只能看到蒙版形状内的区域，从效果上来说，就是将图稿裁剪为蒙版的形状。

（4）图层蒙版。通过图像灰度信息控制图像的显示区域。图层蒙版相当于一块能使物体变透明的布，在布上涂黑色时，物体变透明，在布上涂白色时，物体显示，在布上涂灰色时，半透明。产生图层蒙版的方式：

①在图层面板直接添加图层蒙版，需要用画笔工具或渐变工具，黑色前景色去蒙住被隐藏的区域；被蒙多了时，可以把前景色变为白色后，再还原被蒙住的部分，让它重新显示。

②创建选区后，在图层面板加图层蒙版（图7-4）。

7.1.3　任务实现——人树合体

7.1.3.1　任务分析

通过使用剪切蒙版的操作命令，对相应的图形进行合理化的操作，从而达到图像的创意合成。本案例通过干枯的老树和满脸皱纹的老人，运用剪切蒙版命令、图层混合模式、曲线等命令，来完成图像的创意设计。

图7-5　文件打开

图7-6　图片合成

图7-7　正片叠底

图7-8　剪切蒙版

7.1.3.2　任务操作

（1）执行“文件”→“打开”命令或按Ctrl+O，打开老树和老人图片，如图7-5所示。

（2）使用自由套索工具，将老人的脸框选出来，并拖入老树图层上面，放在树干的合适位置，如图7-6所示。

（3）按Ctrl+J复制老树图层，拖到老人图层上方，混合模式为正片叠底，如图7-7所示。

（4）在图层面板中，创建调整图层调一个曲线，并创建剪切蒙版（图层→创建剪贴蒙版或按Ctrl+Alt+G），再调自然饱和度，效果如图7-8所示。

7.2 图层蒙版的使用——灯泡的创意合成

7.2.1 任务引入

对图像实现部分遮罩的一种图片，遮罩效果可以通过具体的软件设定，就是相当于用一张掏出形状的图板蒙在被遮罩的图片上面，以实现控制图层区域内部分内容隐藏或显示，更改蒙版可对图层应用各种效果，不会影响该图层上的图像。

本任务可通过浏览效果图片，让学生大致了解所要用到的素材和达到的效果，提高其兴趣。以所展示的效果图为教学线索，一步步推进教学进程，达到本次项目的要求。

7.2.2 任务分析

本案例合成图片中所用到的最重要的工具是蒙版、快速选择工具、画笔工具等。运用这些工具把三幅素材图片合理巧妙地进行合成，创造创意图片合成设计。

7.2.3 任务实现

（1）执行“文件”→“打开”，打开“灯泡”“风景”“人物”图片，如图7-9所示。

（2）使用快速选择工具，结合套索工具选择灯泡主体，按Ctrl+J复制图层得到“图层1”，如图7-10所示。

（3）“风景”素材图片拖至灯泡文件，改变其图层的不透明度，以便观察“风景”素材在灯泡上的合适位置，如图7-11所示。

（4）风景素材图片与图层1之间使用剪切蒙版（图层→剪切蒙版）。“风景”图

图7-9 文件打开

图7-10　选区产生

图7-11　“风景”素材置入

图7-12　剪切蒙版

图7-13　“人物”素材置入

图7-14　“人物”图层

图7-15　最终效果图

层添加图层蒙版，使用画笔工具：硬度：柔边圆；不透明度：48%，前景色：黑色；进行涂抹边缘，直至达到满意效果，如图7-12所示。

（5）“人物”素材图片拖至灯泡文件，改变其不透明度，以便观察“人物”素材所在灯泡上的合适位置，如图7-13所示。

（6）“人物”图层添加图层蒙版，使用画笔工具：硬度：柔边圆；不透明度：36%；前景色：黑色；进行涂抹边缘，直至达到满意效果，如图7-14所示。

（7）最终效果（图7-15）。

7.3 蒙版的使用——茶叶包装盒的制作

7.3.1 任务引入

蒙版在平面设计中使用较为广泛，利用蒙版创建选区，通过不同颜色区分受保护区域和未受保护区域。当离开快速蒙版模式时，未受保护区域成为选区，如实现抠图，或对部分进行区域透明或半透明的制作效果。本次任务主要实现茶叶包装盒的制作，在该任务中较多使用蒙版制作出特定效果。

7.3.2 任务分析

在蒙版中可用黑、白、灰三种颜色对选区进行填充擦除，黑色：完全蒙住，白色：完全显示，灰色：半透明显示，若隐若现。图层蒙版可以理解为加在图层上的一个遮罩，可以擦除再恢复原状，通过创建图层蒙版来显示或隐藏图像中的某一部分或全部。对于边缘复杂的主体图片，特别是颜色与背景颜色相似，运用蒙版能快速准确的创建选区。

在本任务中主要蒙版能快速准确的创建选区、渐变工具以及蒙版进行“茶叶”包装盒的制作，如图7-23所示的文件“品茗新茶”包装盒。

7.3.3 任务实现

7.3.3.1 文档初始化设置

新建一个图形文件，画布大小52.1厘米×42.1厘米，色彩模式CMYK，分辨率为300dpi，文档名为“包装盒”。

7.3.3.2 页面的分割

执行“视图→标尺”，通过屏幕模式 按钮选择“带有菜单栏的全屏模式”，即显示水平、垂直标尺。

（1）从上、左边缘托出水平分割线，从左边托出垂直分割线。垂直、水平分割线（10.3、41.8、10.3、31.8），其效果如图7-16所示。

（2）设置前景色为淡黄色（C：5，M：0，Y：20，K：0），填充背景图层，如图7-17所示。

7.3.3.3 包装盒正上方图形的制作

（1）打开“中国画.tif”，使用“移动工具”把图像移入包装盒文件中，命名图层为“中国画”。

（2）执行“编辑自由变换”，修改图像的大小比例，如图7-17所示。

图7-16 分割

图7-17 编辑自由变换

图7-18 视觉效果

（3）选择“中国画”图层，单击“图层”面板下方的“添加图层蒙版”按钮，添加图层蒙版。

（4）使用“矩形选框工具”框选参考线以外的部分图像，再使用“油漆桶工具”填充黑色，使参考线以外的部分图像消失，如图7-18所示。

（5）设置前景色为黑色，选择“画笔工具”，其大小为1000像素，硬度为0，单击“中国画”图层的蒙版区，使用画笔在图层中进行绘制或擦写，使“中国画”图像和背景在视觉效果上逐渐融合。

（6）打开“茶壶.jpg”，使用“移动工具”把图像移至包装盒文件图像的右下角中，图层命名“茶壶”。

（7）为“茶壶”图层添加蒙版，同理，使用“画笔工具”在蒙版中绘制，使茶壶图像的连缘和背景融合。

（8）打开“茶叶.jpg”，用“移动工具”移动图像至文件的左下角，修改图层名为“茶叶”，修改大小。

（9）修改“茶叶”图层的“色彩混合模式”为“正片叠底”，茶叶图像与背景融合。

（10）为“茶叶”图层添加蒙版，同理，使用“画笔工具”在蒙版中绘制，使茶壶图像的连缘和背景融合，复制图层“茶叶”，使“茶叶副本”与“茶叶”左右相接，如图7-19所示。

7.3.3.4 茶叶叶片的制作

（1）打开“茶叶2.jpg”，用“裁切工具”裁切局部图片，如图7-21所示。

（2）单击工具箱中的“快速蒙版”按钮，设置前景色为黑色，选择“画笔工具”涂抹绿叶的外围区域，使涂抹的边缘与绿叶的边缘吻合。

（3）再次单击“快速蒙版”按钮，退出蒙版编辑模式，图像中出现和绿叶外框吻合的选区造型。

（4）将背景层转换为普通图层，执行“选择反向”，按Delete键删除绿叶的外围图像，如图7-22所示。

（5）使“移动工具”把绿叶图像移至包装盒文件中，通过复制图层的方法，复制出若干绿叶，修改大小，排列形成如图7-23所示。

7.3.3.5 包装盒“文字”的制作

（1）输入直排文字“东方”，方正行楷简体，大小72像素，图层名为“东方”，为其添加描边样式设置其颜色为“浅灰色”。

（2）输入直排文字“茶韵”，方正行楷简体，大小40像素，图层名为“茶韵”（图7-20）。

（3）新建图层“茶韵背景”，使用“椭圆选框工

图7-19 “茶叶”效果

图7-20 茶韵效果

图7-21 叶子裁切

图7-22 叶子效果

图7-23 效果图

具”分别为“茶韵”绘制圆形选择区，使用“渐变色工具”为选择区添加咖啡色到土黄色的渐变色背景，为其添加“颜色叠加”。

（4）同理添加英文“DonGFanG”，设置其效果，文字及最终如图7-23所示。

7.3.3.6 茶叶侧面的制作

同理，使用选区、渐变工具以及蒙版完成包装盒侧面的制作，其效果如图7-23所示。

课后练习

星空与人物的合成

要求：结合所学知识，制作以下创意合成图片。

（1）素材（图7-24、图7-25）。

（2）合成图片效果如图7-26所示。

图7-24　人物

图7-25　星空

图7-26　星空人物

项目8
滤镜的操作

素材

PPT 课件

学习目标

1. 理解滤镜的概念、作用、特点、种类、使用方法及规则。
2. 学会使用滤镜对文字进行简单的加工与处理，表达自己的主体意识。

8.1 滤镜的概述

8.1.1 任务引入

滤镜主要用来实现图像的各种特殊效果。它在Photoshop中有非常神奇的作用。滤镜的操作非常简单，但真正应用起来却很难恰到好处。滤镜通常需要同通道、图层等联合使用，才能取得最佳艺术效果。滤镜功能强大，应用得是否恰到好处，全在于用户对滤镜是否熟悉，以及是否具有丰富的想象力。这需要在不断的实践中积累经验，才能使应用小区间的水平达到炉火纯青的境界，从而创作出具有迷幻色彩的电脑艺术作品。

8.1.2 知识引入

8.1.2.1 滤镜的概念及作用

Photoshop CC中提供了多达十几类、上百种滤镜，使用每一种滤镜都可以制作出不同的图像效果，而将多个滤镜叠加使用，可以制作出更多意想不到的特殊效果。

Photoshop滤镜是一种插件模块，能操纵图像中的像素，通过改变像素的位置或颜色生成各种特殊效果，是一个加“图像”的机器。经过它加工后，会产生各种奇妙的变化，用户可轻易创造出艺术性很强的专业效果。

滤镜主要用来实现图像的各种特殊效果，分别是优化印刷图像、优化Web图像、提高工作效率、增强创意效果和创建三维效果。编辑图像时可调整图像清晰度等，主要是应用锐化、模糊等滤镜组中，制作特殊的图像特效时可实现图像创建纹理、添加艺术效果等，主要是应用纹理、扭曲、艺术效果等滤镜组。

8.1.2.2 滤镜的特点

（1）滤镜的处理效果以像素为单位。

（2）当执行完一个滤镜后，可用“渐隐”对话框对执行滤镜后的图像与源图像进行混合。

（3）在任一滤镜对话框中，按Alt键，对话框中的“取消”按钮变成“复位”按钮，单击它可恢复到打开时的状态。

（4）在位图和索引颜色的色彩模式下不能使用滤镜。

（5）在Photoshop中，滤镜可对选区图像、整个图像、当前图层或通道起作用。

（6）使用“编辑”菜单中的“还原”和“重做”命令可以对比执行滤镜前后的效果。

8.1.2.3 滤镜的使用方法及规则

（1）使用占用内存较大的滤镜效果处理较高分辨率的图像时，可先对图像中一小部分使用滤镜，再对整个图像应用。

（2）滤镜是以像素为单位进行处理的，所以用不同的参数处理不同分辨率的图像，其最终效果也有所不同。

（3）滤镜时若已创建选区，滤镜将只处理选区内的图像，若未创建选区范围，则对整个图像进行处理。

（4）使用滤镜处理某一图层或某一通道时，需先选择该图层或通道。

8.1.3 任务实现——汽车飞驰效果

8.1.3.1 任务分析

本案例主要运用滤镜中的动感模糊滤镜，产生运动模糊，增加图像的运动效果。并使用图层蒙版等工具，创造出汽车飞驰的效果。

8.1.3.2 任务操作

（1）执行“文件”→“打开或Ctrl+O”，打开汽车素材图片，如图8-1所示。

图8-1 汽车

（2）Ctrl+J复制一个图层，选择“滤镜”→“模糊”→“动感模糊”，角度：15度，距离：100像素，如图8-2所示。

（3）给图层添加一个图层蒙版，选择渐变工具的线性渐变（渐变色：由黑到白）从左到右拉一下，如图8-3所示。

（4）最终效果如图8-4所示。

图8-2 “动感模糊”效果

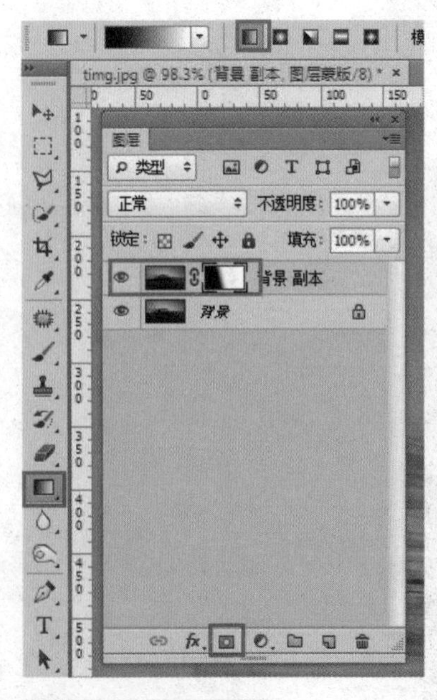

图8-3 图层蒙版设置

图8-4 最终效果

8.2 滤镜的类型

8.2.1 任务引入

Photoshop滤镜是图像的特殊处理工具，它能对图像进行各种特效处理，以产生奇妙的效果，大型户外广告或电视广告中运用较多，达到吸引大众眼球的效果。

8.2.2 知识引入

Photoshop CC中提供了上百种滤镜，主要分为三大类。

8.2.2.1 独立滤镜

（1）自适应广角。为图像制作具有视觉冲击力的图像，如增强图像的透视关系。

（2）镜头校正。用于修复常见的因拍摄不当而出现的镜头缺陷等问题。如图像垂直或水平透视现象、桶形失真等，也可用来旋转图像。

（3）油画。将一般的图像转换为油画风格，通过对其中的画笔进行控制以呈现出不同的效果。

（4）消失点。可以在包含透视平面的选定图像区域内进行透视校正、克隆和喷绘图像等编辑操作，并根据选定区域内的透视关系自动进行调整，以适配透视关系，使其效果更加逼真。

（5）液化。对图像或文字进行变形、旋转、褶皱和膨胀等液化变形，修饰图像和创建艺术效果。

8.2.2.2 滤镜库

（1）“素描”滤镜组。主要用于图像中添加纹理，使图像产生的素描、速写及三维的艺术效果，其主要效果如图8-5所示。

（2）“纹理”滤镜组。主要为图像添加一种深度或物质纹理的外观，使用图像感观上更有质感，或产生龟裂感，其主要效果如图8-6所示。

（3）“艺术效果”滤镜组。主要模仿传统绘画手法，为图像添加天然或传统的艺术图像效果，从而增加图像的美观度，如图8-7所示。

（4）“画笔描边”滤镜组。主要模仿图像不同的

（a）绘图笔

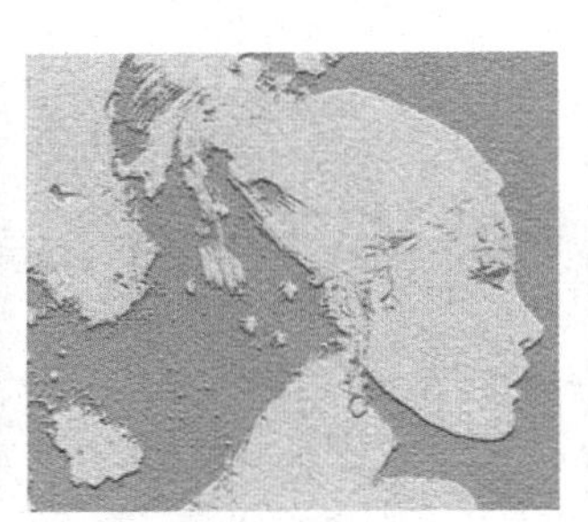
（b）便纸条

（c）粉笔和炭笔

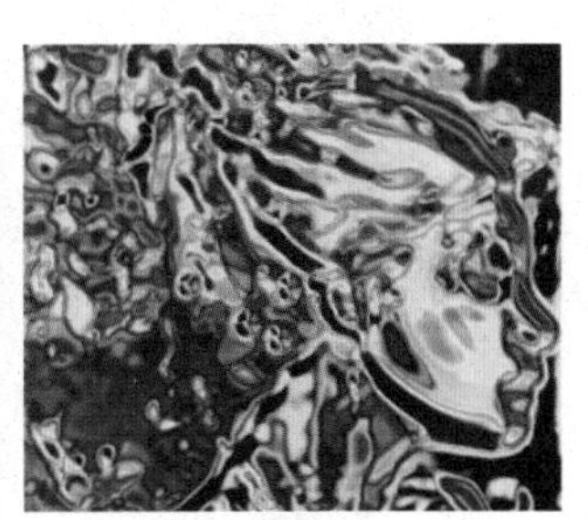
（d）铬黄渐变

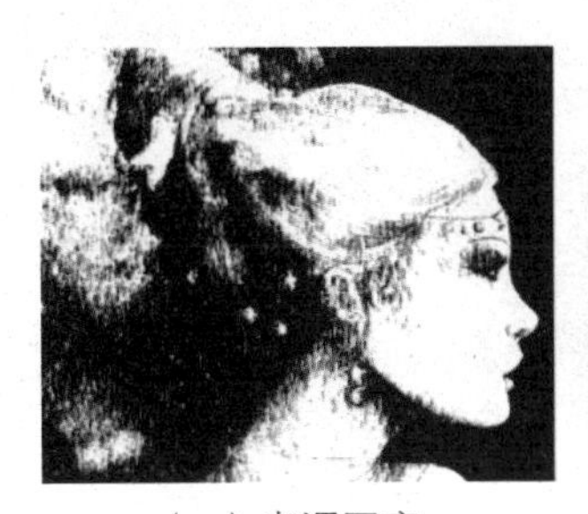
（e）半调图案

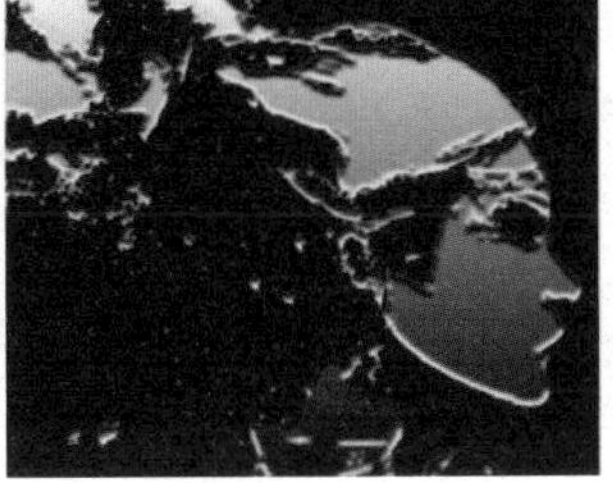
（f）石膏效果

（g）撕边

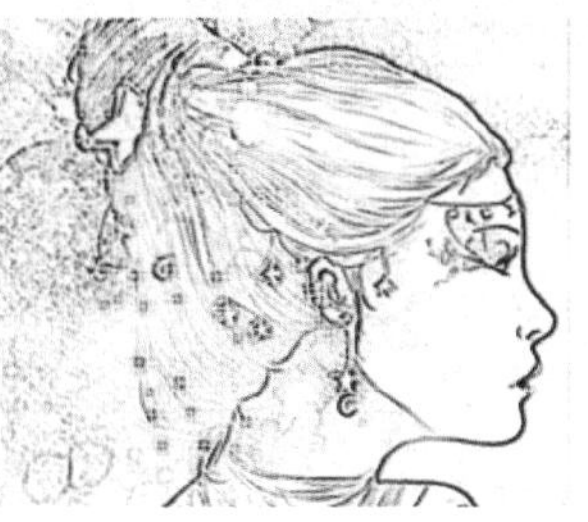
（h）影印

图8-5 “素描”滤镜

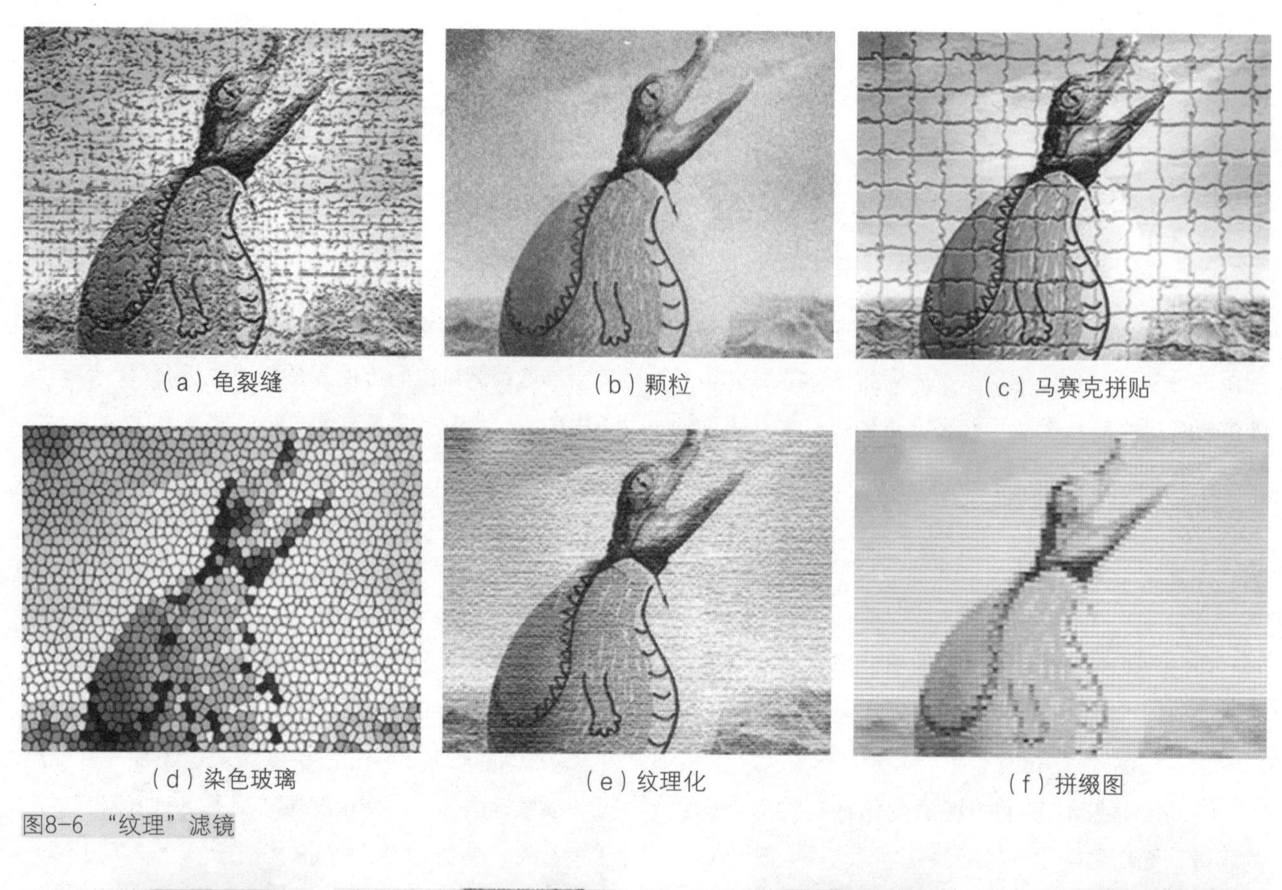

（a）龟裂缝　（b）颗粒　（c）马赛克拼贴

（d）染色玻璃　（e）纹理化　（f）拼缀图

图8-6 “纹理”滤镜

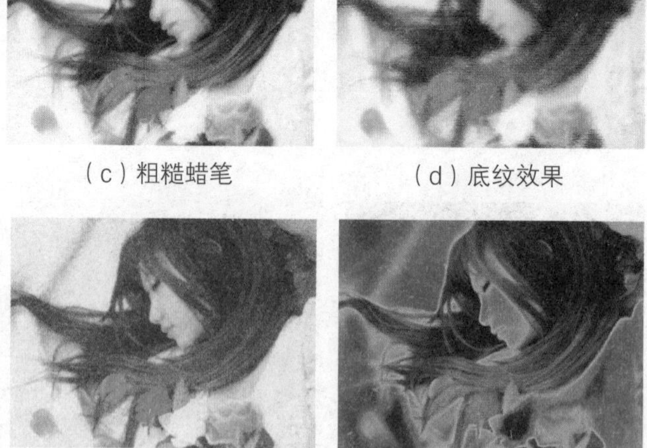

（a）壁画　（b）彩色铅笔　（c）粗糙蜡笔　（d）底纹效果

（e）海报边缘　（f）海绵　（g）胶片颗粒　（h）霓虹灯光

图8-7 “艺术效果”滤镜

画笔或油墨笔刷勾画图像，产生绘画效果，如图8-8所示。

（5）“扭曲”滤镜组。主要用于对对象进行扭曲变形效果，如图8-9所示。

8.2.2.3　特效滤镜

（1）风格化滤镜。通过替换像素或增加相邻像素的对比度来使图像产生加粗夸张的效果，几乎能完全模拟真实的艺术手法进行创作。

①查找边缘：通过搜索主要颜色的变化区域突出边缘效果，就像是用笔勾勒过轮廓一样，此滤镜对不同模式的彩色图像的处理效果不同。

②等高线：此滤镜与搜索边缘滤镜相似，所不同

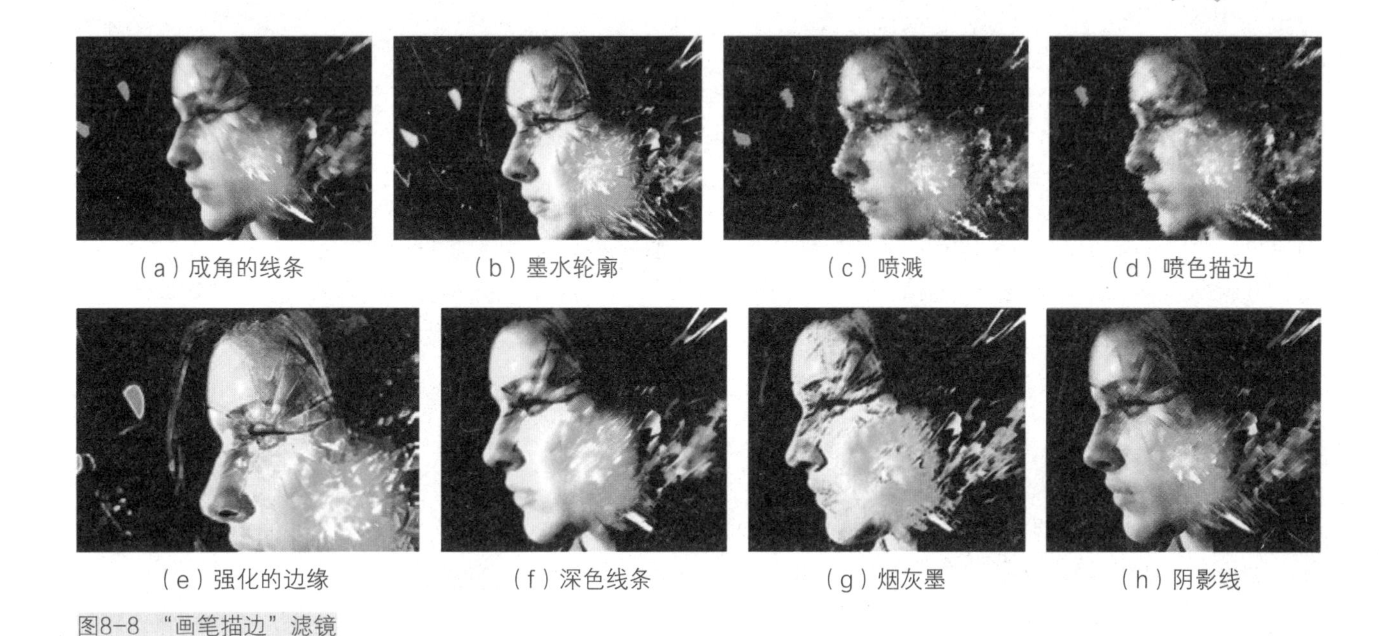

（a）成角的线条　（b）墨水轮廓　（c）喷溅　（d）喷色描边

（e）强化的边缘　（f）深色线条　（g）烟灰墨　（h）阴影线

图8-8 “画笔描边”滤镜

的是它围绕图像边缘勾画出一条较细的线，它要在每一个彩色通道内搜索轮廓线。

③风：通过在图像中增加一些小的水平线而产生风吹的效果，该滤镜只在水平方向起作用。

④浮雕效果：通过勾画图像或选区的轮廓和降低周围色值，产生不同程度的凸起和凹陷效果。

⑤扩散：将图像中相邻的像素随机替换使图像扩散，产生一种像是透过磨砂玻璃观看景像的效果。

⑥拼贴：根据用户的设定把图像分割成许多瓷砖，使图像看起来就像用白瓷砖拼贴在一起一样。

⑦曝光过度：将图像的正片与负片进行混合，产生就像在摄影中增加光线强度的过度曝光的效果，使用一次该滤镜和多次使用该滤镜的效果相同。

⑧凸出：可以用来制作处于三维空间的物体，用户可以将图像转化为一系列的三维物体。

⑨照亮边缘：搜索图像边缘并加强其过度像素，产生发光效果。

（2）模糊滤镜。可以使光滑边缘太清晰或对比度太强烈的区域产生匀开模糊的效果，以柔化边缘。还可以制作柔和阴影。其原理是减少像素间的差异，使明显边缘模糊或使凸出的部分与背景接近。

①动感模糊：可以产生运动模糊，它是模仿物体运动时曝光的摄影手法，增加图像的运动效果。

②高斯模糊：可以根据高斯算法中的曲线调节像素的色值，控制模糊程度，造成难以辨认的浓厚的图像模糊。

③模糊：通过减少相邻像素之间的颜色对比平滑图像。它的效果轻

（a）极坐标

（b）波纹

（c）球面化

图8-9 “扭曲”滤镜

微，能非常轻柔地柔和明显的边缘或突出的形状。

④进一步模糊：与模糊效果相似，但它的模糊程度是模糊的3~4倍。

⑤径向模糊：该滤镜属于特殊效果滤镜，使用该滤镜可以将图像旋转成圆形或从中心辐射图像。

⑥特殊模糊：可以产生一种清晰边界的模糊方式，它自动找到图像的边缘并只模糊图像的内部区域，它的很有用的一项是可以除去图像中肤色调中的斑点。

（3）扭曲滤镜。可以将图像做几何方式的变形处理，生成一种从波纹到扭曲或三维的图像特殊效果，可以创作非同一般的艺术作品。

①波浪：波浪滤镜的控制参数是最复杂的，包括波动源的个数、波长、波纹幅度以及波纹类型。

②波纹：模拟一种微风吹拂水面的方式，使图像产生水纹涟漪的效果。

③玻璃：该滤镜产生一种透过玻璃看图像的效果。

④海洋波纹：该滤镜能移动像素，产生一种海面波纹涟漪的效果。

⑤极坐标：能产生图像坐标向极坐标转化，或从极其坐标向直角坐标转化的效果，它能将直的物体拉弯，圆形物体拉直。

⑥挤压：该滤镜能产生一种图像或选区被挤压的或膨胀的效果，实际上是压缩图像或选区中间部位的像素，使图像呈现向外凸或向内凹的效果。

⑦扩散亮光：该滤镜产生一种弥散的亮光和热的效果。其原理是在图像的亮调区添加柔和的灯光效果。

⑧切变：沿一条曲线扭曲图像，通过拖移框中的线条来指定曲线。

⑨球面化：此滤镜产生将图像贴在球面或柱面上的效果。

⑩水波：产生的效果就像把石子扔进水中所产生的同心圆波纹或旋转变形的效果。

⑪旋转扭曲：创造出一种螺旋形的效果，在图像中央出现最大的扭曲逐渐向边界方向递减，就像风轮一般。

⑫置换：置换滤镜是最为与众不同的一种技巧，一般很难预测它的效果。

（4）锐化滤镜。

①USM：该滤镜是产生边缘轮廓的锐化效果，可以通过设置参数来调节锐化的程度。

②锐化：通过增加相邻像素之间的对比使图像变得清晰，但该滤镜的效果比较轻微。

③进一步锐化：锐化效果比较强烈。

④锐化边缘：该滤镜仅仅锐化图像的边缘部分，使得界线明显。

⑤像素化滤镜：是指单元格中颜色值相近的像素结成块来清晰的定义一个选区。

⑥彩块化：通过分组和改变示例像素成相近的有色像素块，将图像的光滑边缘处理出许多锯齿。

⑦彩色半调：将图像分格然后向方格中填入像素，以圆点代替方块，处理后的图像看上去就像铜版画。

⑧点状化：将图像分解成一些随机的小圆点，间隙用背景色填充，产生点画派作品的效果。

⑨晶格化：将相近的有色像素集中到一个像素的多角形网络中，创造出一种独特的风格。

⑩马赛克：将图像分解成许多规则排列的小方块，其原理是把一个单元内的所有像素的颜色统一产生马赛克的效果。

⑪碎片：自动复制图像，然后以半透明的显示方式错开粘贴4次，产生的效果就像图像中的像素在震动。

⑫铜版调刻：该滤镜用点、线条重新生成图像，产生金属版画的效果。它将灰度图转化为黑白图，将彩色图饱和。

（5）渲染滤镜。该滤镜主要可以在图像中产生一种照明效果或喷红光源的效果。

①3D变换：允许用户对两维图像就像对待三维图像一样进行操作。

②分层云彩：将图像与云块背景混合起来，产生图像反白效果。

③光照效果：这是一种较复杂的滤镜，只能应用于RGB模式。

④镜头光晕：模拟光线照射在镜头上的效果，产生折射纹理。如同摄像机镜头的炫光效果。

⑤云彩：利用选区在前景色和背景色之间的随机像素值在图像上产生云彩状效果，产生烟雾飘渺的景象。

（6）艺术效果。使图像产生一种艺术效果，看上去就像艺术家处理过的。只能用于RGB和八位通道色彩模式。

①壁画：该滤镜将产生古壁画的斑点效果，它和干画笔有相同之处，能强烈地改变图像的对比度，产生抽象的效果。

②彩色铅笔：模拟美术中的彩色铅笔绘画效果，使得经过处理的图像看上去就像彩色铅笔绘制的，使其模糊化，并在图像中产生一些主要由背景色，灰色组成的十字斜线。

③粗糙蜡笔：产生一种覆盖纹理效果，处理后的图像看上去就像用彩色蜡笔在材质背景上作画一样。

④底纹效果：模拟传统的用纸背面作画的技巧，产生一种纹理喷绘效果。

⑤调色刀：使颜色相近融合，产生大写意的笔法效果。

⑥干画笔：使画面产生一种不饱和、不湿润、干枯的油画效果。

⑦海报边缘：可以使图像转化成漂亮的剪贴画效果，它将图像中的颜色分别设定了几种，捕捉图像的边缘并用黑线勾边，提高图像对比度。

⑧海绵：该滤镜将产生画面浸湿的效果，就好像使用海绵蘸上颜料在纸上涂抹图像一样。

⑨绘画涂抹：产生不同画笔涂抹过的效果。

⑩胶片颗粒：产生一种软片颗粒纹理效果，它给原图加上一些颗粒，同时调亮图像局部，加入到图像中的颗粒。

⑪木刻：可以模拟剪纸效果，看上去就像是经过精心修剪的彩纸图。

⑫霓虹灯光：产生彩色氖光灯照射的效果，如果选取合适的颜色，该滤镜能在图像中产生三色调或四色调的效果。

8.2.3 任务实现——大理石效果

8.2.3.1 任务分析

利用滤镜的特性，并结合调整命令的色阶色相，以及“饱和度”的设置，实现大理石纹理效果的制作以及滤镜效果。

8.2.3.2 任务操作

（1）执行“文件”→“新建”命令，新建一个宽度为450px，高度为300px，内容为白色，名称为“大理石纹理效果”的RGB模式空白图像。

（2）前景色和背景色分别设置为黑色、白色。单击“滤镜”→“渲染”→“分层云彩”，然后按Ctrl+F组合键重复使用分层云彩滤镜6次，效果如图8-10所示。

（3）单击“滤镜”→“风格化”→“边缘”，如图8-11所示。

（4）按Ctrl+I组合键，将图像进行反选，按Ctrl+L组合键打开色阶对话框，输入色阶25，1，70，如图8-12所示。

（5）单击“图像”→“调整”→“色相饱和度”，勾选“着色”，色相为216，饱和度为70，明度为+15，如图8-13所示。

（6）大理石效果制作完成，如图8-14所示。

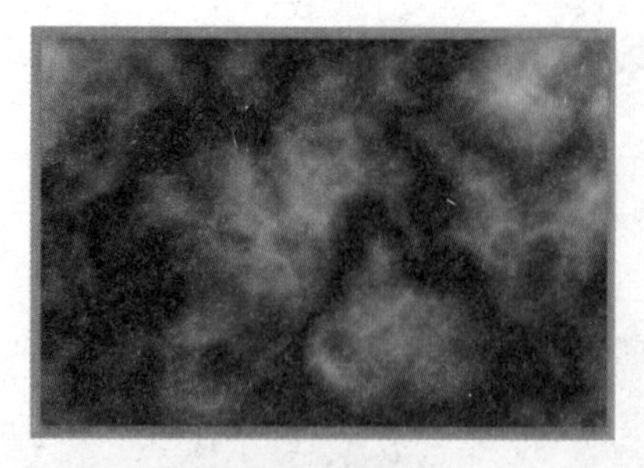
图8-10　分层云彩滤镜

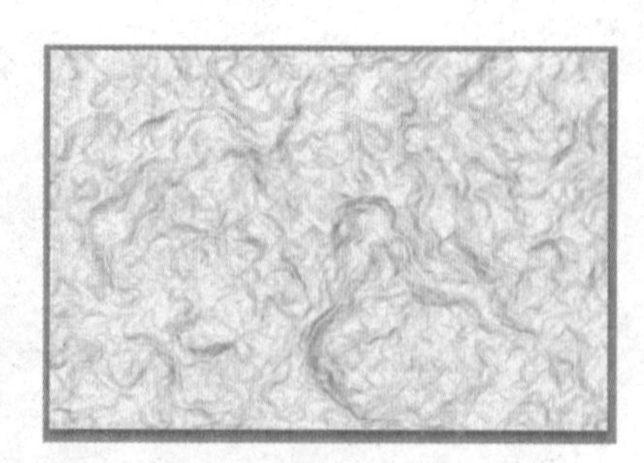
图8-11　“边缘”滤镜

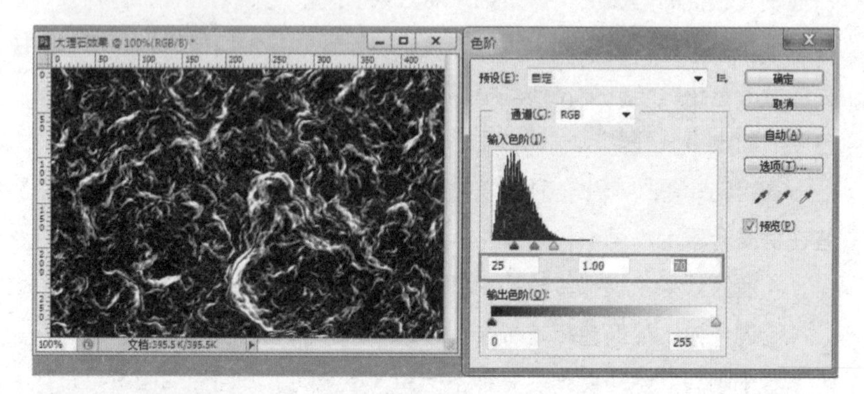

图8-12　色阶效果

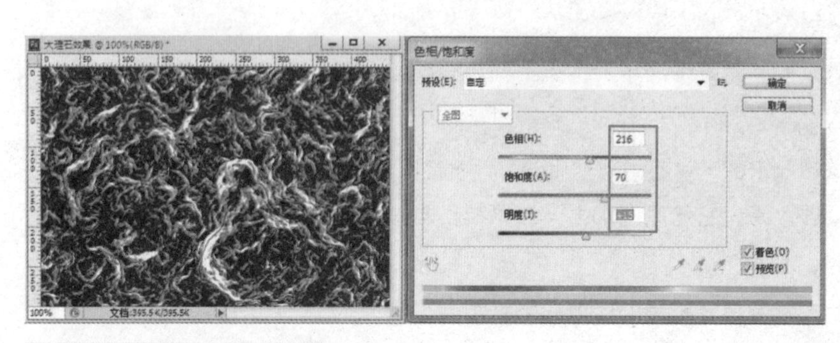

图8-13　“色相饱和度”效果

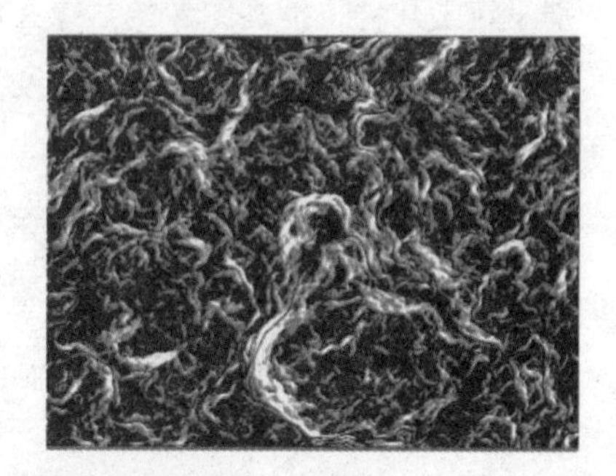
图8-14　大理石效果

8.3　滤镜的操作——星空效果制作

8.3.1　任务引入

滤镜是Photoshop CC的特色工具之一，充分而适度地利用好滤镜不仅可以改善图像效果、掩盖缺陷，还可以在原有图像的基础上产生许多特殊炫目的效果，因此，可以通过滤镜特性完成奇异天空，提高视觉冲击力。

8.3.2 知识引入

（1）滤镜不能应用于位图和索引模式的图像。

（2）滤镜的作用范围为图像选区、当前图层或通道。

（3）滤镜处理的效果与图像的分辨率有关。

（4）对图像的一部分使用滤镜时，应先对选区进行羽化，使得平滑过渡。

（5）重复执行相同的滤镜可按Ctrl+F键。

（6）执行过滤镜效果后，如果需要部分原图像的效果，可使用菜单“编辑”中的“渐隐”命令。

8.3.3 任务实现

8.3.3.1 任务分析

滤镜通常应用于当前可见图层，并且可以反复应用，连续使用，但一次只能应用在一个图层上。在对局部图像进行滤镜处理时，可以先为选区设定羽化值，然后再应用滤镜，会减少突兀感觉。

8.3.3.2 任务操作

（1）执行“文件”→“打开”命令，打开“星空”素材图片，复制背景图层。使用“快速选择工具”创建树与草地的选区，Ctrl+J复制选区内容得到图层1，并锁定图层1，如图8-15所示。

（2）选中背景副本，Ctrl+T自由变换：W：99.8%，H：99.8%，角度：0.1度，设置完成后确定，图层混合模式为变亮，如图8-16所示。

（3）快捷键：Ctrl+Shift+Alt+T，重复变换，效果如图8-17所示。

图8-15 树与草地选区

图8-16 混合模式效果

图8-17 重复效果

课后练习

彩色羽毛的制作

要求：用矩形、羽化、选区、渐变工具、滤镜以及蒙版技术，制作彩色羽毛（20px×200px）；其制作过程，如图8-18所示。

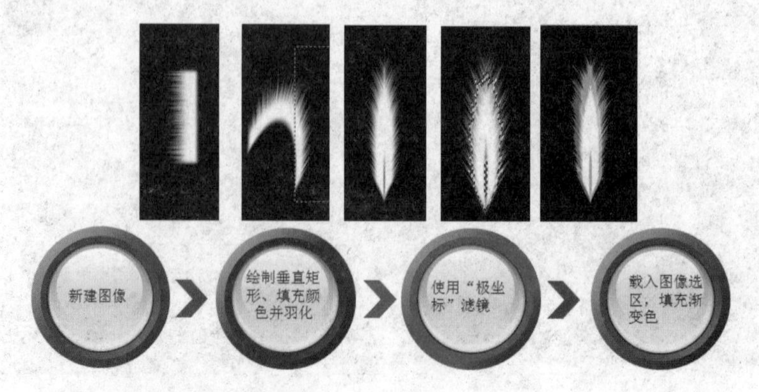

图8-18 彩色羽毛的制作过程

项目9

网页UI的规划与设计

素材

PPT 课件

学习目标

1. 了解虚拟界面，以及网页界面的设计要求。
2. 理解网页版面的典型风格以及结构布局风格。
3. 理解门户网站及网站分类，实现美食网站的制作。

9.1 网页UI基础知识

UI即User Interface（用户界面）的简称。UI设计是指对软件的人机交互、操作逻辑、界面美观的整体设计。好的UI设计不仅让软件变得有个性有品位，还要让软件的操作变得舒适、简单、自由，充分体现软件的定位和特点。

9.1.1 虚拟界面

由于网页是通过计算机的显示通道与人们交流的，并不是现实世界中的实际物体，因此又被称为"虚拟界面"。从网络的角度来看，虚拟界面是一个网站的窗口，网站中的数据库信息、链接功能以及各种网络服务都通过这个界面进行操作。一个网站的网页可以有多个，通常根据需要分层设置。

从平面设计的角度来看，每个虚拟界面就是一个版面，可以利用平面设计理念对其进行设计。但是，网页毕竟是计算机技术和多媒体技术的产物，具有某些一般版面所没有的特点和性质。为了对虚拟版面进行设计，就必须拓展设计的范围，丰富设计的手段，如对于版面各种媒介的设计与制作，应用一些新的技术。

9.1.2 网页界面的设计要求

网页的界面通过显示器显示，除了运用一般版面设计手段对这个虚拟界面进行设计以外，还需要针对该界面的独特之处进行设计，这就需要了解虚拟界面的独特之处。版面尺寸规范化：通常采用显示器的标准显示模式。

（1）网页应易读、网站要易找。

（2）页面容量越小越好。

（3）网站导航要清晰：所有超链接应清晰无误地向读者标识出来，所有导航性质的设置，像图像按钮，都要有清晰的标识。

（4）网页风格要统一，网页上所有的图像、文字，包括背景颜色、区分线、字体、标题、注脚等等，都要统一风格，贯穿全站。

（5）重点信息放在突出醒目的位置，整个网站空间排序适当。

9.1.3　网页版面典型风格

网页的版面风格与广告设计的版面风格具有相似性，其目的都是为了产生美感、提高阅读兴趣、吸引人们的注意力。网页的设计首先要考虑风格的定位。任何网页都要根据主题的内容来决定其风格与形式，因为只有形式与内容的完美统一才能达到理想的效果。主页风格的形成主要依赖于主页的版式设计，依赖于页面的色调处理，还有图片与文字的组合形式等。这些问题看似简单，但往往需要主页的设计和制作者具有一定的美术素质和修养。与平面广告相比，网页的总体风格是：文字较多，可进行超链接，使用动画、视频、声音，其信息量远远大于广告。比较典型的网页风格主要有：对称型、偏置型、标题型和混合型等，如图9-1所示。

9.1.4　网页结构布局

在设计网页时，需要了解网页的5种基本结构布局。

9.1.4.1　“国”字型

“国”字型网页布局又称“同”字型网页布局，其最上方为网站的Logo、Banner及导航条，接下来是网站的内容版块。在内容版块左右两侧通常会分列两小条内容，可以是广告、友情链接等，也可以是网站的子导航条。

9.1.4.2　拐角型

拐角型布局也是一种常见的网页结构布局。其与“国”字型布局的区别在于内容版块只有一侧有侧栏。拐角型布局比“国”字型布局的网页稍微个性化一些，常用于一些娱乐性网站。

9.1.4.3　上下框架型

上下框架型网页布局的主题部分并非如“国”字型或拐角型一样由主栏和侧栏组成，而是一个整体或复杂的组合内容结构，因此，通常应用于一些栏目较少的网站，或有整体背景图像的网站。

9.1.4.4　左右框架型

这是一种被垂直划分为两个或更多个框架的网页布局结构，类似将上下框架型布局旋转90°之后的效果。左右框架型网页布局通常会被应用到一些个性化的网页或大型论坛网页等，具有结构清晰、内容一目了然的优点。

9.1.4.5　封面型

这种类型的网页，通常作为一些个性化网站的首页，以精美的动画，加上几个链接或“进入”按钮，甚至只在图片或动画上做超链接。

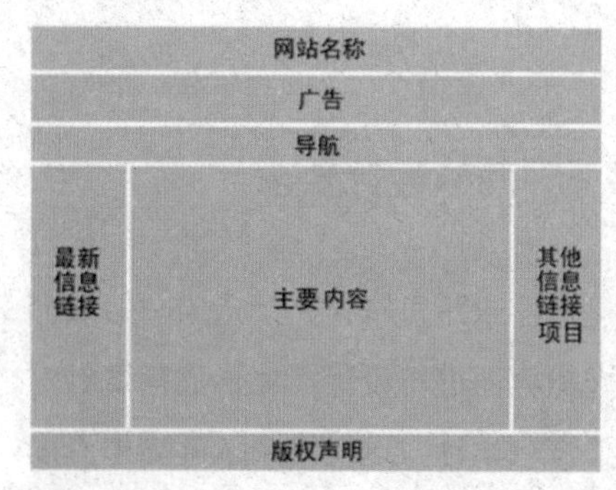

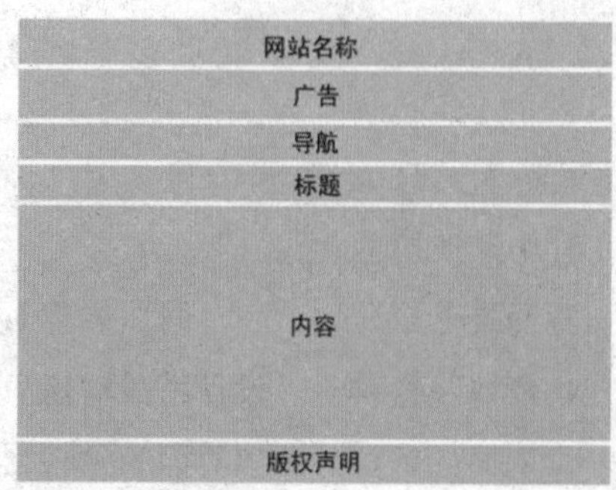

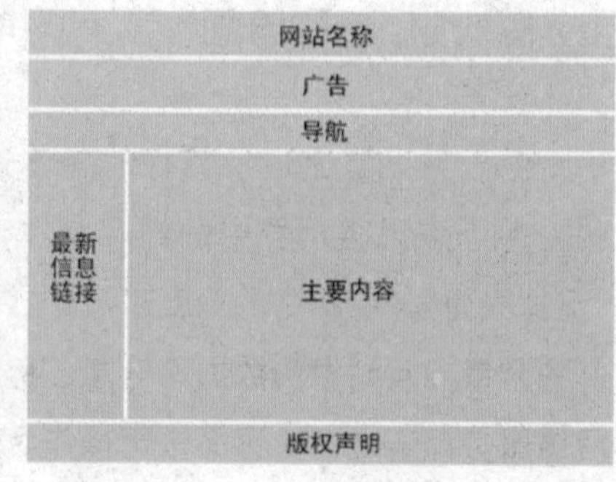

图9-1　网页版面

9.1.5 网页设计的组成元素

9.1.5.1 Logo

Logo是标识网站的名称，并为用户提供识别的标记。绝大多数网站都有一个独特的Logo。Logo对于网站而言是唯一的。

9.1.5.2 导航条

导航条是网站的重要组成元素。可以索引网站内容，帮助用户快速访问网站。导航条内包含的是网站功能的按钮或链接，其项目的数量不宜过多。通常同级别的项目数量以3~7个为宜。一个网站往往可包含多个级别的导航条，例如主导航条、登录导航条、友情链接导航条等。有时导航条也会与banner结合使用，通过图像增强导航条的表现力（图9-2）。

9.1.5.3 Banner

Banner为网页中的广告条，又被称作旗帜、网幅或横幅，是一种可以由文本、图像和动画相结合而成的网页栏目。

国际广告联盟的“标准与管理委员会”联合广告支持信息和娱乐联合会等国际组织，推出了一系列网络广告宣传物的标准尺寸，被称作“IAC/CASIE”标准，共包括7种标准的Banner尺寸。

在设计Banner时，既可遵循以上标准，以方便网站的广告用户设计广告。同时，也可灵活根据网页的版式对其尺寸进行调节，以符合网页整体的风格和布局（图9-3）。

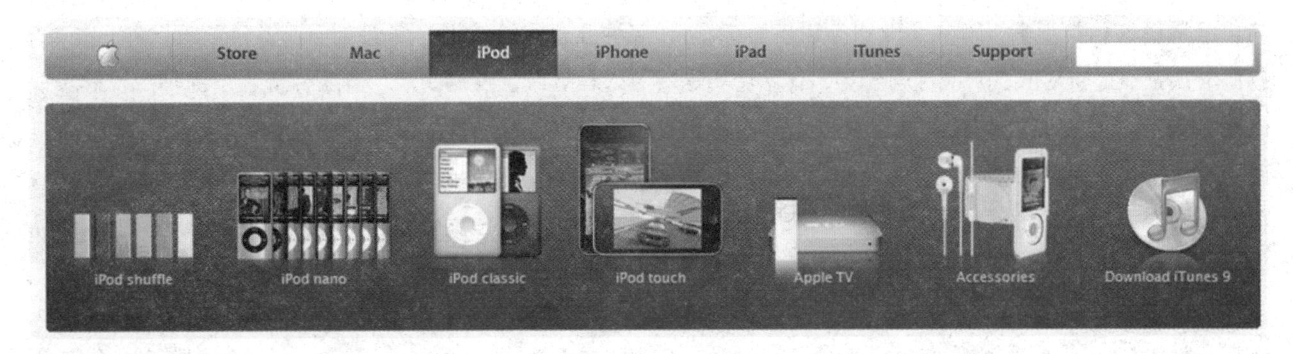

图9-2　导航条效果

摩天大楼形	120px×600px
中级长方形	300px×250px
正方形弹出	250px×250px
宽摩天大楼	160px×600px
大长方形	336px×280px
长方形	180px×150px
竖长方形	240px×400px

图9-3　Banner尺寸

9.1.5.4 内容版块

网页的内容版块通常是网页的主体部分。这一版块可以包含各种文本、图像、动画、超链接等。在设计内容栏时，用户可以先独立地设计多个子栏，然后再将这些子栏拼接在一起，形成整体的效果。同时，还可以对子栏进行优化排列，提高用户的体验。如网页的内容较少，则还可以使用单独的内容栏，通过大量的图像使网页更加美观。

9.1.5.5 版尾版块

版尾，顾名思义是网页页面最底端版块，通常放置网站的版权信息。版权信息的书写需要遵循国际通行的规范，其格式如下：

Copyright [dates] by [author/owner]

Copyright 可以由copyright符号“©”代替

dates可以是具体的年份，也可以是由年份表现的时间段

author/owner为作者或所有者，可为个人名，也可为企业名。

在作者/所有者之后，可以添加“All Rights Reserved.”表示版权所有。但“All Rights Reserved.”的大小写和最后英文句号“.”不可省略。如需要添加中文的“版权所有”，应写在英文版权所有之后。

9.2 网站UI的制作

9.2.1 任务引入

餐饮企业可以通过网络，将自己的产品、品牌及内容传播给受众，这种优势是其他营销手段所不具备的。但是餐饮种类很多，有的企业服务销售面广泛，有的餐饮企业是针对某些产品而开设计，这两者均是以营利为目的。但有的餐饮网站以服务为目的。因此，可根据餐饮企业功能和销售的内容，来设计网站风格。

9.2.2 知识引入

9.2.2.1 餐饮门户网站

餐饮门户网站以餐饮业为对象，汇聚了各类餐饮娱乐的相关信息，服务于大众百姓，服务于各餐饮企业，在消费者与餐饮业之间架起了一座沟通的桥梁，促进了餐饮娱乐行业与消费者之间的交流和信任。根据网站主题，餐饮门户网站可分为地域性餐饮网站，健康餐饮网站，餐饮制作网站和综合性餐饮网站。

（1）地域性餐饮网站。餐饮都有地域性，餐饮行业的地域性决定了顾客就餐的本地性。换句话说，餐饮企业的顾客群基本都在本城市内。

（2）健康餐饮网站。健康饮食网站是一个以健康饮食为主题的专业美食网站，致力于为大家提供各种健康保健知识、保健常识、饮食健康、养生长寿、心理健康、疾病防治、养生保健、中医养生、健康饮食养生、心理健康、生活保健常识。

（3）餐饮制作网站。餐饮制作网站侧重于服务，主要向大家提供餐饮的制作方法及技巧。例如：甜品美食制作网站和热门美食制作网站。

（4）综合性餐饮网站。一些餐饮网站在销售产品营利的同时，提供一些与餐饮有关的信息。如提供一些制作餐饮或者餐饮文化等方面的内容来服务于大家。

9.2.2.2 餐饮网站分类

一些餐饮企业或餐饮店面在装修上有自己独特的风格。设计者要根据装修的风格、产品的特色以及饮食文化，定位网站设计风格。在设计方面，还需要符合消费者的心理才能够促进消费者食欲。

（1）中式餐饮网站。中式餐饮以中国的餐食为

主，目标消费者多数是中国人。所以网页色调搭配大多以传统色调为主。

（2）西式餐饮网站。西餐这个词是由它特定的地理位置所决定的。人们通常所说的西餐主要包括西欧国家的饮食菜肴，当然同时还包括东欧各国，地中海沿岸等国和一些拉丁美洲如墨西哥等国的菜肴。根据不同国家的风情不同，网页设计风格也会有所不同。

（3）糕点餐饮网站。糕点餐饮网站主要是蛋糕、起酥、小点心等食物，在外观设计上比较精致美观，网站多数以食物特色而定风格。

（4）冰点餐饮网站。冰点饮食主要包括饮料、雪花酪和冰激凌等，网站的设计在风格上一般清爽、淡雅。网站可以展示实体产品或用抽象物概括，在设计方面能突出主题即可。

9.2.3 任务实现——美食网站设计

9.2.3.1 任务知识分析

本任务技术不难，难在对界面布局的设计和色彩搭配，色调上选择重色为主，大批颜色鲜艳的饮食产品，整个页面布局简介、沉稳、布局巧妙（图9-4）。

9.2.3.2 任务操作

（1）制作网站首页

①制作Banner。新建一个宽1920像素、高3300像素的文档。选择工具箱中的矩形选框工具，在文档中绘制一个矩形。

设置前景色为R46、G56、B68，背景色为R9、G10、B15，选择工具箱中的渐变工具，选择径向渐变按钮，在渐变编辑器中选择从前景到背景渐变填充（图9-5）。

打开素材“美食网站9-1.jpg”，放在合适的位置并调整大小，继续打开素材“美食网站9-2.jpg”放在合适的位置。选中图层面板中的添加图层蒙版按钮，为素材一图层添加图层蒙版，然后使用边沿虚化的黑色画笔在左上角涂抹，让背景与素材融入自然，如图9-6所示。

选择工具箱中的“横排文本”工具，输入“最好的美食都在这里”，并在字符面板中设置字体为黑体，字号为72点，颜色为白色，如图9-7所示。

继续选择工具箱中的“横排文本”工具，输入“the best”“are all the best”，并在字符面板中设置

图9-4 美食网站设计效果

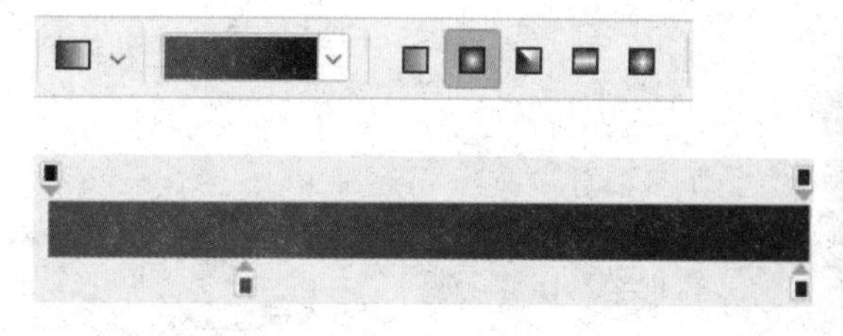

图9-5 背景色设置

图9-6 融入效果

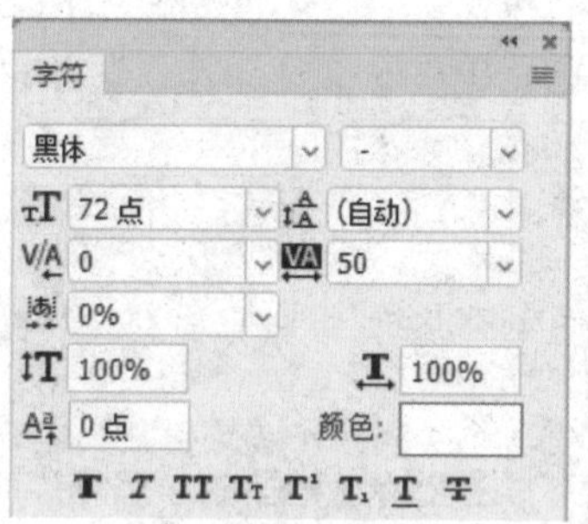

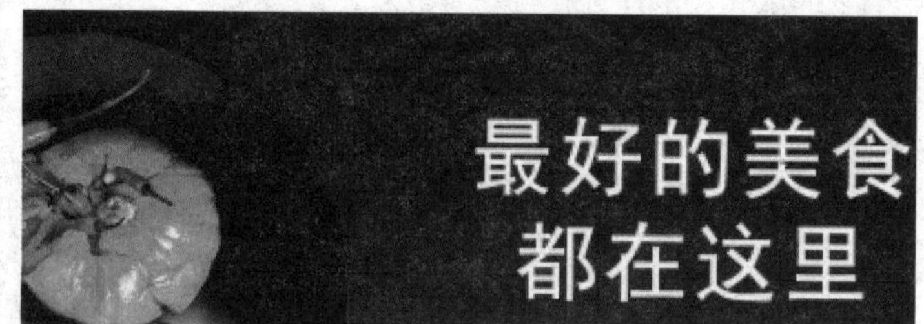

图9-7 文字字体设置

字体为Calbri，字号为30点，颜色为R213、G213、B214，如图9-8所示。

继续选择工具箱中的“横排文本”工具，输入对应的文字，并调整大小和颜色，如图9-9所示。

②制作导航条。选择工具箱中的矩形工具，绘制矩形选框，并填充为淡粉色R238、G238、B238，如图9-10所示。

继续使用矩形选框工具绘制红色矩形R216、G37、B31，输入“小镇”字样。再绘制白色矩

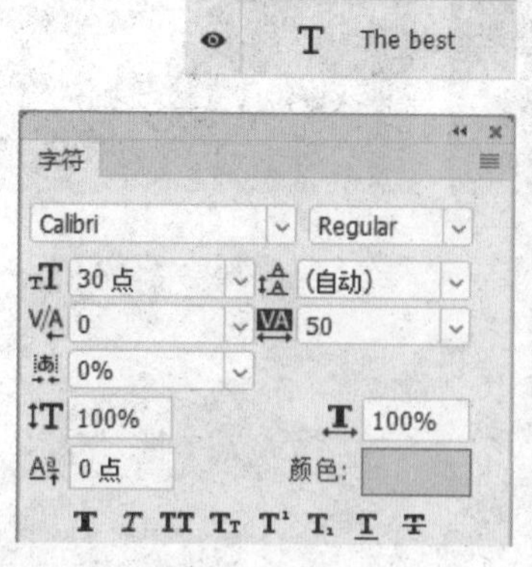

图9-8 文字字符设置

图9-9 文字色彩设置

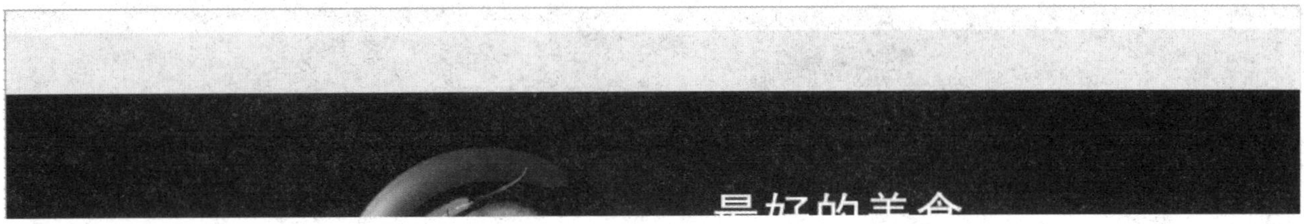

图9-10　导航条背景

图9-11　文字“小镇”效果

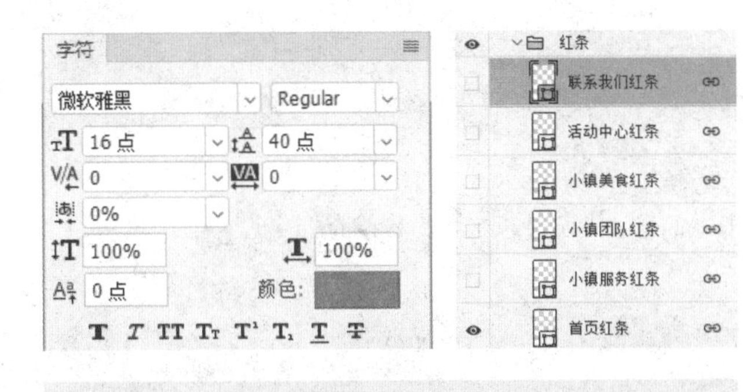

图9-12　导航条文字效果

形，输入对应的文字，如图9-11所示。

选择工具箱中的横排文本工具，输入“首页”“小镇服务”“小镇团队”“小镇美食”“活动中心”“联系我们”。字符面板中选择字体为“微软雅黑”，并将“首页”二字的颜色设为红色R216、G37、B31，再在对应的导航字体下面绘制一红色小矩形，只显示当前选中页“首页”，其他对应的红色矩形图层将图层对应前面的眼睛隐去不显示，如图9-12所示。

打开素材“美食网站素材9-3”，选择工具箱的矩形选框工具框选需要的图标，并按快捷键Ctrl+J对相应图标进行复制，用魔术棒工具选中白色背景并删除。再对各图标进行“颜色叠加”图层样式的设定，叠加

图9-13　联系方式

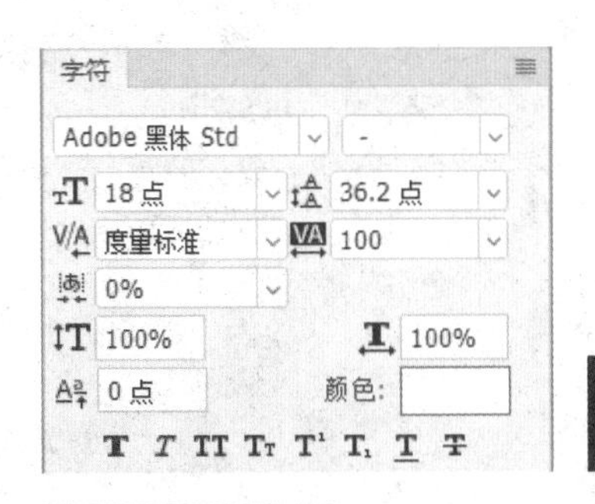

图9-14　当前位置

颜色为红色R216、G37、B31。选择工具箱中的“横排文字”工具，输入对应文字，如图9-13所示。

③当前位置。选择工具箱中的矩形工具，绘制“当前位置”的背景条，填充为深灰色R49、G49、B49。选择工具箱中的横排文本工具，输入“首页”“小镇介绍”，字体设置为黑体，大小为18点，颜色为R255、G255、B255，并在两组文字中间用钢笔工具绘制一个箭头符号，如图9-14所示。

继续使用横排文本工具，输入“小镇介绍”“小镇品牌”，字体字号以及颜色和上一步设置相同，然后选择矩形工具，在小镇介绍文字后面绘制一个矩形，填充为红色R216、G37、B31，代表当前选中状态，如图9-15所示。

④小镇简介。利用钢笔工具、椭圆工具、文本工具绘制小镇简介插画，如图9-16所示。

选择横排文本工具，输入标题“小镇简介”“TOWN PROFILF”，字体设置为华文新魏，大小为36点，颜色设置为R83、G83、B83，如图9-17所示。

图9-15 当前导航

图9-16 “小镇”文字

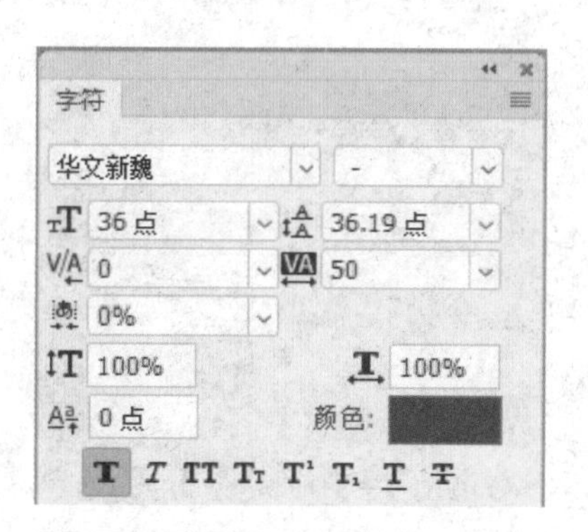

小镇简介
TOWN PROFILE

图9-17 “小镇简介”设置

小镇简介
TOWN PROFILE

图9-18 “小镇简介”效果

选择椭圆工具，在“小镇简介”左右两边各画一个小圆点，再选择直线工具，左右两边各绘制一条直线连接在小圆点上，如图9-18所示。

继续选择横排文本工具，输入小镇简介内容。在字符面板中设置字体为黑体，字号为18点，颜色为R83、G83、B83，如图9-19所示。

⑤制作灰色部分内容。选择工具箱中的矩形工具，绘制一灰色R238、G238、B238矩形作为背景。

结合钢笔工具、线条工具绘制绿色R171、G170、B170叶子图标；用直线工具绘制灰R255、G253、B253色竖线；使用横排文本工具输入标题“无污染安全食材”，在字符面板设置字体为黑体，字号为28点，颜色为灰色R83、G83、B83，继续使用文本工具输入内容文字，颜色和字体设置不变，字号为15点，效果如图9-20所示。

使用椭圆工具、钢笔工具和直线工具，绘制绿色图标，其他设置和步骤参照上一步，制作如图9-21所示效果。

⑥案例展示。创建一个案例展示图层组，在图层组里再创建一个案例展示

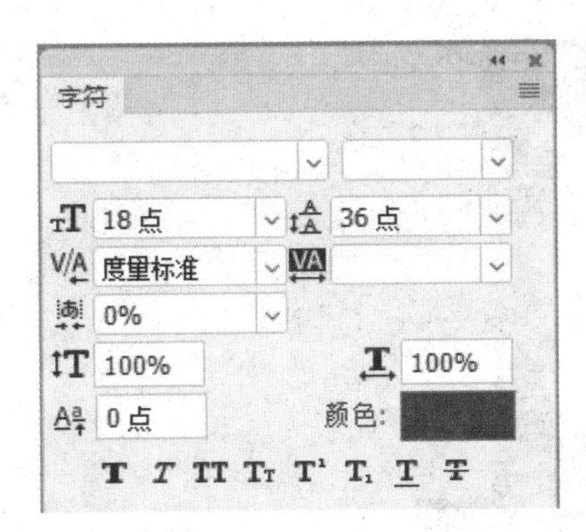

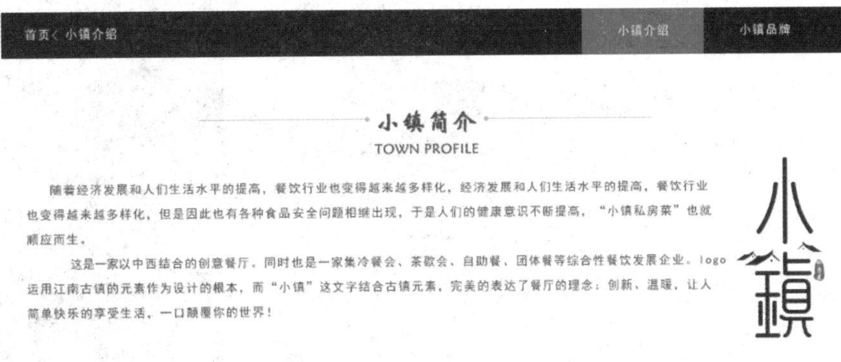

图9-19　小镇简介内容

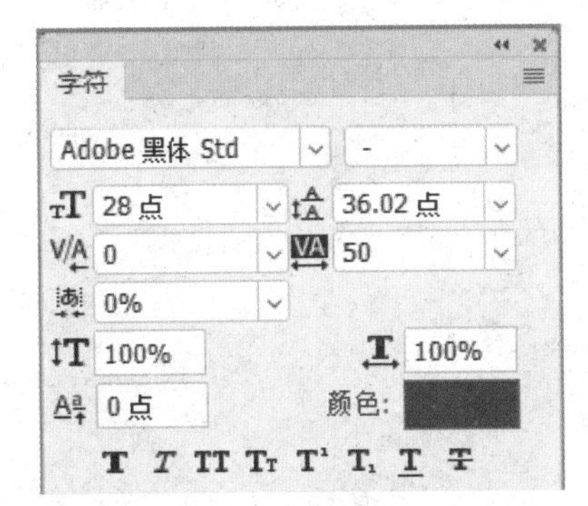

图9-20　灰色部分内容

文字图层组，参照“小镇简介”标题的制作方法，制作“案例展示标题”，见图9-22。

新建一个“广州银行”文件组，打开“美食网站素材9-7”并调整大小和位置。

选择矩形工具，绘制矩形，填充为白色，并为矩形设置“投影”图层样式，设置颜色为黑色，不透明度为29%，距离为1像素，扩展为0%，大小为9像素，见图9-23。

选择横排文本工具，输入相应的文字，见图9-24。

参照广州银行的制作方法，制作出另外三组“华润答谢会”“介入HAPPY”“开业典礼”图片，见图9-25。

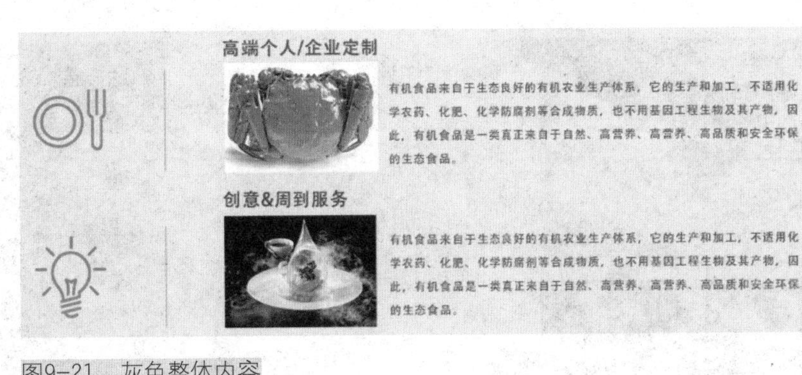

图9-21　灰色整体内容

案列展示
CASE SHOW

图9-22　案例展示文字

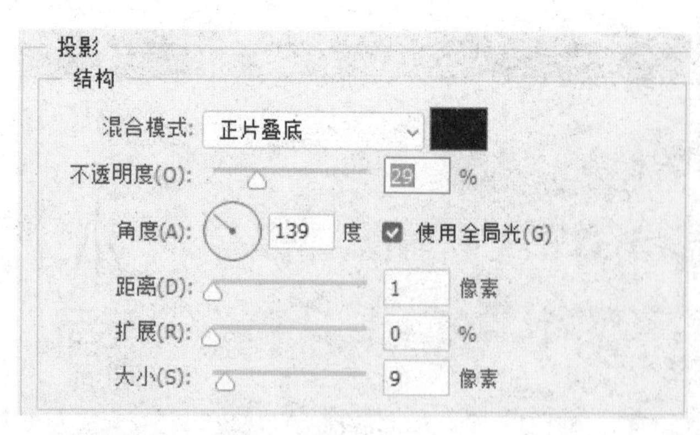

图9-23 “投影”样式

广州银行

2017/5/30

承办广州银行2017年团年会冷餐会，为企业定制餐具以及甜品设计。

图9-24 文字信息

案列展示
开业典礼
节日PATY
华润答谢会
广州银行

广州银行

2017/5/30

承办广州银行2017年团年会冷餐会，为企业定制餐具以及甜品设计。

华润答谢会

2017/5/30

承办广州银行2017年团年会冷餐会，为企业定制餐具以及甜品设计。

节日PATY

2017/5/30

承办广州银行2017年团年会冷餐会，为企业定制餐具以及甜品设计。

开业典礼

2017/5/30

承办广州银行2017年团年会冷餐会，为企业定制餐具以及甜品设计。

图9-25 案例整体效果

⑦制作底部。新建一个“底部”图层组。选择矩形工具，绘制一大一小两个矩形，小矩形填充为R27、G27、B27，大矩形填充为R49、G49、B49，并输入版尾内容，如图9-26所示。

选择直线工具，绘制竖向的虚线和横向的短直线，选择横排文字工具，输入对应的文字。效果如图9-27所示。

导入“美食网站素材9-11”，再选择横排文本工具，输入对应的文字，即完成此页的全部制作，如图9-28所示。

（2）制作店铺活动页面。

①复制现有元素。新建一个宽度为1920像素、高度为3300像素、分辨率为72dpi的文档，并复制美食网站首页的“顶部”“导航条”“底部”“当前位置”图层组。

②制作Banner。新建“Banner”图层组，打开“美食网站素材9-12”，新建一个图层，命名为“虚化”，选择工具箱中的椭圆选框工具，设置羽化为30像素，并填充为红紫色R2、G3、B3，如图9-29所示。

图9-26　底部信息

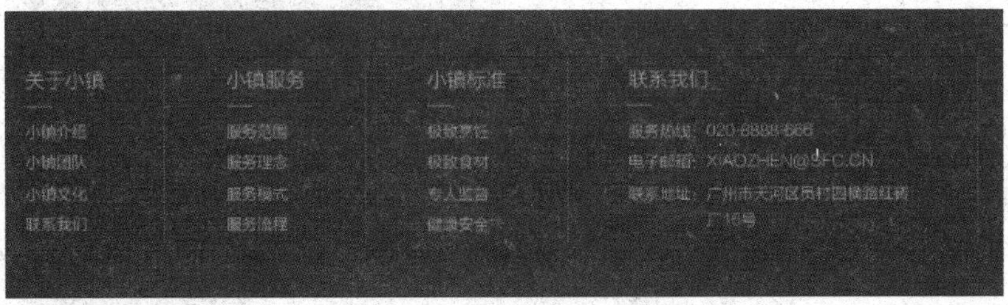

图9-27　行业关联

图9-28　二维码设置

图9-29　虚化效果

打开素材“美食网站素材9-13”，并对素材13图层添加“投影”图层样式，设置混合模式为正片叠底，颜色为黑色，不透明度为73%，角度为72度，距离为14像素，扩展为4%，大小为16像素，如图9-30所示。

选择横排文本工具，输入“粽情粽意”，颜色设置为白色，对文字图层进行复制，对原文字图层进行“斜面浮雕”“投影”图层样式修饰。再新建曲线调整图层。执行“图层→创建剪贴蒙版”，如图9-31所示。

选择直线工具，绘制两条直线，在直线间输入文字信息，字体为黑体、大小为26点，颜色为灰色R218、G218、B218，再在其下方输入对应文字，大小为13点，颜色为灰色R218、G218、B218，如图9-32所示。

将当前位置的文字内容进行修改，将小镇介绍改为活动中心，再删除多余的文字，如图9-33所示。

③制作今日精选。参照每日首页中“小镇简介”标题的制作方法，制作“今日精选”标题，如图9-34所示。

打开素材图片，摆放在合适的位置，并调整大小，并选择矩形工具，绘制图片下方的灰色R146、G146、B146矩形，如图9-35所示。

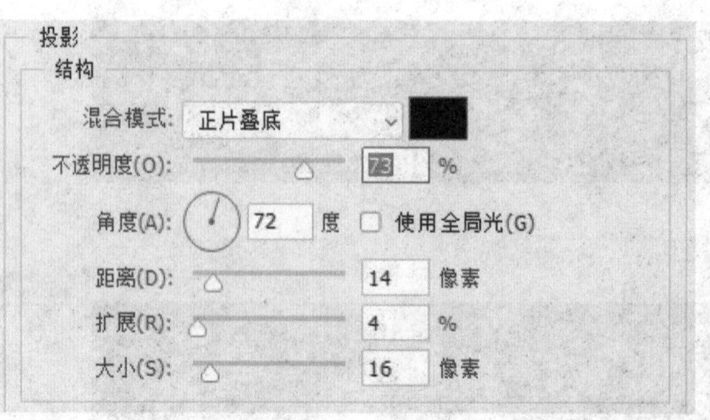

图9-30 “投影”图层样式

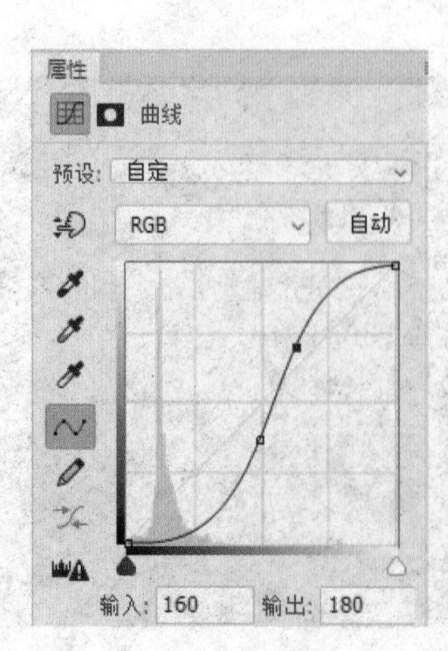

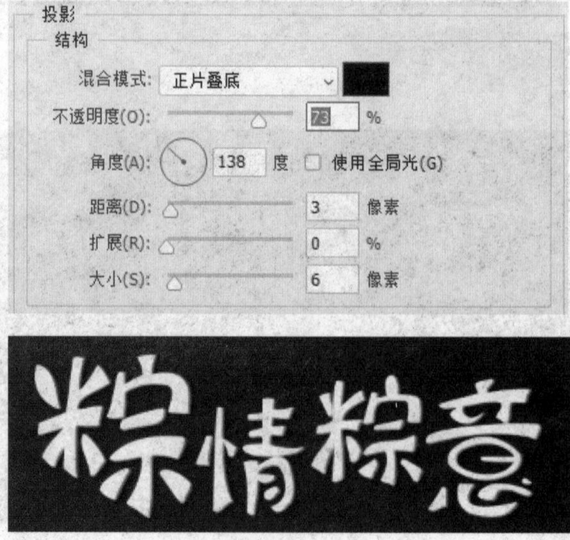

图9-31 “粽情粽意”文字

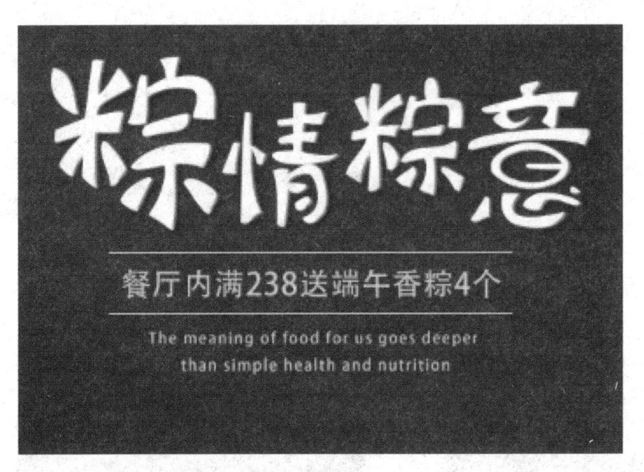

图9-32 “粽情粽意”效果

今日精选
TODAY'S PICK

图9-34 今日精选标题

首页<活动中心　　活动中心

图9-33 活动中心

图9-35 “今日精选”效果

选择横排文本工具，输入相应的文字，字体选择黑体，大小为22点，颜色为白色，如图9-36所示。

④大咖专栏和热门活动。打开素材图片，放在合适的位置并调整大小。选择横排文本工具，输入“大咖专栏”“热门活动”，字体为黑体，大小为36点，颜色为灰色R83、G83、B83，如图9-37所示。

选择工具箱中的圆角矩形工具，设置状态为形状，圆角半径10像素，填充为红色R216、G37、B31，选择横排文本工具，分别在红色矩形上输入“查看更多”字样，字体选择为黑体，大小为9点，颜色为白色，如图9-38所示。

⑤今日新闻。参照“今日精选”的制作方法，制

作今日新闻。

（3）制作特色推荐页面。借鉴店铺活动页面的制作方法，制作特色推荐页面。

（4）保存文档。以“以美食网站设计.jpg”为名保存，至此，网站UI的设计全部完成。

图9-36 “今日精选”文字添加

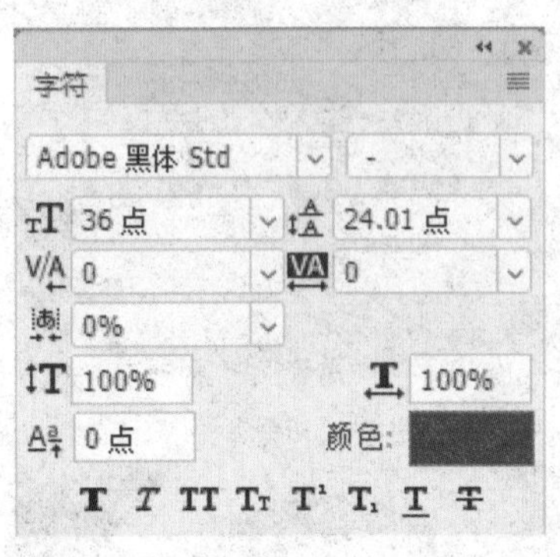

图9-37 “大咖专栏”和“热门活动”

图9-38 查看更多

课后练习

校园网UI的设计

1. 结合所学知识和技能，设计制作校园网UI。
2. 结合所学知识和技能，设计制作宠物网UI。

项目10

手机UI的质感表现

素材

PPT 课件

学习目标

1. 掌握手机UI元素设计过程中的图层样式和渐变填充工具的使用。

2. 使用形状工具、路径工具、路径选择工具、路径控制面板等创建、编辑和存储路径并掌握路径和选区相互转换的技巧与方法。

3. 能制作金属质感、玻璃质感和手机光滑表面的效果制作。

10.1 金属

10.1.1 任务引入

在手机UI设计过程中，金属质感是常用的质感表现，也体现出手机UI的高贵和大气，故需学会金属质感的制作方法。

10.1.2 知识引入

10.1.2.1 UI设计的概念

UI即User Interface（用户界面）的简称。UI设计是指对软件的人机交互、操作逻辑、界面美观的整体设计。好的UI设计不仅是让软件变得有个性有品位，还要让软件的操作变得舒适、简单、自由，充分体现软件的定位和特点。

10.1.2.2 UI设计原则

（1）一致性和必要的个性化。软件风格一致，要有统一的字体字号、统一的色调、统一的提示用词、窗口在统一的位置、按钮也在窗口的相同的位置。在一致性的基础上，适当突出该软件的“个性化”。

（2）使用用户的语言。界面中要注意使用用户的语言，而不是设计者的语言，最有效的方法是让数据说话，如询问用户、用户投票等。因此，用户使用系统的错误会降到最低。

（3）用户记忆负担最小化。用户记忆负担最小化，浏览信息比记忆更容易，在设计时一定要考虑到减轻用户的记忆负担。

（4）用户界面的功能性。界面最基本的性能是具有功能性与使用性，通过界面设计，让用户明白功能操作，并将产品本身的信息更加顺畅的传递给使用者，是功能界面存在的基础与价值用户界面一定要有的基本功能，设计者不能片面追求界面外观漂亮而导致华而不实。

10.1.3　任务实现——金属按钮的制作

10.1.3.1　任务分析

本任务主要学会使用椭圆工具绘制由中心向外的正圆，通过“图层样式”的“描边”效果为正圆添加金属光泽，通过椭圆工具和“路径”面板配合使用，绘制金属效果的外围效果，通过渐变填充工具制作按钮内部金属效果。

10.1.3.2　任务操作

（1）金属外围制作。执行“文件”→“新建”命令，或按下Ctrl+N，打开“新建”对话框。设置宽度和高度分别为1280像素，1024像素，分辨率为72dpi，完成后单击“确定”按钮，新建一个空白文档。

单击前景色图标，在弹出的“拾色器（前景色）”对话框中设置参数如图10-1所示，改变前景色，按下快捷键Alt+Delete填充前景色，在“背景”图层上单击鼠标右键，在弹出的下拉列表中选择“转换为智能滤镜”命令，得到“图层0”图层。

按下快捷键Ctrl+R，打开“标尺工具”，从垂直和水平方向分别拉出辅助线，使其位于画布的中央，选择“椭圆选框工具”，在辅助线交接的地方单击并按住快捷键Alt+Shift拖曳鼠标绘制正圆，按下快捷键D键，将前景色和背景色默认为黑色，新建“图层1”，为选区填充黑色，取消选区，如图10-2所示。

双击“图层1”图层，打开“图层样式”对话框，选择“描边”选项，设置大小为54像素、位置为内部、填充类型为渐变、样式角度、角度42度，单击“确定”按钮，为正圆添加金属描边效果。选择斜面浮雕选项（图10-3）。

双击“图层1”图层，打开“图层样式”对话框，选择“斜面和浮雕”选项，设置样式为内斜面，方向为上，大小7像素，角度为120度。选择“投影”选项，角度为90度，距离为4像素，扩展为0%，大小为9像素，如图10-4所示。

（2）内部金属质感制作。按下快捷键Ctrl+J，复制“图层1”图层，得到“图层1副本”图层，选择该图层，单击鼠标右键，选择“清除图层样式”命令，使正圆还原到未被描边前的效果（图10-5）。

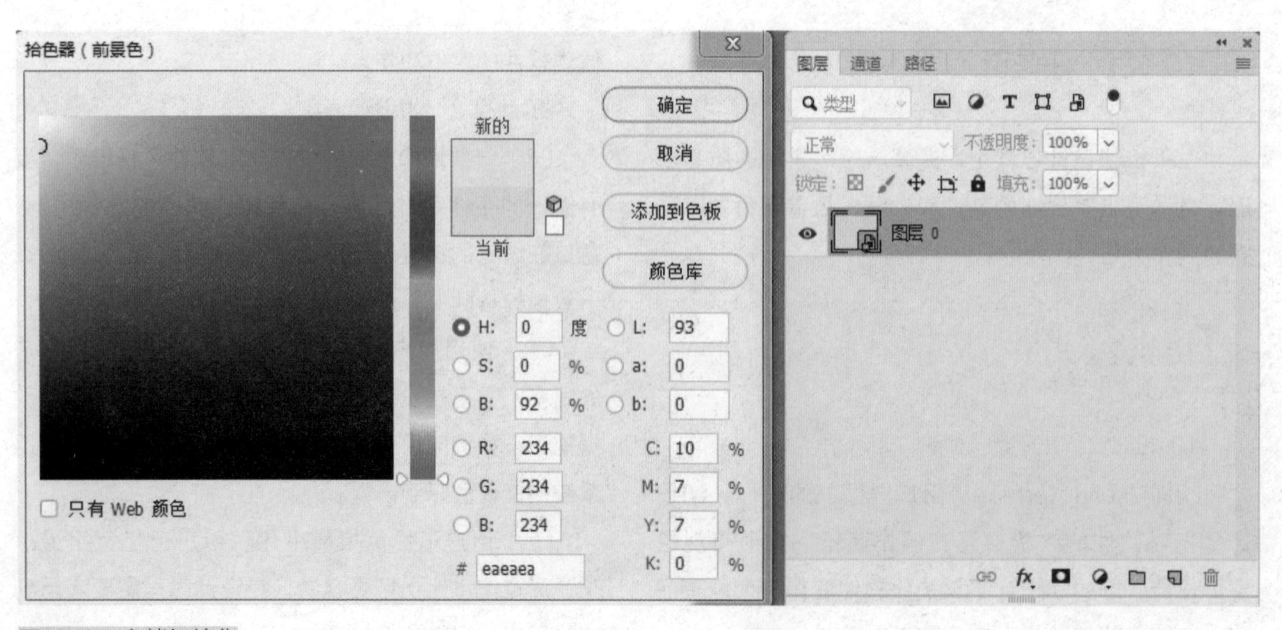

图10-1　文档初始化

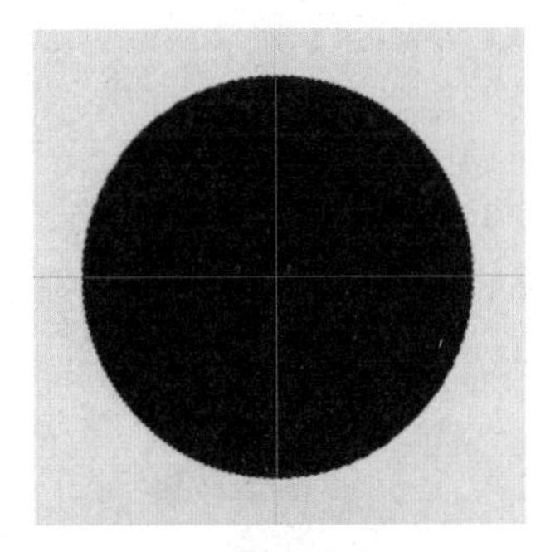

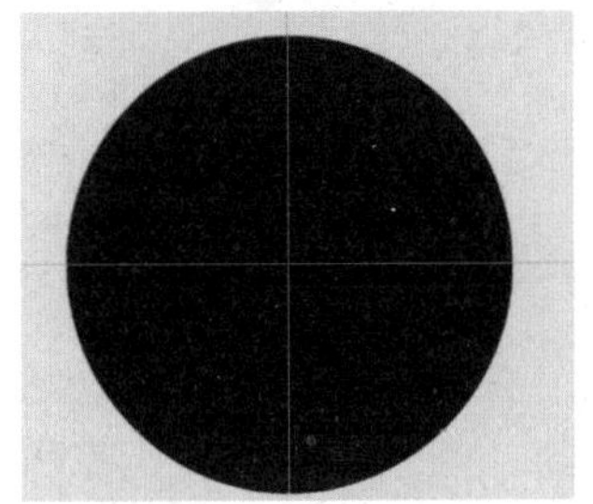

图10-2　正圆绘制

按下快捷键Ctrl+T，在正圆四周出现课调节的控制点，按住快捷键Alt+Delete等比缩小正圆，完成后，按下Enter键确认（图10-6）。

再次将正圆进行复制，然后使用同样的方法进行等比缩小（图10-7）。

新建一个图层2，选择矩形工具，绘制一个矩形，选择渐变填充工具进行填充（图10-8）。

选中图层，按下快捷键Ctrl+ Alt+G，创建剪贴蒙版（图10-9）。

按住Ctrl点击图层2和图层1副本，同时选中两个图层，拖曳到图层面板中的新建按钮上。得到“图层2拷贝”和“图层1副本2拷贝”图层。在图层2拷贝图层上点击鼠标右键，在下拉菜单中选择“释放剪贴蒙版”，按Ctrl点击“图层1副本2拷贝”图层的缩略图，调出圆的选区，

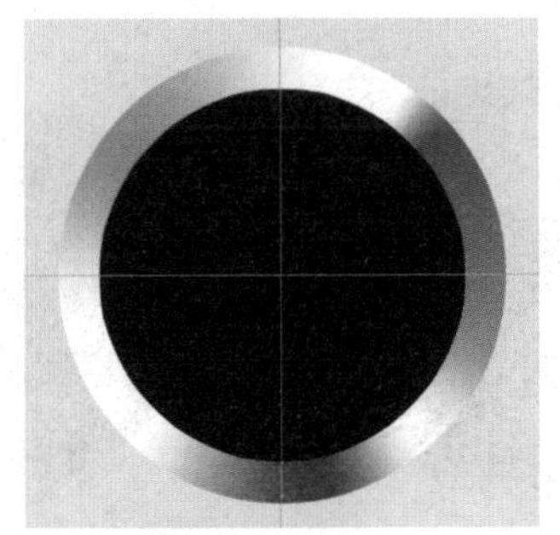

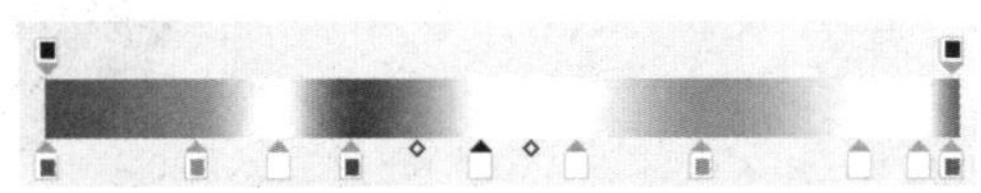

图10-3　金属描边

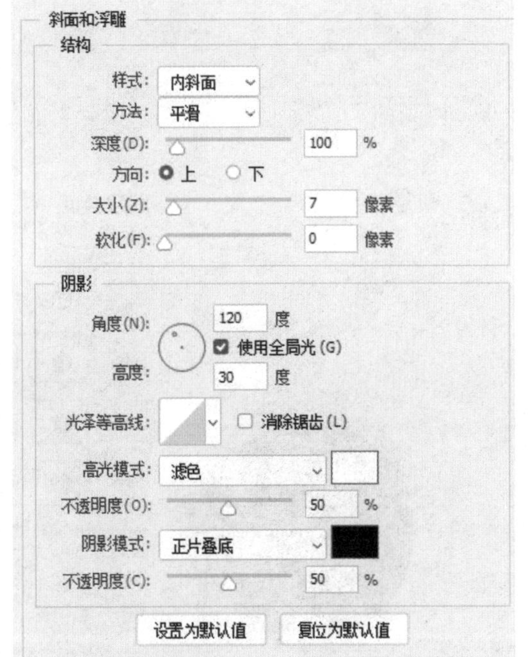

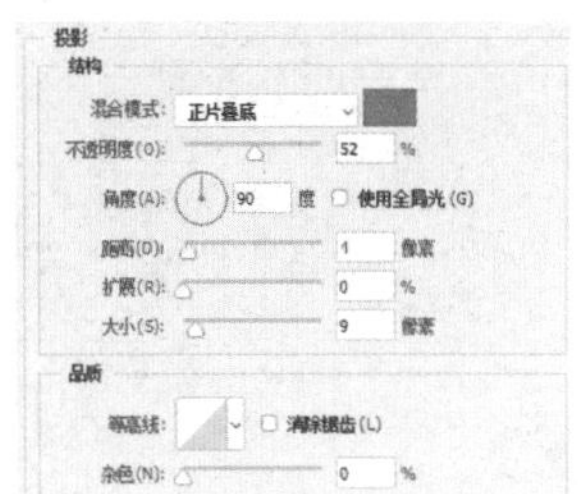

图10-4　斜面浮雕与投影

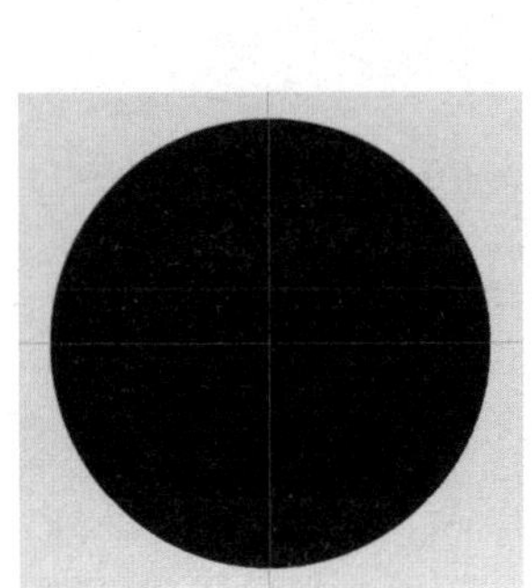

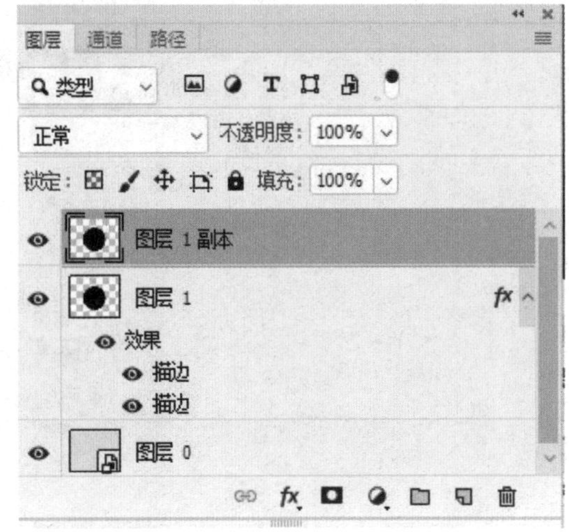

图10-5　图层副本

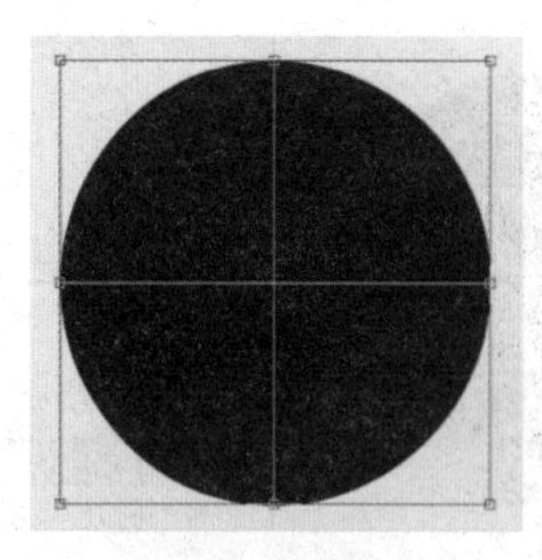
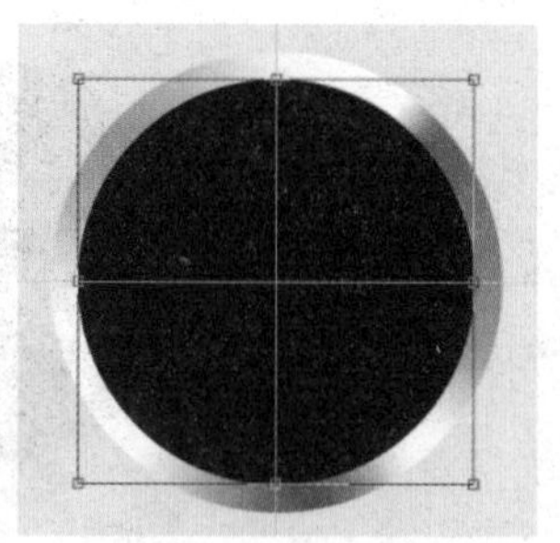
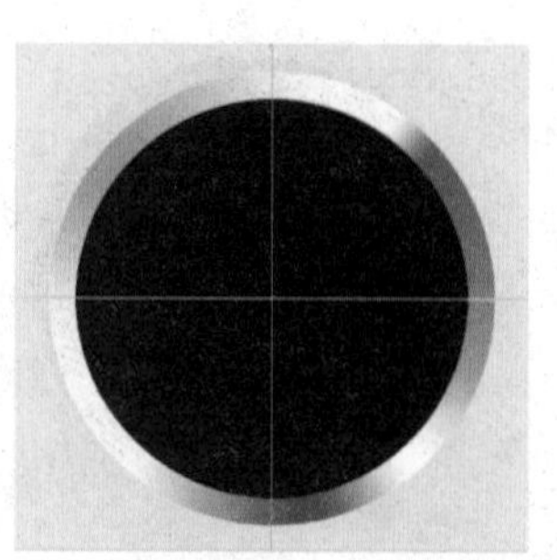

图10-6　正圆等比缩小

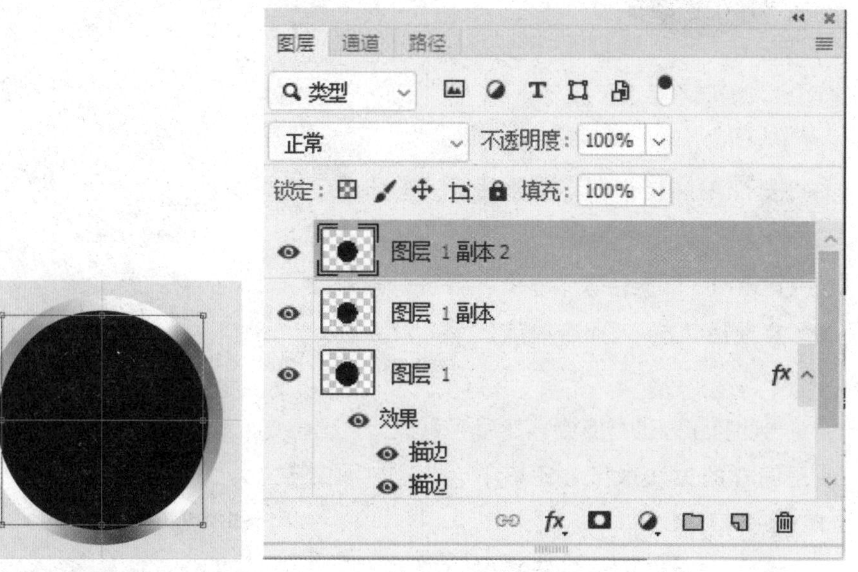

图10-7　正圆副本等比缩小

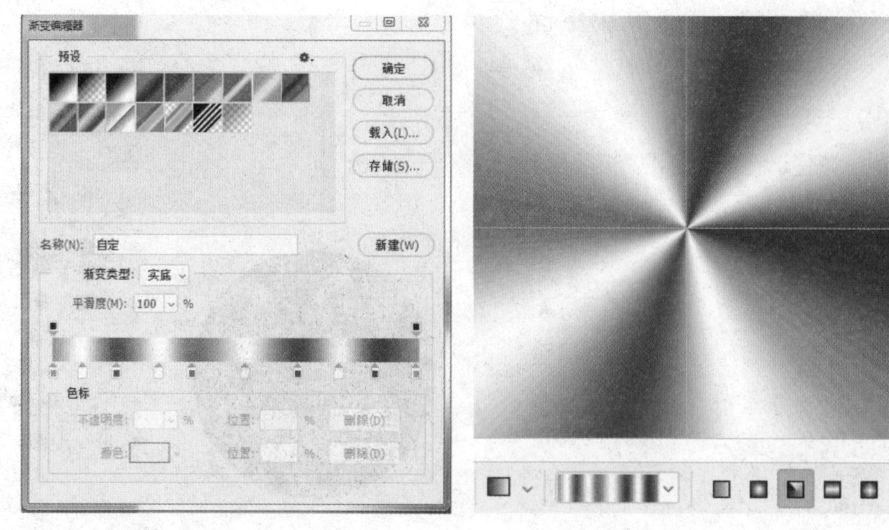

图10-8　渐变填充

按Ctrl+Shift+I进行反选。按Delete键删除选区以外的部分。将“图层2拷贝”重命名为“图层3”（图10-10）。

打开“图层3”图层“图层样式”对话框，选择“描边”选项设置参数，描边大小为16像素，位置为内部，填充类型为渐变，渐变条的设置与第4步一样，样式为角度，角度为42度，如图10-11所示。

（3）制作装饰圆点。打开“图层3”图层“图层样式”对话框，选择“投影”选项。设置为距离22像素，大小为27像素，为金属添加效果，使用“椭圆选框工具”绘制正圆，填充淡蓝色，如图10-12所示。

选择工具箱中的“椭圆工具”，在选项栏中选择“路径”选项，绘制以中心点出发的正圆路径。设置前景色为黑色，选择

图10-9　剪贴蒙版

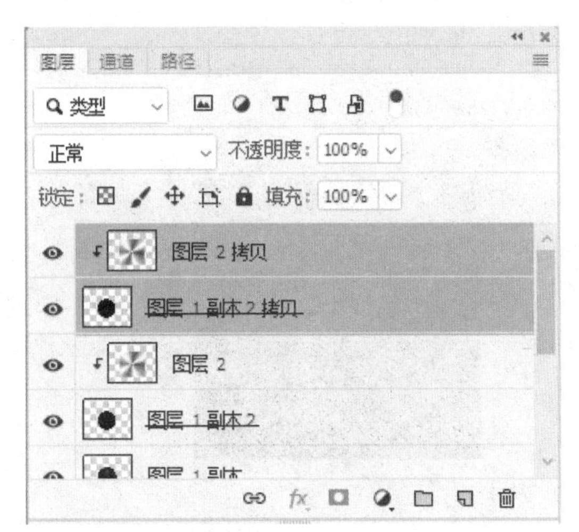

图10-10　图层副本剪贴蒙版

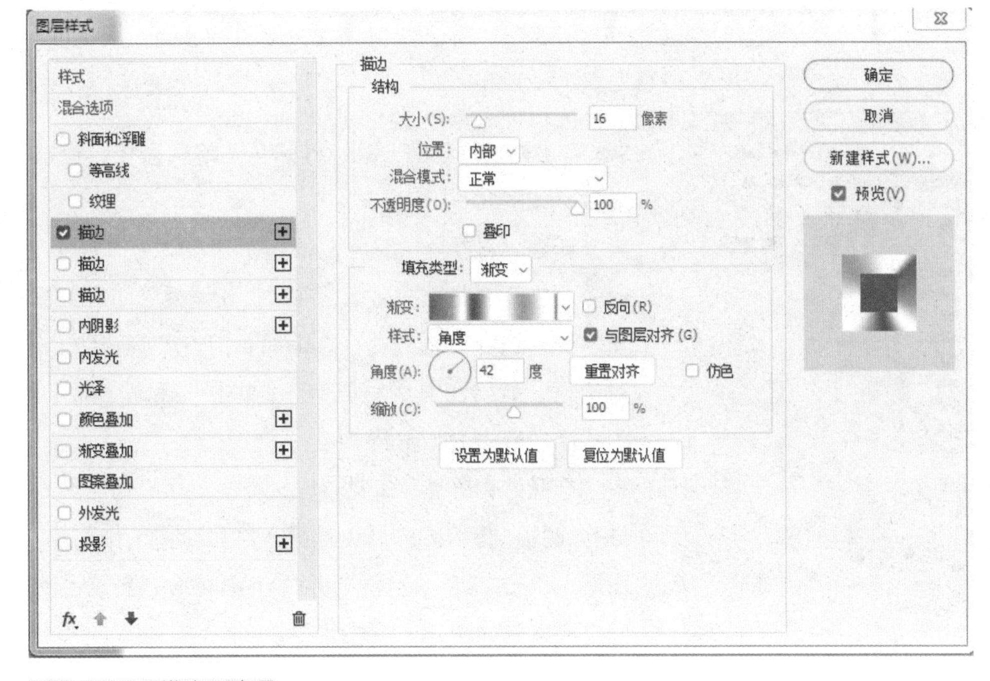

图10-11　“描边”选项

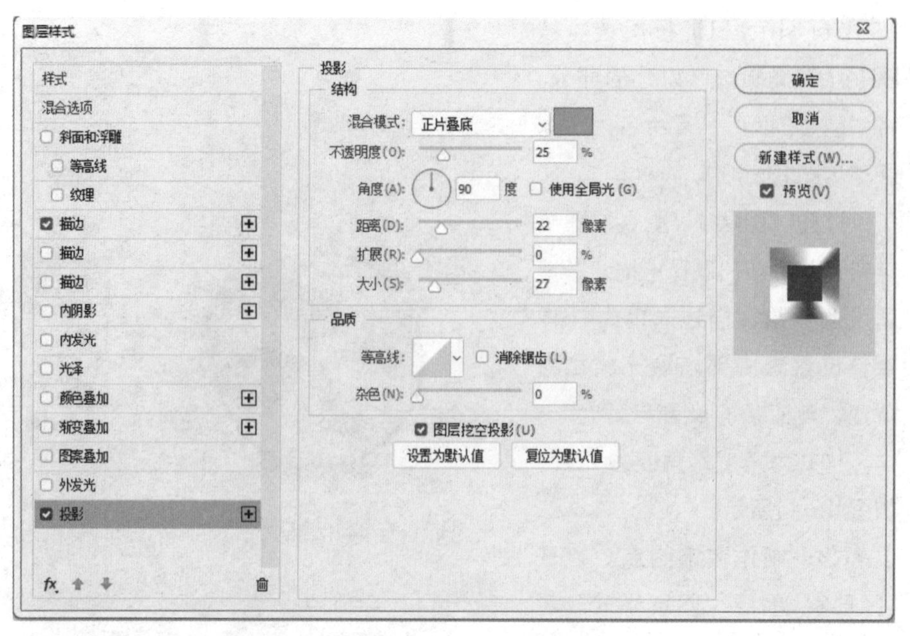

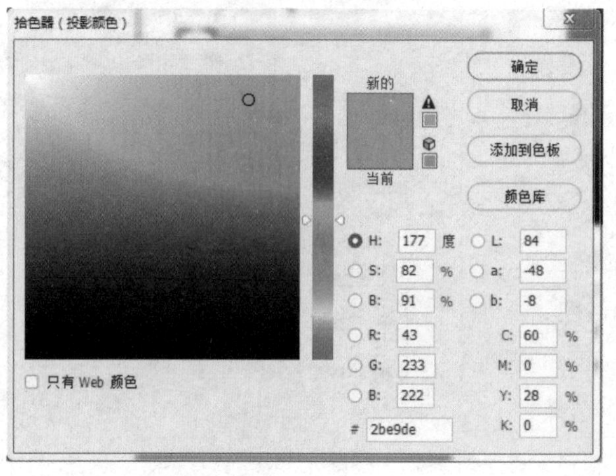

图10-12 “投影”选项

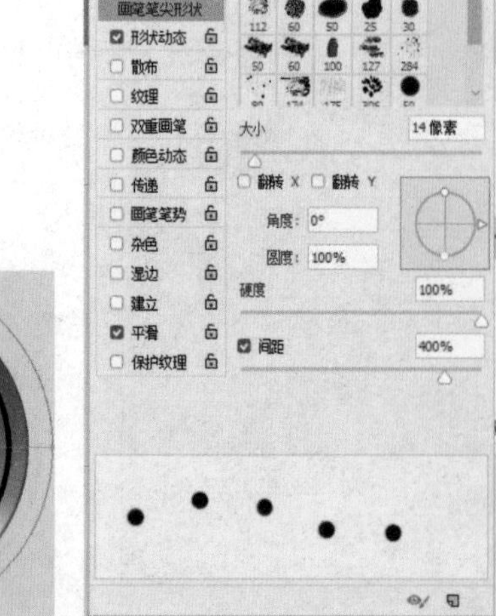

图10-13 “画笔”面板

“画笔工具”，按下F5键，打开“画笔”面板，设置参数，如图10-13所示。

新建“图层4”图层，执行“窗口”→“路径”命令，打开“路径”面板，在“工作路径”图层上单击右键，选择“描边路径”命令，打开“描边路径”对话框，选择工具为“画笔”，单击“确定”按钮，为路径进行描边（图10-14）。

选择“橡皮擦”工具，在进行描边后的路径下方进行涂抹，将下方的原点擦掉，然后在“工作路径”图层上单击右键，选择“删除路径”命令，将路径删除，其效果如图10-15所示。

至此，金属按钮的制作全部完成。

图10-14 路径描边

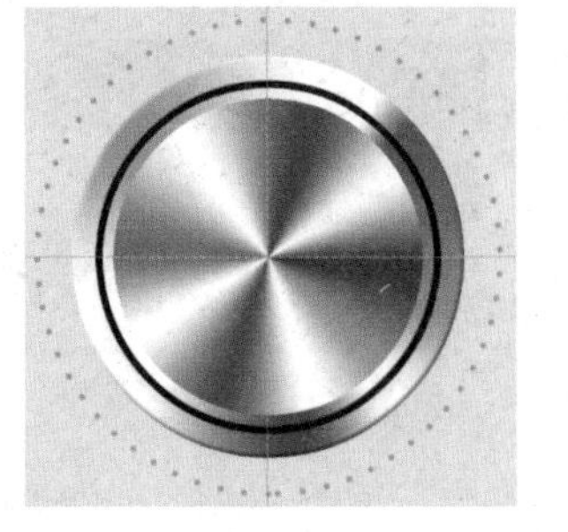

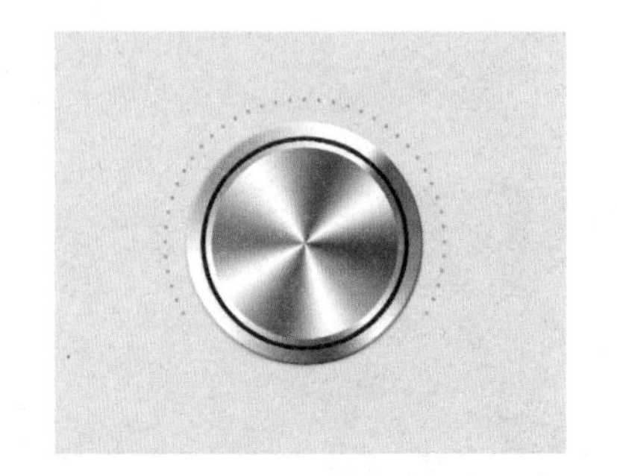

图10-15 金属效果

10.2 玻璃

10.2.1 任务引入

玻璃因为它透明靓丽的质感，自显精致，在手机UI设计中，很多UI按钮等部件设计常采用玻璃质感来体现。能设计制作玻璃质感的按钮是一名UI设计师的必备技能之一。

10.2.2 知识引入

10.2.2.1 内发光图层样式

可以将内发光想象为一个内侧边缘安有照明设备的隧道的截面。添加了“内侧发光”样式的层上方会多出一个“虚拟”的层，这个层由半透明的颜色填充，沿着下面层的边缘分布。

10.2.2.2 内阴影图层样式

内阴影就是物体内侧的阴影，光源在外侧，阴影投影到对象内侧的效果，对象看上去有厚度。

10.2.3 任务实现——玻璃质感的制作

10.2.3.1 任务分析

本案例主要运用“内发光”“内阴影”“投影”和“渐变叠加”图层样式制作按钮的立体感、发光边缘和投影效果。使用钢笔工具绘制按钮高光部分的形状，结合渐变叠加制作高光效果，高光部分运用“高斯模糊”滤镜制作高光的投影部分。

10.2.3.2 任务操作

（1）背景制作。点击“文件”→“新建”菜单，新建一个长800像素，宽600像素，分辨率为72dpi的画布。点击图层面板中的图层样式按钮 fx ，图层添加渐变叠加图层样式。浅色#fcc536，深色为#faa608。混合模式为正常，不透明度为100%，样式为径向，角度为0度，缩放为100%，如图10-16所示。

（2）按钮外形制作。绘制一个半径为300像素的圆角矩形，如图10-17所示。

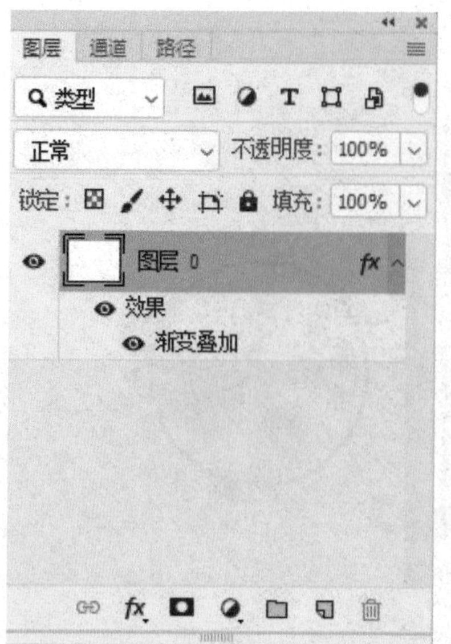

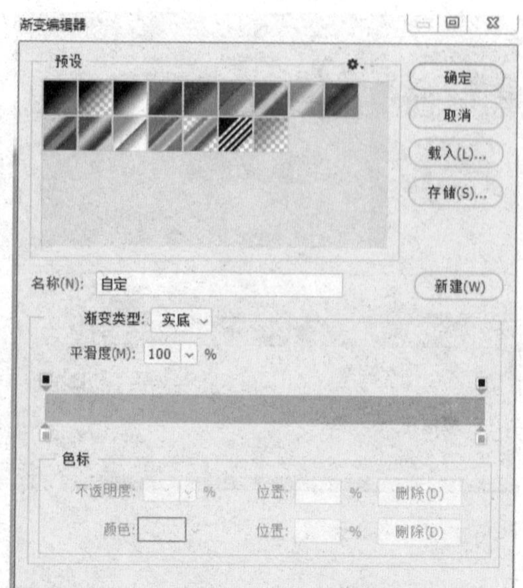

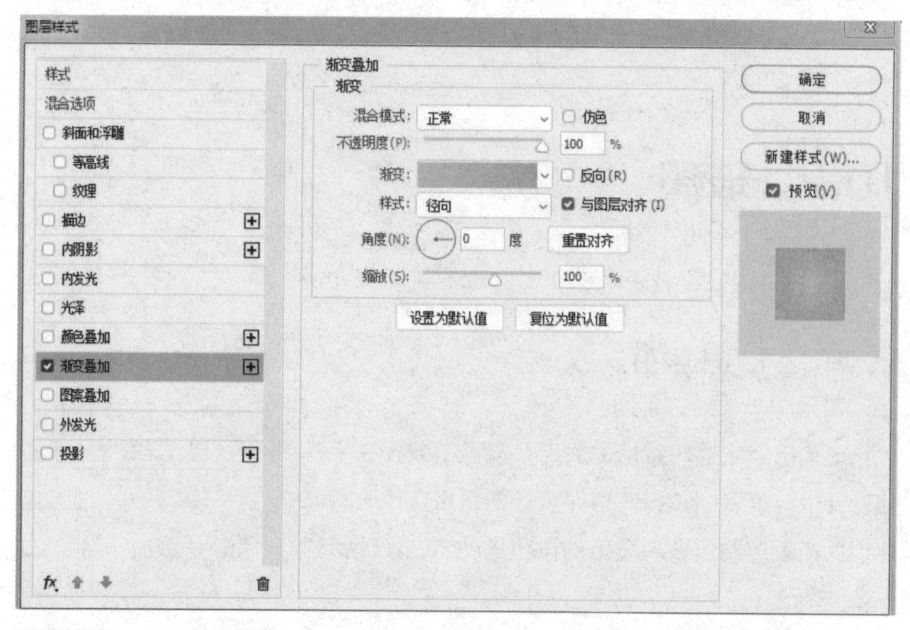

图10-16 渐变叠加样式

图10-17 圆角矩形

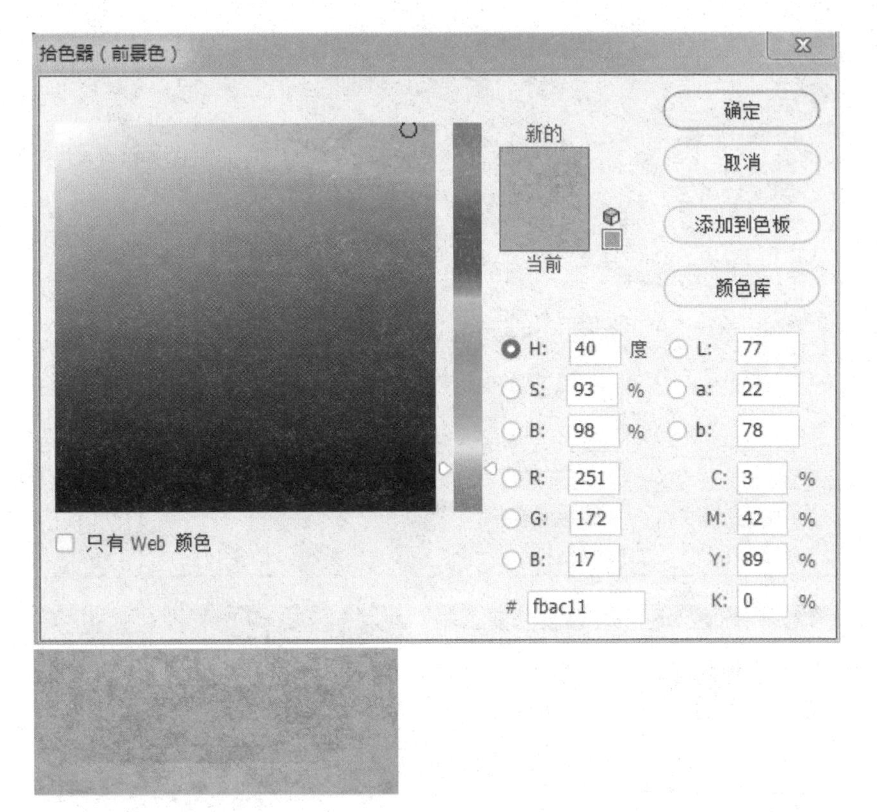

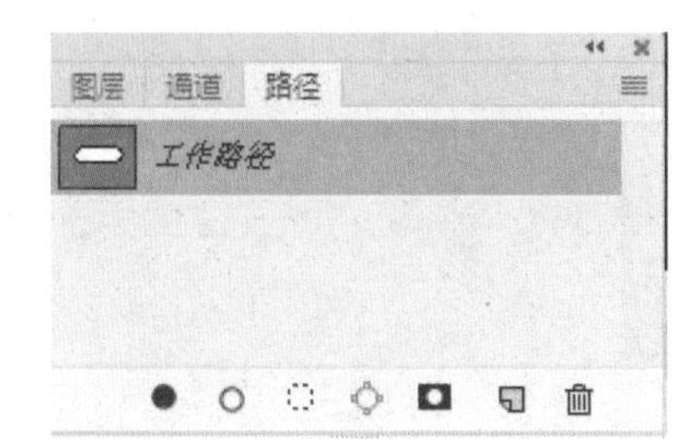

图层
通道
路径
工作路径
图10-18　选区载入

拾色器（前景色）
确定
取消
添加到色板
颜色库
新的
当前
H: 40 度
S: 93 %
B: 98 %
R: 251
G: 172
B: 17
L: 77
a: 22
b: 78
C: 3 %
M: 42 %
Y: 89 %
K: 0 %
只有 Web 颜色
fbac11
图10-19　颜色填充

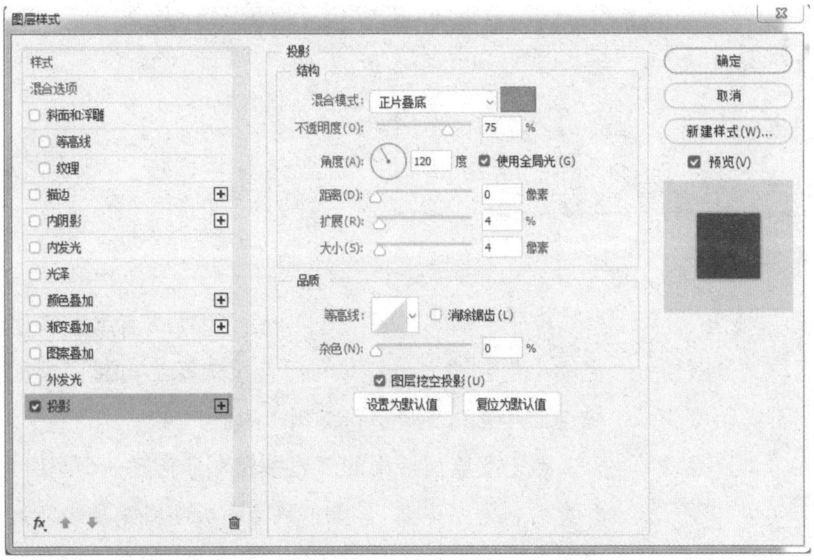

图层样式
样式
混合选项
斜面和浮雕
等高线
纹理
描边
内阴影
内发光
光泽
颜色叠加
渐变叠加
图案叠加
外发光
投影
投影
结构
混合模式: 正片叠底
不透明度(O): 75 %
角度(A): 120 度
使用全局光(G)
距离(D): 0 像素
扩展(R): 4 %
大小(S): 4 像素
品质
等高线:
消除锯齿(L)
杂色(N): 0 %
图层挖空投影(U)
设置为默认值
复位为默认值
确定
取消
新建样式(W)...
预览(V)
图10-20　“投影图层样式”对话框

选择路径面板，点击“将路径作为选区载入”按钮（图10-18）。

回到图层面板，点击新建按钮，新建一个空白图层，并将此图能重命名为“按钮”，并对选区进行填充，填充色为#fbac11（图10-19）。

点击“图层”面板中的“图层样式”按钮，在下拉菜单中选择“投影”，在“投影图层样式”对话框中，设置投影颜色为#cd6b00，不透明度为75%，角度为120度，距离为0像素，扩散为4%，大小为4像素，品质杂色为0%，如图10-20所示。

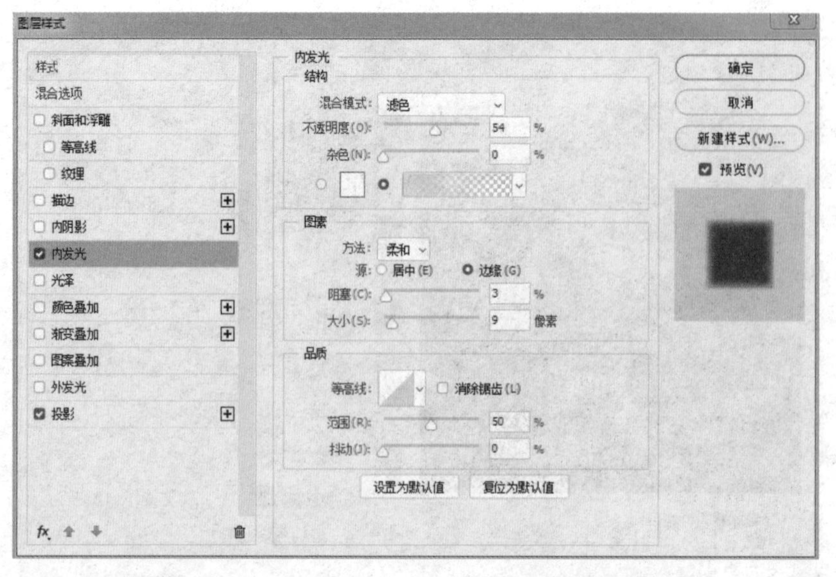

图10-21 “内发光”设置

点击“图层”面板中的“图层样式”按钮，在下拉菜单中选择“内发光”，在“图层样式”对话框中，设置渐变编辑器为黄色到透明，不透明度为54%，杂色为0%，阻塞为3%，大小为9像素，品质范围为50%，抖动为0%，如图10-21所示。

点击“图层”面板中的“图层样式”按钮，在下拉菜单中选择“内阴影”，在“图层样式”对话框中，设置内阴影颜色为#ffd2b，不透明度75%，角度为-90度，不勾选全局光，距离为3像素，阻塞为0%，大小为0像素，如图10-22所示。

（3）按钮高光制作。按住Ctrl键的同时点击“按钮”图层的图标，调出按钮的选区，然后点击路径面板下端的“将选区转换为路径”按钮（图10-23）。

点击“编辑”→“变换”→“缩放”菜单，将路径缩小到合适大小，并利用直接选择工具、添加锚点工具对路径进行编辑（图10-24）。

点击图层面板中的新建按钮，新建一个图层，并重命名为“亮部”，点击路径面板中将路径转换为选区按钮。设置前景色为淡黄色#ffebb6，同时按住Ctrl+Delete键，对选区进行填充（图10-25）。

点击图层面板中的图层样式按钮，为“亮部”添加投影效果，投影颜色为#f1b90d，不透明度为52%，角度为90度，距离为4像素，扩展为0%，大小为9像素，如图10-26所示。

点击图层面板中的图层样式按钮，为“亮部”添加渐变叠加效果，由淡黄色#ffebb6到中黄#faa608的渐变叠加。不透明度为100%，样式为线性，角度

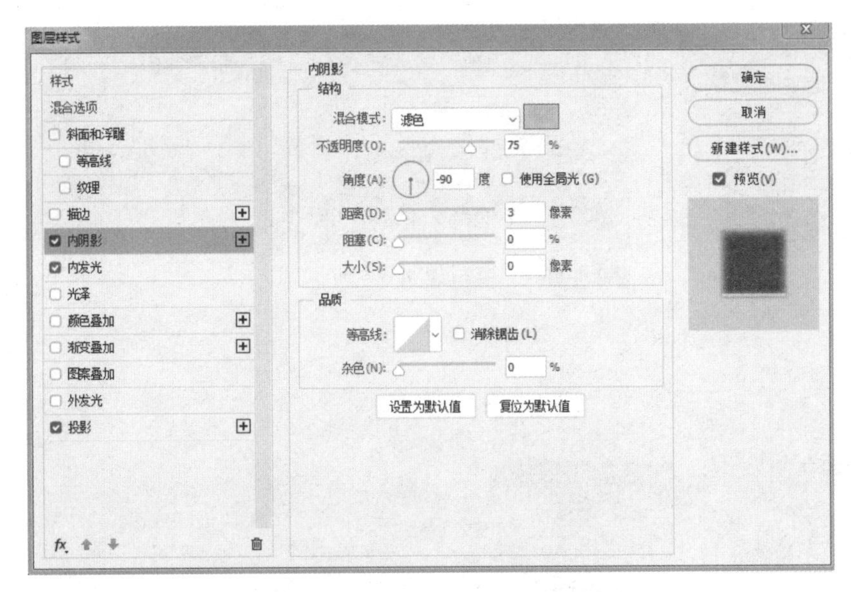

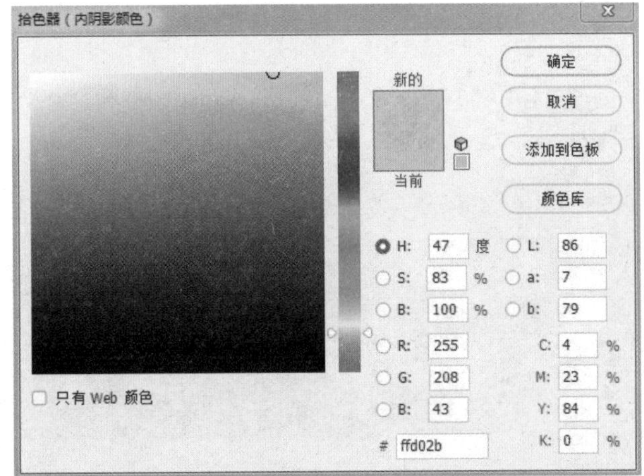

图10-22 “内阴影”设置

图10-23 选区转换为路径

为-90°，缩放为100%，如图10-27所示。

（4）高光投影制作。选择圆角矩形工具，半径设置为450像素，绘制一个圆角矩形，如图10-28所示。

点击路径面板中新建按钮，新建一个图层并重命名为“亮部投影”，并将图层放在“亮部”图层下方，在路径面板中，点击将路径转换为选区按钮，将前景色设置为黄色#fcc130，并用前景填充选区，如图10-29所示。

点击“滤镜”→“模糊”→“高斯模糊”菜单，模糊半径为8，如图10-30所示。

（5）高光、反光细节制作。新建一个图层，命名为“反光”，放在“亮部投影”图层下方。选择椭圆工具，设置羽化值为30像素，绘制一个椭圆在按钮中部，并填充为亮黄色# fcd330，再选择矩形工具，把刚填充的椭圆在按钮之外的部分选中并删除（图10-31）。

同理，制作按钮的高光以及对按钮细节的调整（图10-32）。

（6）按钮投影制作。绘制一个圆角矩形，选择柔边画笔，画笔大小为40像素，在背景图层上方，新建一个图层，重命名为“大投影”，在路径面板中点击鼠标右键，在弹出的下拉列表中选择“描边路径”。在描边路径对话框中选择“画笔”（图10-33）。

图10-24　锚点添加

图10-25　前景色填充

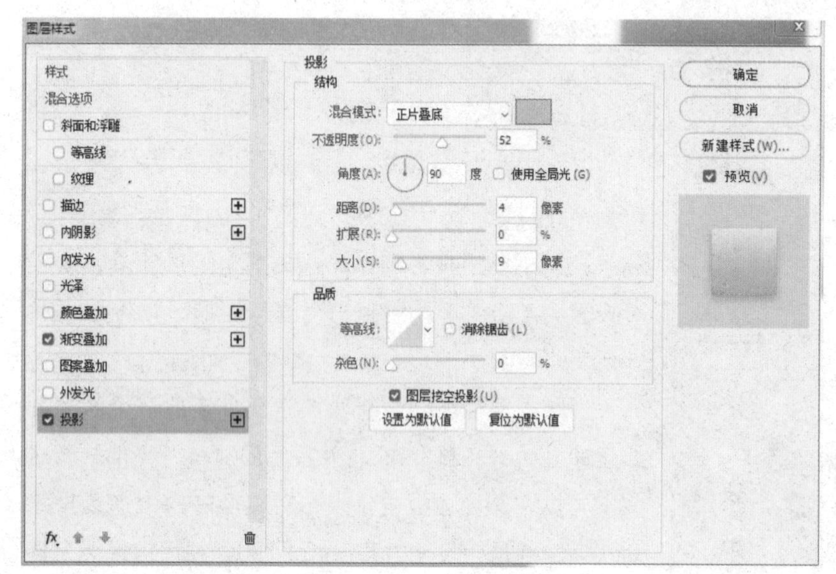

图10-26　投影添加

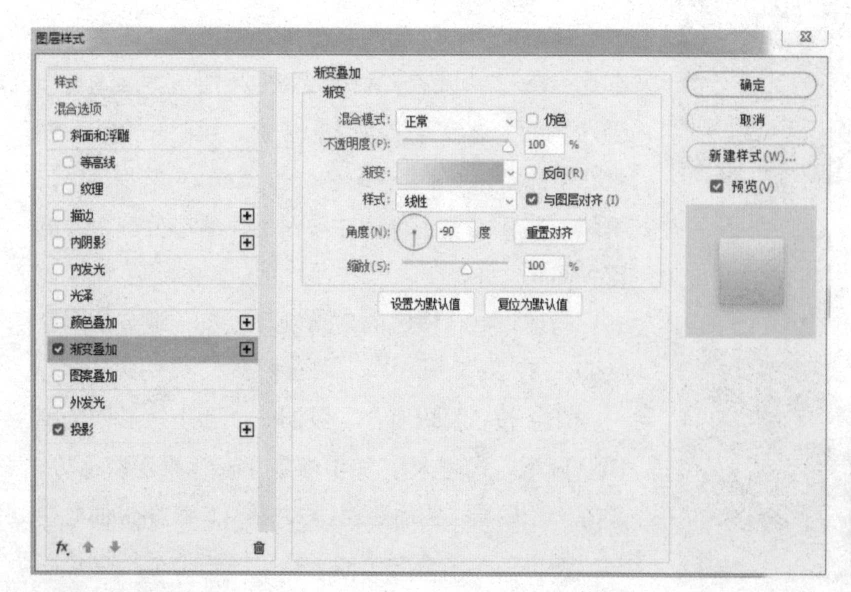

图10-27　渐变叠加

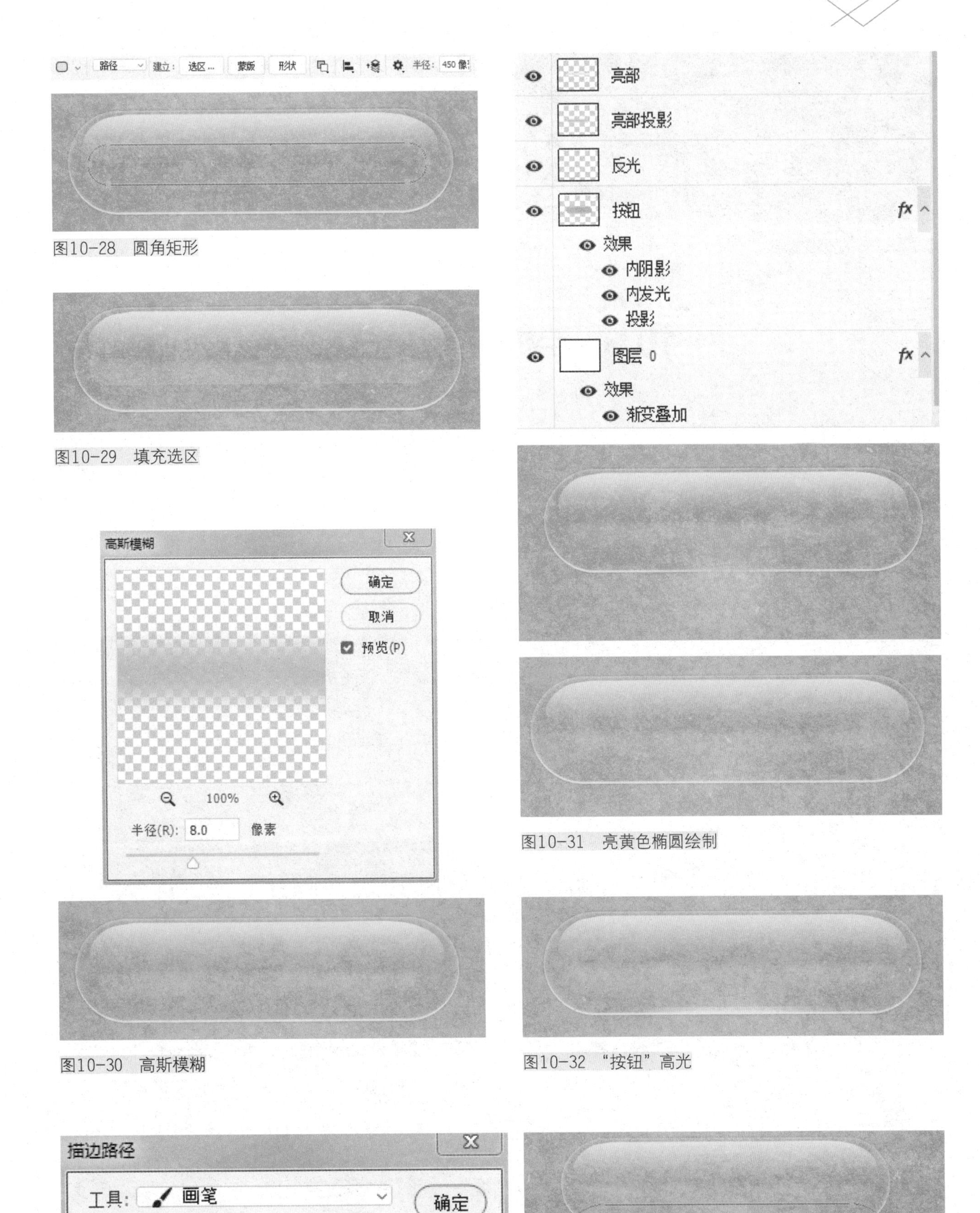

图10-28 圆角矩形

图10-29 填充选区

图10-30 高斯模糊

图10-31 亮黄色椭圆绘制

图10-32 “按钮”高光

图10-33 路径描边

图10-34　大投影效果

在路径面板中点击鼠标右键，在下拉菜单中选择“删除路径”，再调整大投影的大小和位置，其效果如图10-34所示。

至此，玻璃质感的制作基本完成，可以对相应元素进行一定的调整，以达到最佳效果。

10.3　手机光滑表面

设计手机UI，离不开手机效果图的制作，漂亮美观、真实感强的手机光滑表面制作有助于更好地体现手机UI设计的效果。

10.3.1　任务引入

本任务中，主要学会结合不同的工具绘制手机的外形，大量运用图层的“图层样式”效果来为形状添加效果，使手机表现完美的立体感和质感。

10.3.2　知识引入

10.3.2.1　图层面板

在图层面板中，效果前面的眼睛图标用来控制效果的可见性，如果要隐藏一个效果，可以关闭该效果名称前的眼睛图标，如果要显示一个图层的所有效果，可单击该图层效果前的眼睛图标。隐藏效果后，在原眼睛图标处单击，可以重新显示效果。

10.3.2.2　渐变工具

选择“渐变工具”后，在图像上方会出现“渐变工具”的选项栏，单击渐变按钮，会弹出“渐变编辑器”对话框，从中设置渐变条，完成后单击“确定”按钮，选择线性渐变图标，在图像上按住鼠标左键拖拉出来渐变条，可为图像填充渐变。

10.3.3　任务实现——手机表面的制作

10.3.3.1　任务分析

本任务完成手机表面的制作，主要通过“描边”图层样式为手机外壳增加金属质感和厚度感，使用“内阴影”和“渐变叠加”图层样式为手机屏幕添加质感效果，使用钢笔工具绘制手机底部按钮形状，用“渐变叠加”图层样式添加光感和质感效果，用矩形工具绘制手机外部开关按钮，使用渐变填充工具和“内发光”图层样式添加光感和质感效果。

10.3.3.2　任务操作

（1）手机外壳质感制作。执行“文件”→“新建”命令，或按下Ctrl+N，打开“新建”对话框。设置宽度和高度分别为1280像素、1024像素，分辨率为72dpi，完成后单击“确定”按钮，新建一个空白文档。选择“圆角矩形工具”，在选项栏中设置填充为黑色，半径为40像素，在图像上拖曳并绘制基本型，如图10-35所示。

在图层面板中点击图层样式按钮，选择“描边”，设置描边大小为4像素，位置为内部，不透明度为100%，角度为-148度，如图10-36、图10-37所示。

在图层面板中点击图层样式按钮，选择“投影”，设置投影角度为-7度，距离为0像素，扩展为2%，大小为18像素，如图10-38所示。

（2）手机屏幕制作。设置前景色为R116、G116、B116，选择“矩形工具”，在图像上绘制矩形，为其添加“内阴影”图层样式，选项设置不透明度57%，阻塞5%、大小为24像素，如图10-39所示。

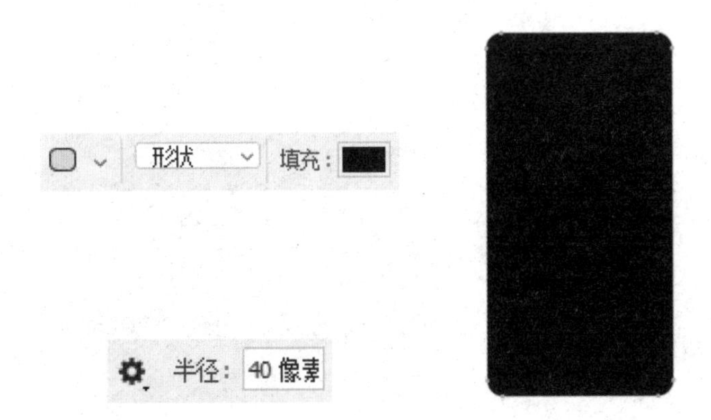

图10-35　手机轮壳

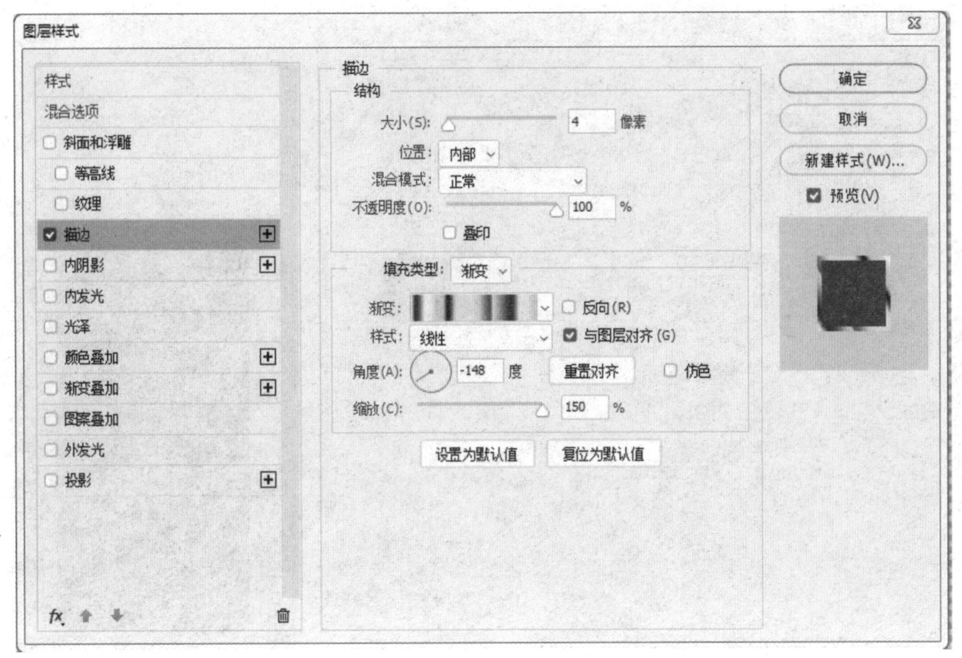

图10-36　“描边”对话框

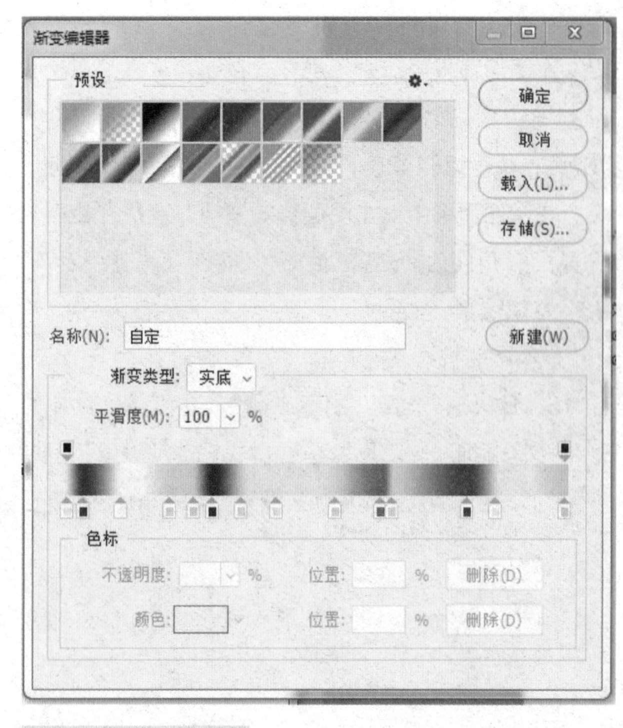

图10-37 渐变编辑器

（3）手机底部按钮制作。设置前景色为R32、G32、B32，选择“椭圆工具”，按住Shift键绘制正圆。将该图层进行复制，改变椭圆的颜色为黑色，按住键盘上键，移动椭圆的位置（图10-40）。

选择“钢笔工具”，在选项栏中选择“路径”选项，在开关键上面绘制路径（图10-41）。

将路径转换为选区，新建“图层1”图层，填充黑色，打开“图层样式”对话框，选择“渐变叠加”选项，设置不透明度为40%，渐变条从左到右一次为R108、G110、B116、R28、G31、B37，角度为143度，添加效果（图10-42）。

（4）手机屏幕高光制作。使用同样的方法绘制形状，打开“图层样式”对话框，选择“描边”选项，设置大小2像素，位置内部、填充颜色渐变，设置渐变色，从左到右依次为R155、G155、B160、

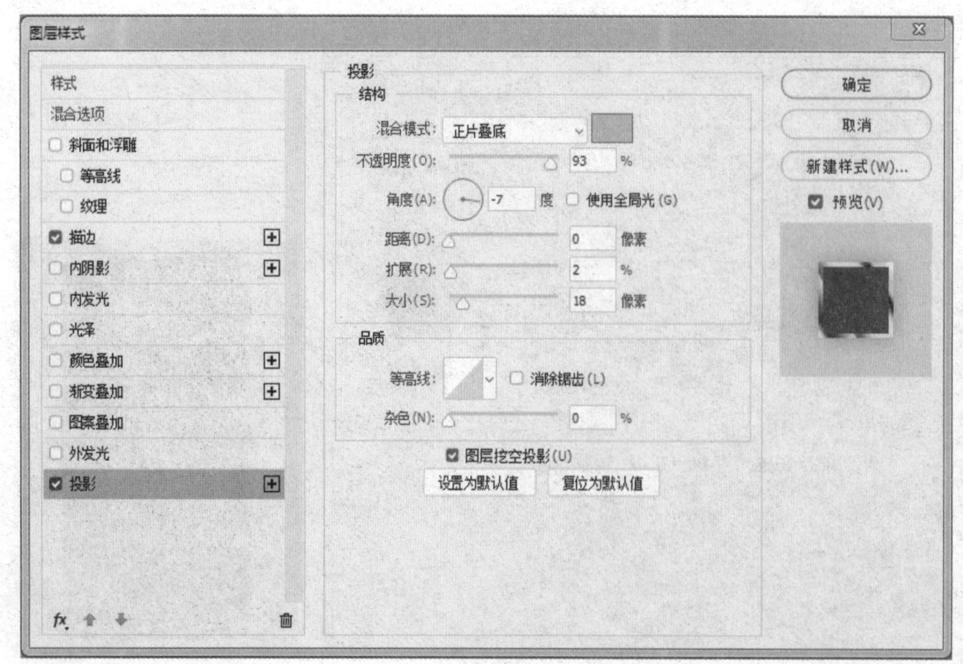

图10-38 “投影”选项

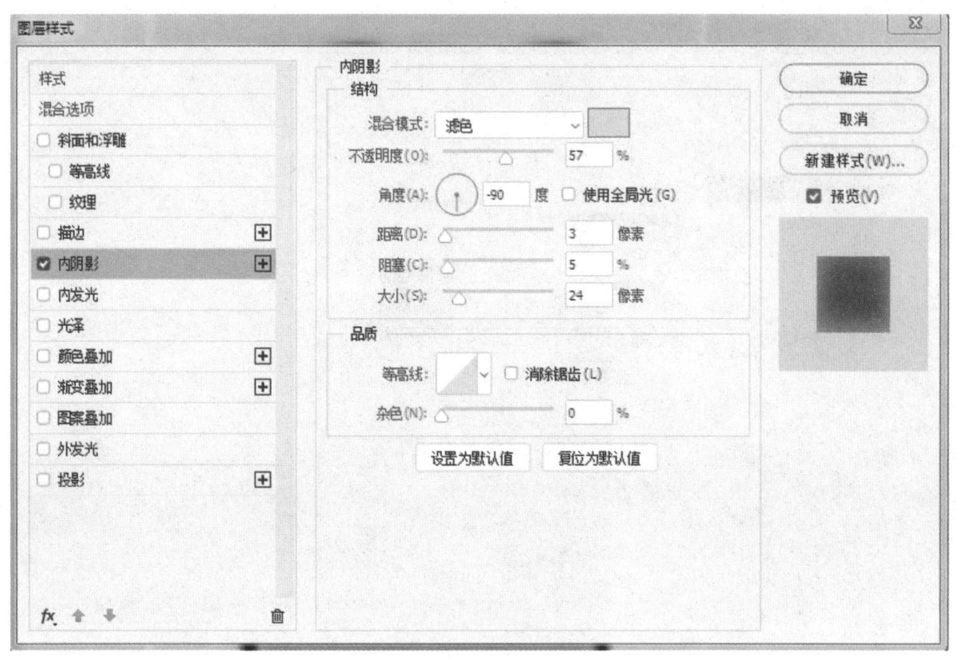

图10-39 “内阴影”选项

图10-40 底部按钮

图10-41 路径绘制

图10-42 渐变叠加效果

R79、G84、B89，角度-34度，为其添加描边效果（图10-43）。

选择“钢笔工具”绘制选区，新建图层，设置前景色为白色，选择渐变工具，选择有前景色到透明按钮。对选区进行渐变填充，并将图层面板的填充不透明度设置为45%（图10-44）。

绘制一个椭圆，选择“描边”选项，设置大小为1像素，位置为内部，颜色为R31、G31、B31，再选择“渐变叠加”图层样式，颜色由R43、G43、B43渐变到R48、G48、B48。对刚才画的椭圆图层进行

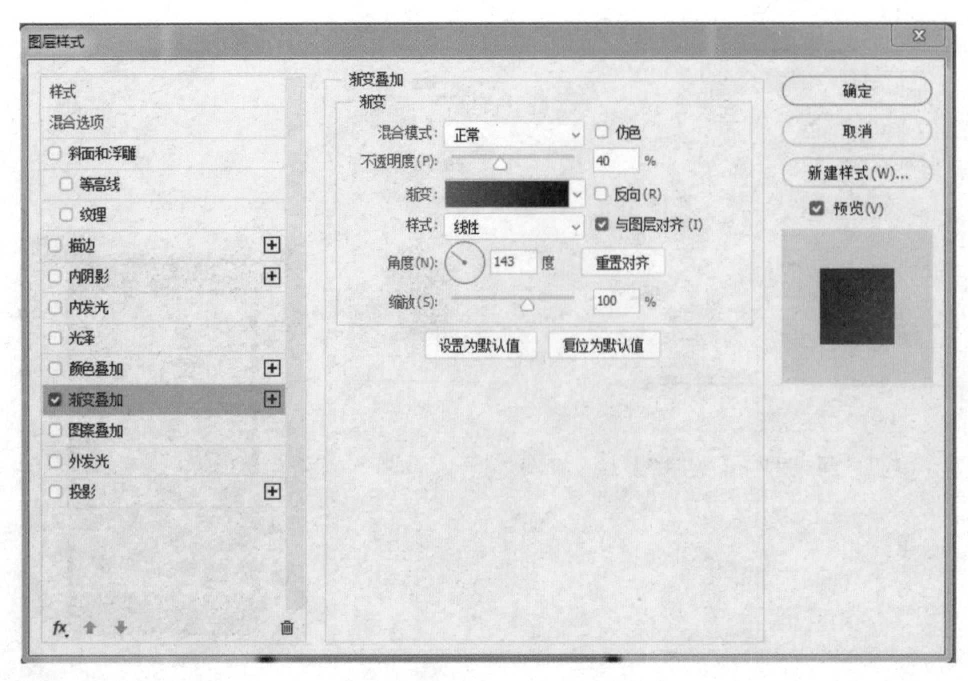

图10-43 “渐变叠加”对话框

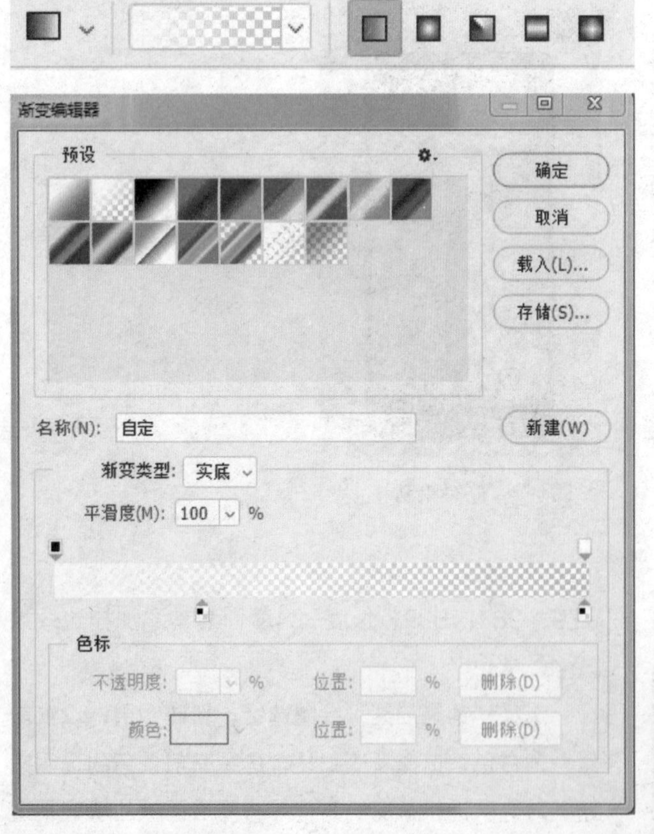

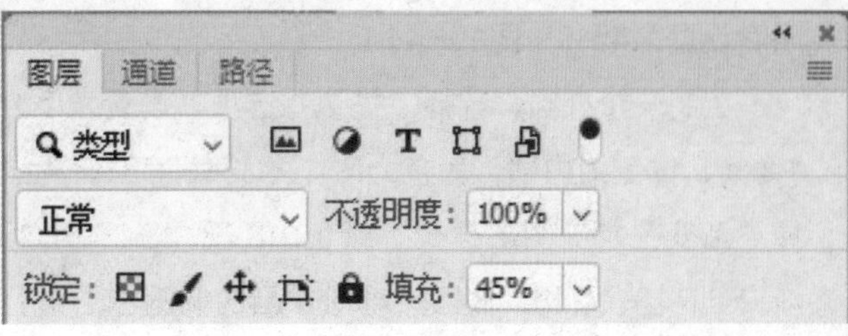

图10-44 三角形渐变填充

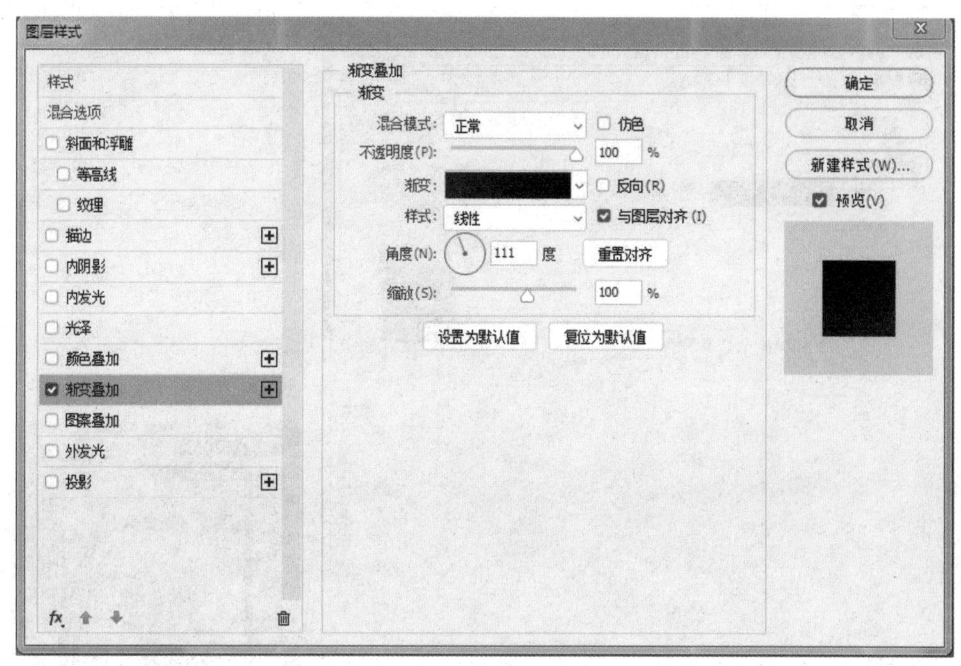

图10-45 “渐变叠加”对话框（一）

复制，并置于下一层，然后去掉“描边”图层样式，按快捷键Ctrl+T，将椭圆等比放大一点（图10-45）。

选择椭圆工具，绘制一个椭圆，并进行“渐变叠加”图层样式，设置由R47、G47、B47渐变到R21、G21、B21（图10-46）。

（5）开关音量按钮制作。选择“矩形选框工具”绘制选区，新建图层，选择渐变填充工具，设置渐变条从左到依次为R0、G0、B0渐变到R145、G145、B145到R0、G0、B0“内发光”选项，设置参数，添加效果（图10-47）。

点击图层面板下方的图层样式按钮，选择“内发光”选项，设置不透明度为60%，颜色为白色，源：边缘大小5像素，如图10-48所示。

按下快捷键Ctrl+T，将矩形等比缩小到合适大小，选择该图层，将其移动到“图层”面板中的最下方，将该图层复制3次，移动位置，放置到合适的位置（图10-49）。

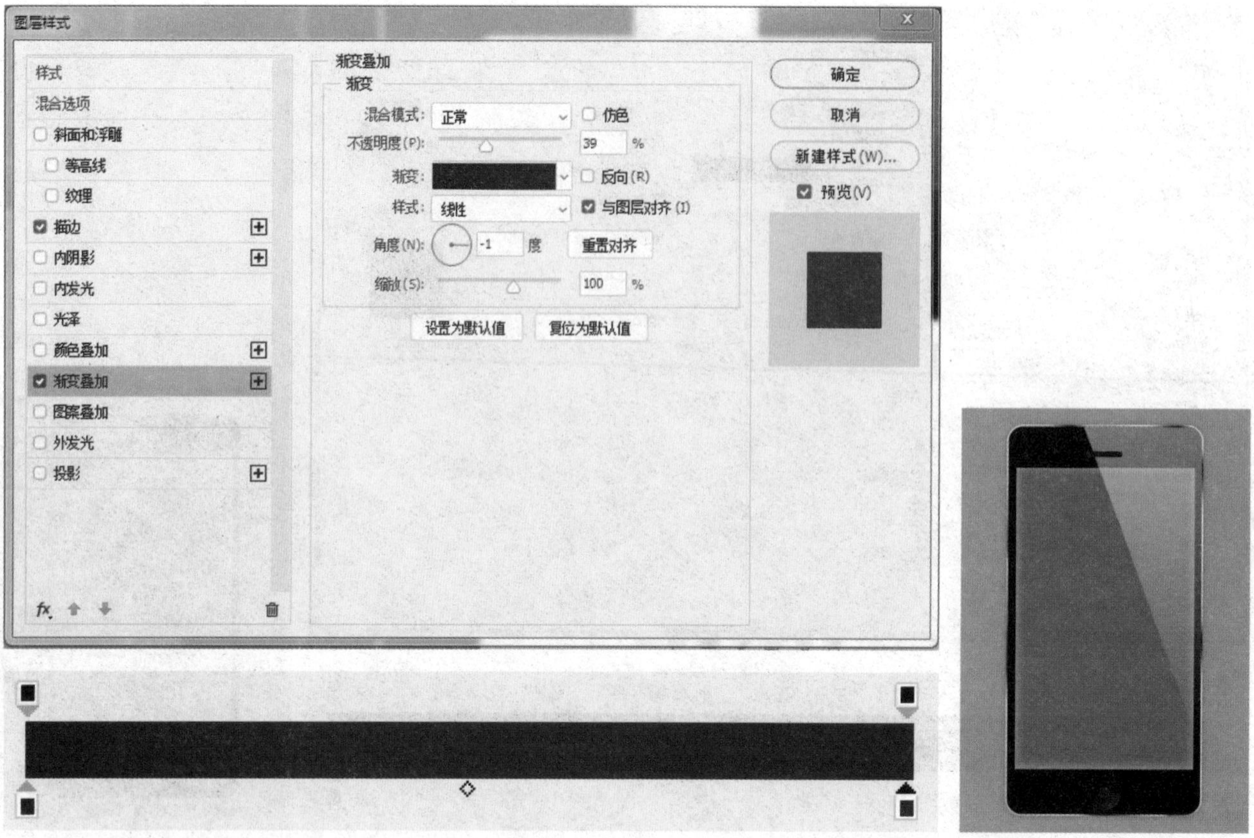

图10-46 “渐变叠加”对话框

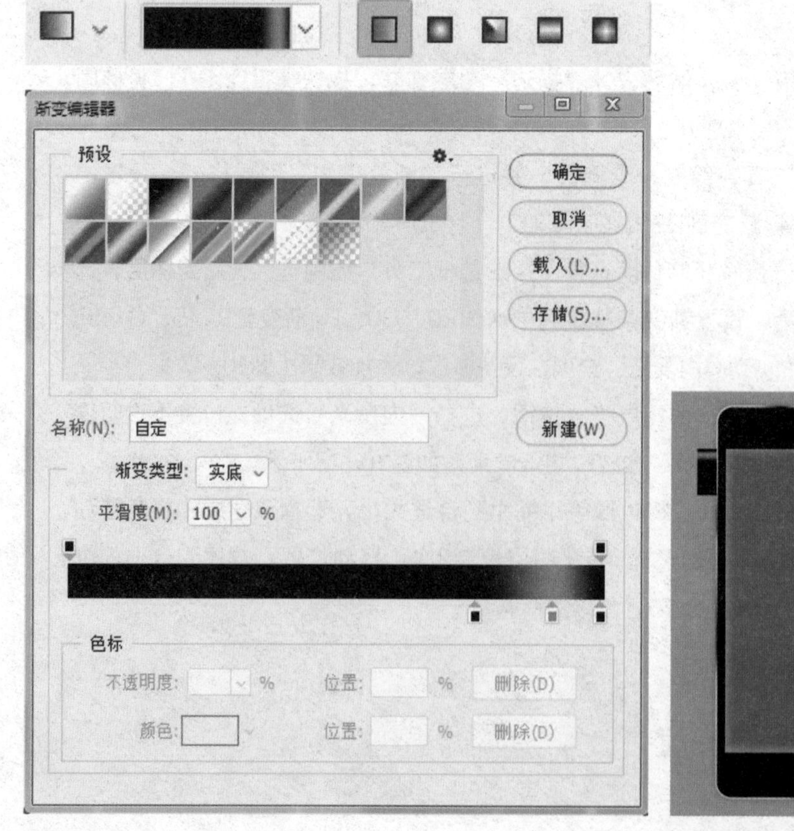

图10-47 “内发光”颜色

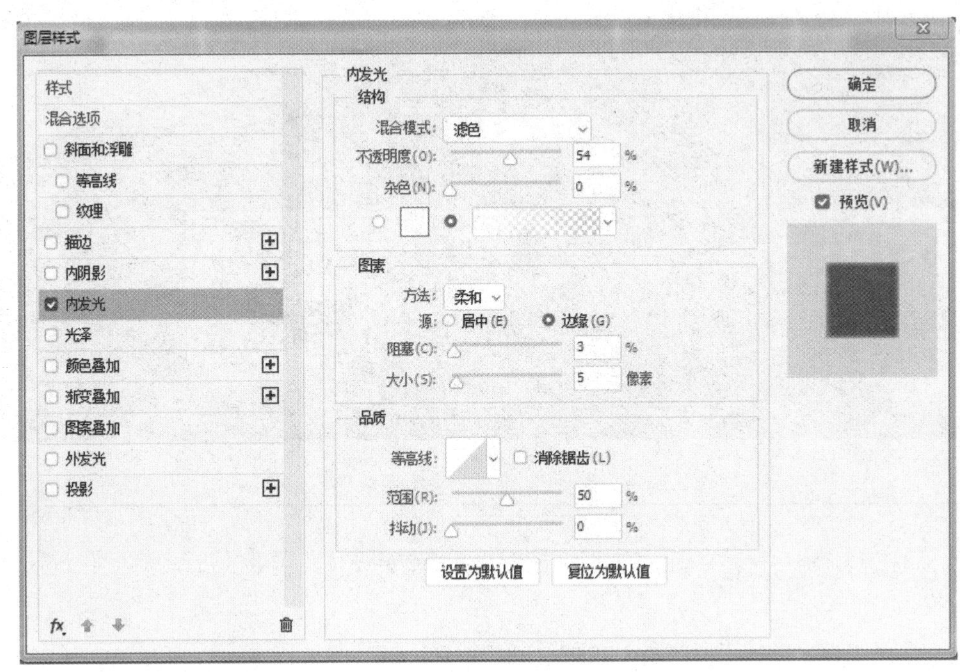

图10-48 “内发光”选项

图10-49 手机表面制作效果

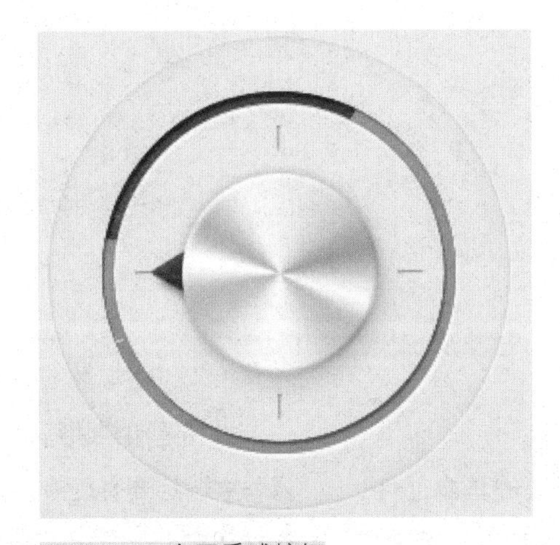

图10-50 金属质感按钮

金属质感按钮

要求：结合所学知识，制作如图10-50所示的金属质感按钮。

项目11

手机App界面元素设计

素材

PPT 课件

学习目标

1. 灵活运用图层样式、绘图工具、形状工具进行对象的绘制和编辑。
2. 掌握按钮、开关、进度条、搜索栏、列表框、标签栏的基础知识和制作方法。

11.1 按钮

11.1.1 任务引入

按钮是移动UI界面设计中不可或缺的基本部件，在各种App应用程序中都少不了按钮的参与，通过它可以完成很多的任务。因此，按钮的设计是最基本的，也是最重要的。

11.1.2 知识引入

11.1.2.1 按钮的表现形式

按钮在移动UI界面中是启动某个功能，运行某个动作的触动点。常见的按钮外观包括了圆角矩形、矩形、圆形等。当然，有的应用程序为了表现其独特、个性化的设计效果，也会设计出异形的按钮（图11-1）。

11.1.2.2 按钮的状态

按钮是用户执行某项操作时所接触的对象，因此在操作中一定要有反馈，让用户明白发生了什么，这就要求按钮在设计中需要制作出几种不同的状态。按钮通常包含了5种不同的状态，他们分别是默认状态、悬浮状态、按下状态、忙碌状态、禁用状态，他们分别表示用户在使用按钮过程中所呈现出来的不同显示效果。

按钮设计过程中，在确保按钮外观不变的前提下，我们可以通过阴影、渐变、发光灯特效的编辑来创建按钮的不同状态。

11.1.3 任务实现——立体化按钮的设计

11.1.3.1 任务知识分析

首先使用椭圆工具绘制一个椭圆，再使用“投

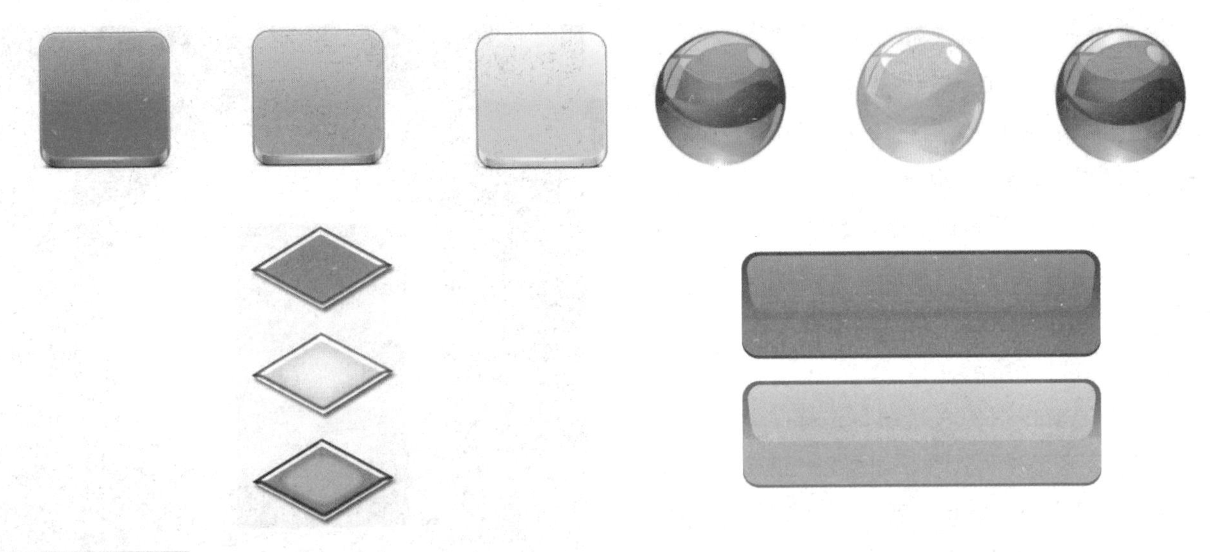

图11-1　按钮形式

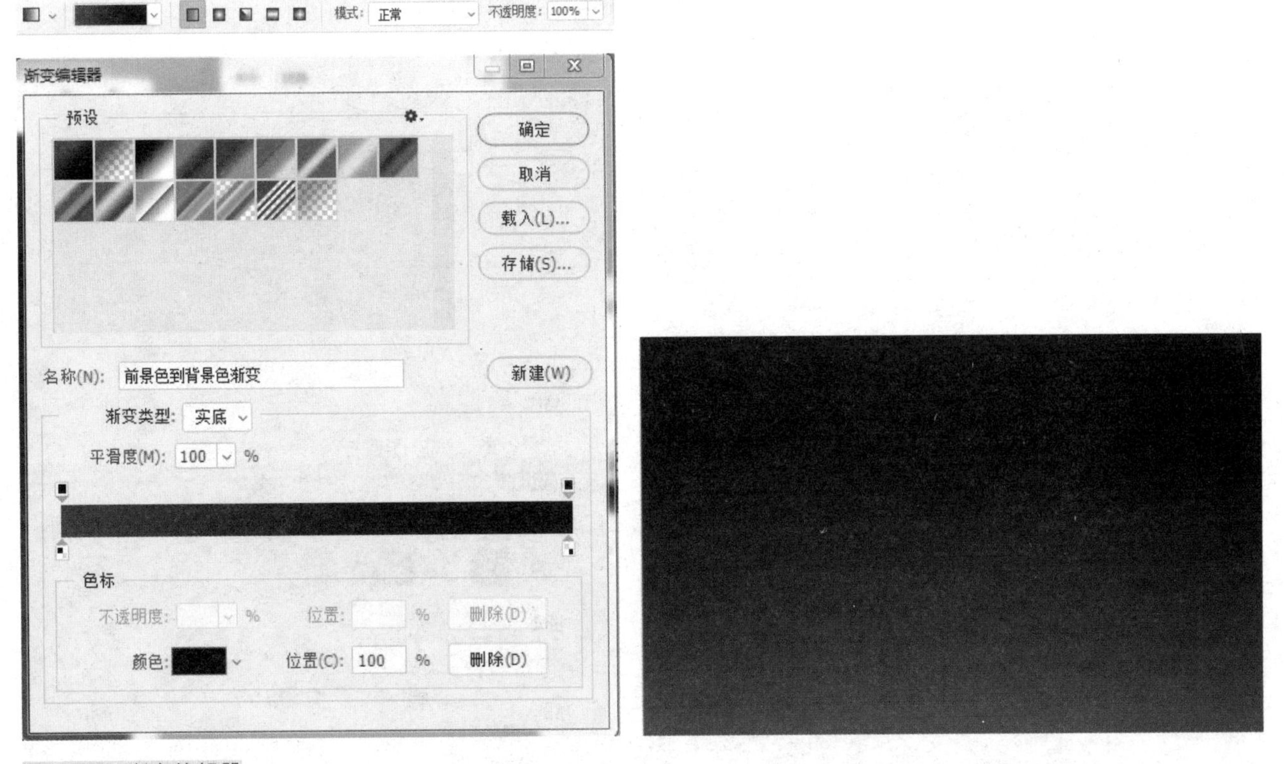

图11-2　渐变编辑器

影”“内发光”图层样式制作出球体基础形状，然后绘制球体高光，使用渐变填充制作球体亮部，用画笔绘制球体暗部，用矩形选框工具绘制球体高光，再用“球面化”滤镜将高光透视变形，使用渐变绘制出光感，最后使用图层样式完善整个作品。

11.1.3.2　任务操作

（1）按钮底部形状制作。新建文件，设置宽度为850像素，高度为500像素，单击确定按钮。设置前景色为R81、G81、B81，背景色为R0、G0、B0，然后选择，在渐变编辑器中选择前景到背景按钮，单击确定按钮，在属性栏选择线型填充。按住鼠标从上往下拖曳，对背景层进行填充（图11-2）。

新建一个图层，选择选区椭圆工具，在图层1上绘制一个正圆，设置前景颜色为蓝色R6、G170、

B247，按Alt + Delete键填充颜色（图11-3）。

单击图层窗口下的 fx 按钮，选择“投影”选项，设置不透明度为30%，角度为90度，距离为20像素，大小为90像素，如图11-4所示。

单击图层窗口下的 fx 按钮，选择“内发光”选项，设置混合模式为正片叠底，不透明度为80%，颜色为深蓝色R4、G56、B251，阻塞为10，大小为20像素，如图11-5所示。

单击图层窗口下的 fx 按钮，选择“渐变叠加”选项，设置不透明度为20%，如图11-6所示。

（2）按钮亮部的制作。新建一个图层，使用选区工具选取一个椭圆形，如图11-7所示。

图11-3 颜色填充

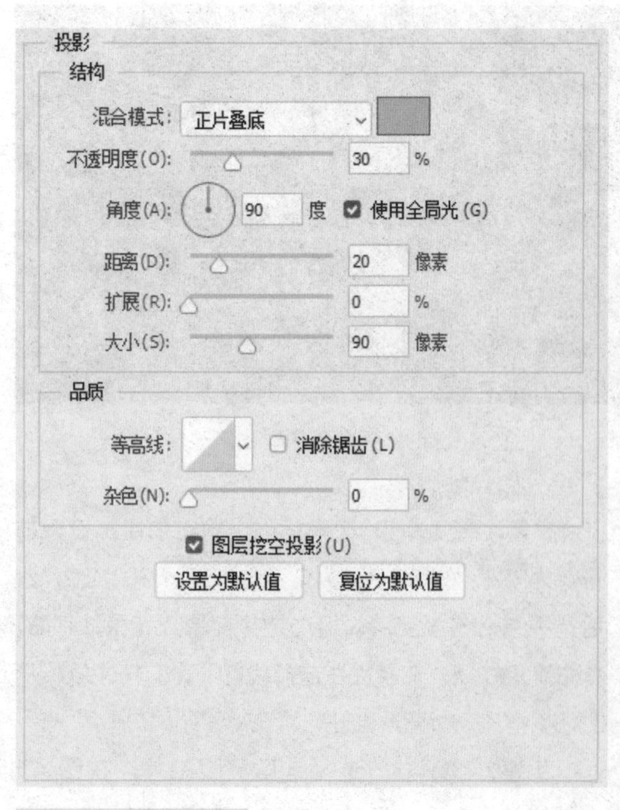

图11-4 “投影”选项

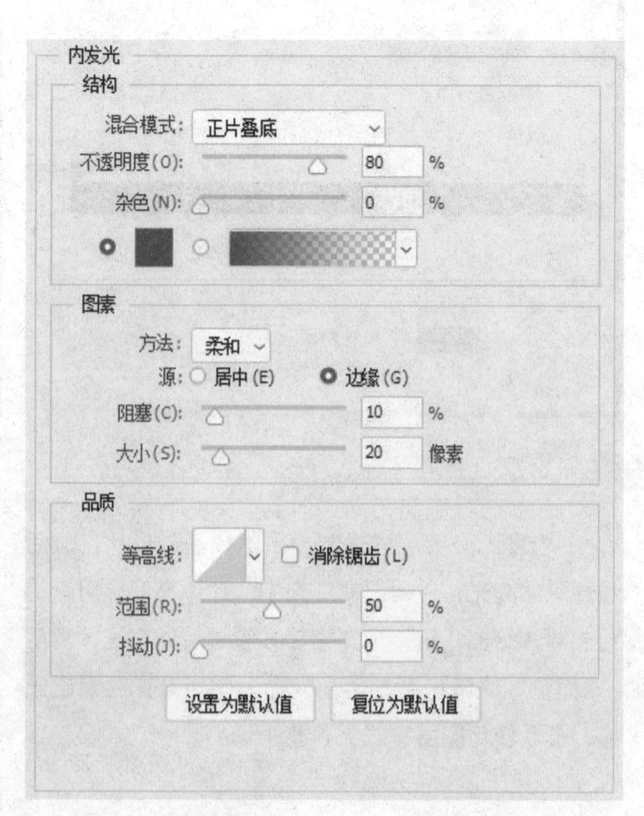

图11-5 “内发光”选项

设置前景色为白色R250、G250、B250，选择渐变工具，选择线性渐变并更改渐变方式为由白色到透明，按住鼠标左键，在选区内从上到下拉伸出如图11-8所示上白下虚的效果。

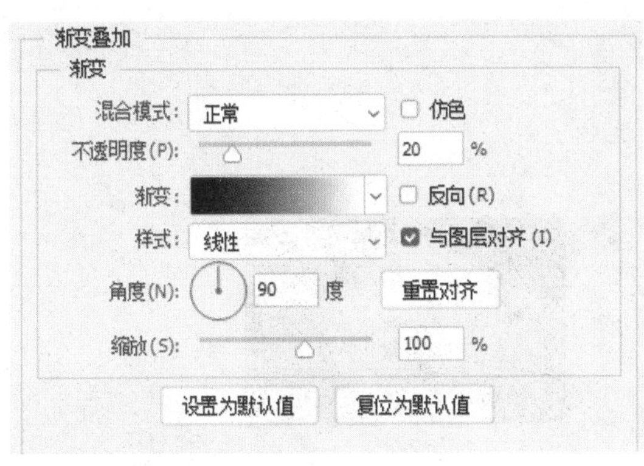

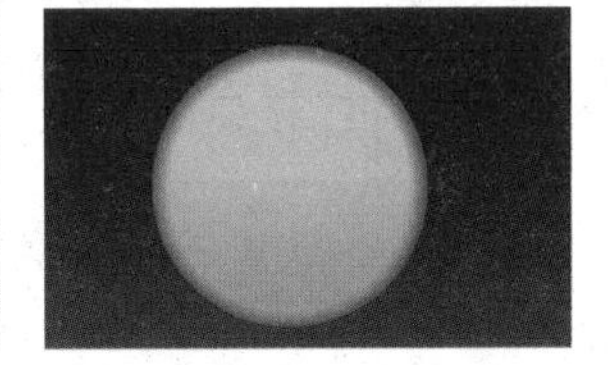

图11-6 “渐变叠加”选项

图11-7 椭圆形

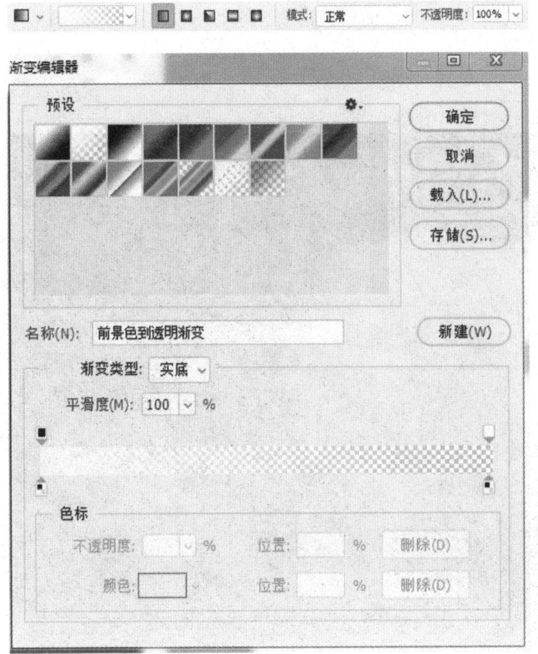

图11-8 椭圆渐变填充

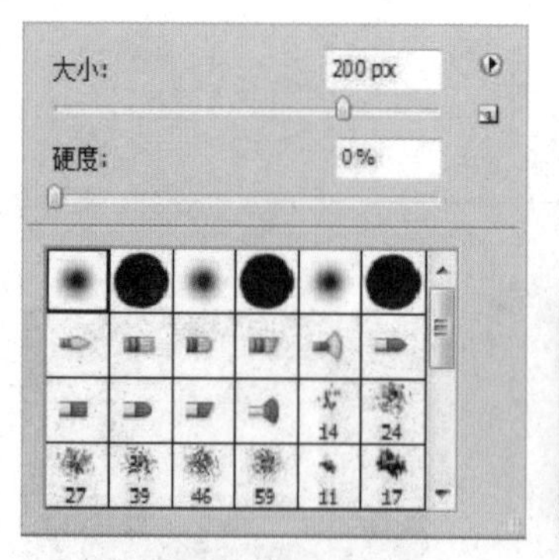

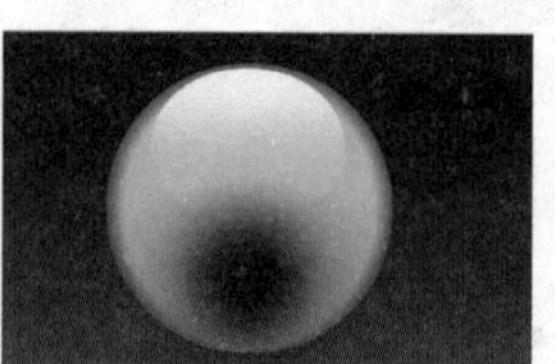

图11-9　黑色暗部

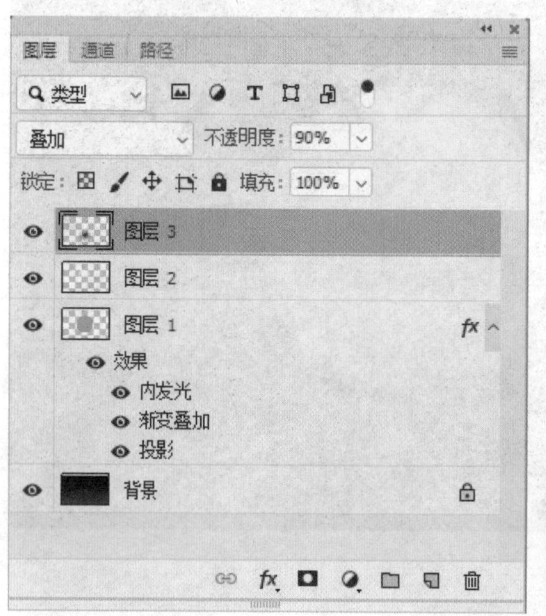

图11-10　叠加模式效果

（3）按钮暗部的制作。设置前景色为黑色，选择画笔工具，设置大小为200px，硬度为0，在球体上偏下的位置点击，如图11-9所示。

选择当前图层，设置叠加模式为“叠加”，不透明度为90%，如图11-10所示。

（4）按钮高光的制作。使用选区工具绘制两个矩形，并将其填充为白色，如图11-11所示。

图11-11　矩形框

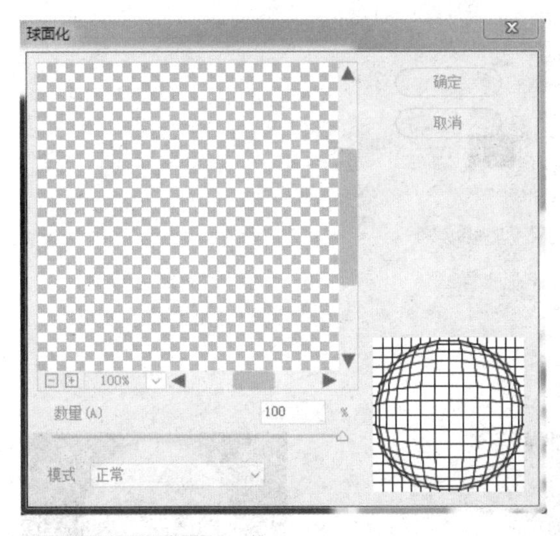

图11-12 球面化

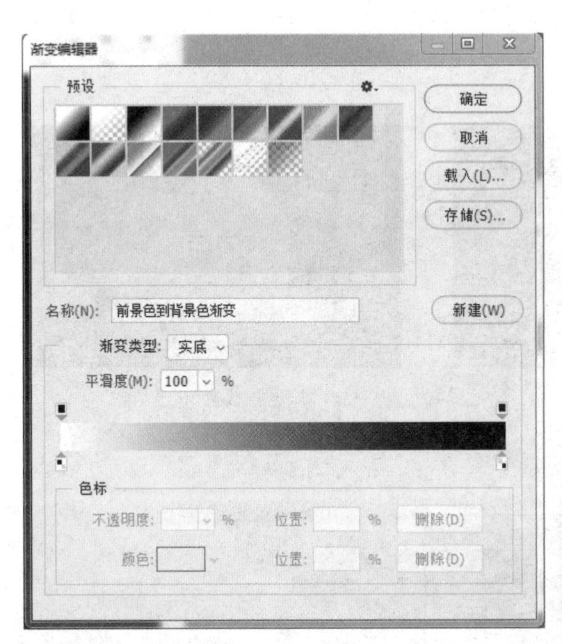

图11-13 渐隐效果

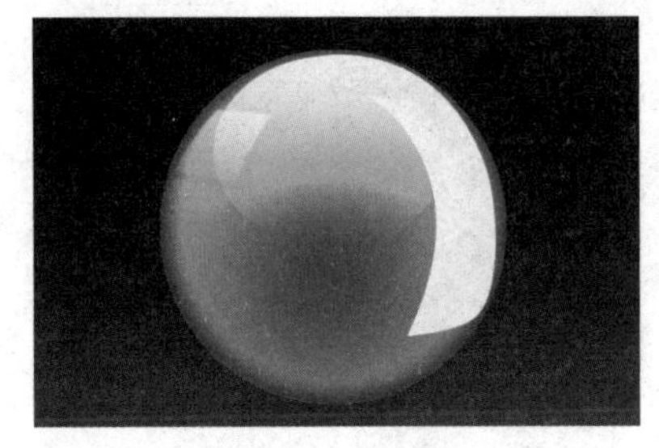

图11-14 路径转换选区

图11-15 填充效果

选择当前白色矩形图层，执行“滤镜→扭曲→球面化”命令，将白色矩形变形，然后按快捷键Ctrl+T，将白色矩形缩小，并移到合适位置，如图11-12所示。

点击图层面板中的添加图层蒙版按钮，给当前层添加蒙版，设置前景色为白色，背景色为黑色，选择渐变工具，在渐变编辑器中选择从前景到背景按钮，按住鼠标左键由上往下拖曳，使其出现渐隐效果，如图11-13所示。

新建一个图层，使用钢笔工具绘制球体右侧亮部，点击路径面板上的“将路径转换为选区按钮”，得到如下选区并填充白色（图11-14）。

设置该图层不透明度为50%，使用第（3）步的方法，使其出现渐隐效果（图11-15）。

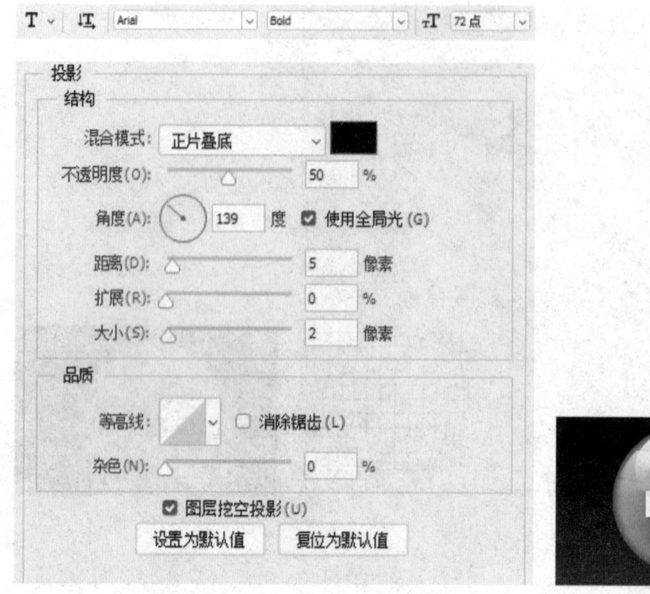

图11-16 “投影”图层样式

（5）文本输入。选择文字工具，输入文字，并对文字进行“投影”图层样式的设置（图11-16）。

在背景图层上新建一个图层，并填充为蓝色R6、G144、B250（图11-17）。

图11-17 蓝色背景

（6）背景制作。新建图层，设置前景色为白色，背景色为黑色，执行“滤镜→渲染→云彩”命令（图11-18）。

图11-18 “云彩”效果

将图层调整为正片叠底模式，执行“滤镜→模糊→动感模糊”命令，在弹出的窗口中，设置角度为-61度，距离为962像素，如图11-19所示。

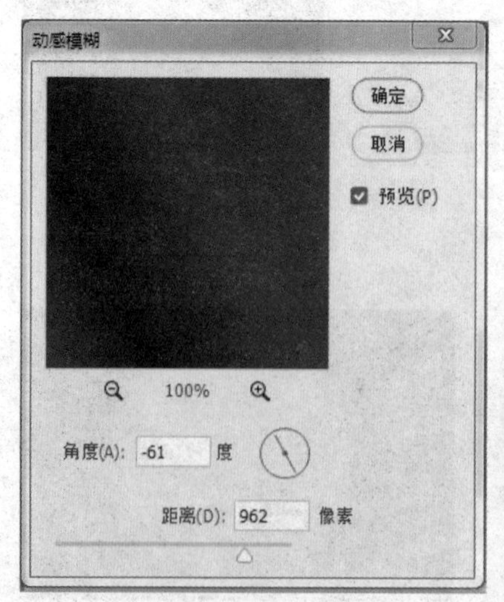

图11-19 动感模糊

图11-20　柔边橡皮擦除

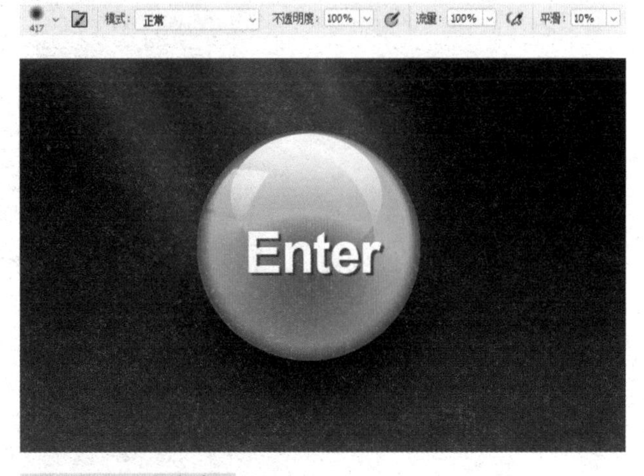

图11-21　球体效果

选择柔边橡皮，擦除多余部分（图11-20）。

新建一个图层，点击画笔工具，选择柔边画笔，设置大小与球体大小相当，硬度为0的黑色笔刷。再按Ctrl+T，使用自由变换工具，将其压缩成球体的阴影状（图11-21）。

至此，扁平化按钮的设计基本完成，但设计效果可以根据实际需求对各元素进行调整，以达到更佳的效果。

11.2　开关

11.2.1　任务引入

开关是移动UI界面中经常会遇到的一个控件，它能够对界面中某个功能或设置进行开启和关闭，外观设计非常丰富。

11.2.2　知识引入

11.2.2.1　复选框

复选框开关允许用户从选项中选择多个，通过勾选的方式来对功能或设置的状态进行控制。如果需要一个列表中出现多个开关设置，选择开关类型中的复选框开关是一种节省空间的好方式（图11-22）。

11.2.2.2　单选按钮

单选按钮开关只允许用户从一组选项中选择一个，如果用户认为需要看到所有可用的选项并排显示，最好选择使用单选按钮开关进行界面设计，这样更加节省空间（图11-23）。

11.2.2.3　ON/OFF开关

如果只有一个开启和关闭的选择，则不要使用复选框开关，使用ON/OFF开关比较合适。ON/OFF开关可以切换单一设置选择的状态，开关控制的选项以

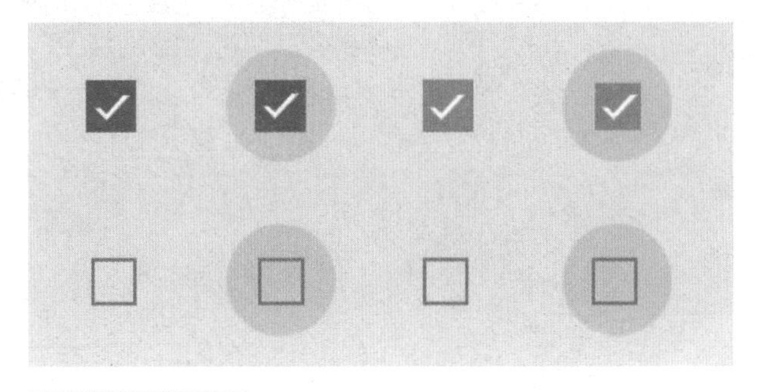

图11-22　复选框

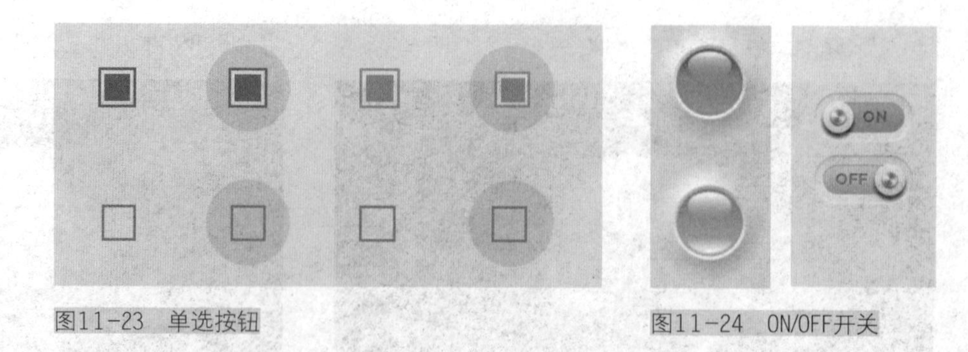

图11-23 单选按钮

图11-24 ON/OFF开关

及它的状态，应该明确地展示出来，并且与内部的标签相一致。开光通过动画来传达被聚焦和被按下的状态（图11-24）。

11.2.3 任务实现——立体开关的设计

11.2.3.1 任务分析

该任务主要使用圆角矩形工具绘制开关的外形，使用“下面浮雕”“外发光”“内发光”和“渐变叠加”图层样式制作开关的立体感。

11.2.3.2 任务实现

（1）开关基层的制作。执行菜单：“文件→新建”（快捷键Ctrl+N），弹出新建对话框，设置名称：按钮；宽度：570像素；高度：400像素；分辨率：72dpi；颜色模式：RGB颜色、8位；背景内容：白色。设置完毕后单击确定按钮。

在图层面板上单击创建新图层按钮，新建一个图层1，设置前景色为R235、G235、B234，按Alt+Delete前景色填充快捷键进行填充。

在工具箱选择圆角矩形工具，并按住键盘中Shift键不放，在工作区拖出一个圆角矩形，按键盘快捷键Ctrl+Enter转换为选区，设置前景色为蓝色R6、G146、B254，按Alt+Delete前景色填充快捷键进行填充，按键盘快捷键Ctrl+D取消选区（图11-25）。

图11-25 圆角矩形

右击图层1，选择混合选项，进入图层样式对话框，选择“投影”选项，不透明度为50%，角度为-90度，距离为1像素，大小为1像素（图11-26）。

右击图层1，选择混合选项，进入图层样式对话框，选择“外发光”选项，混合模式为正常，不透明度为75%，颜色为蓝色R1、G113、B252扩展为0%，大小为8像素，如图11-27所示。

右击图层1，选择混合选项，进入图层样式对话框，选择“内发光”选项，混合模式为滤色，不透明度为73%，颜色为淡黄色R254、G248、B148，阻塞为0%，大小为10像素，如图11-28所示。

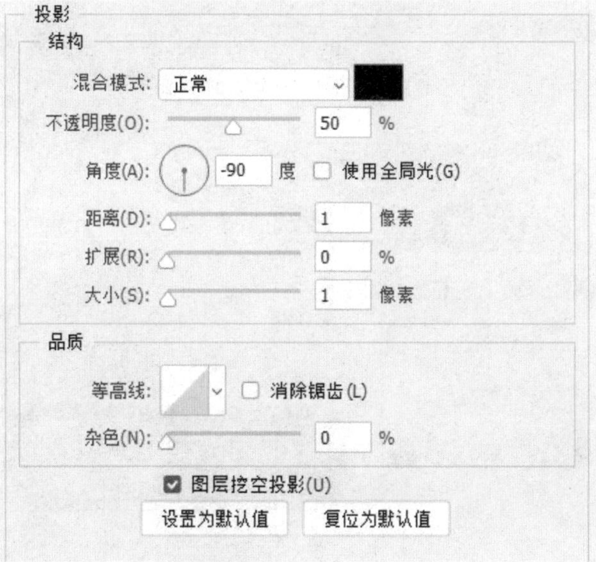

图11-26　投影图层模式

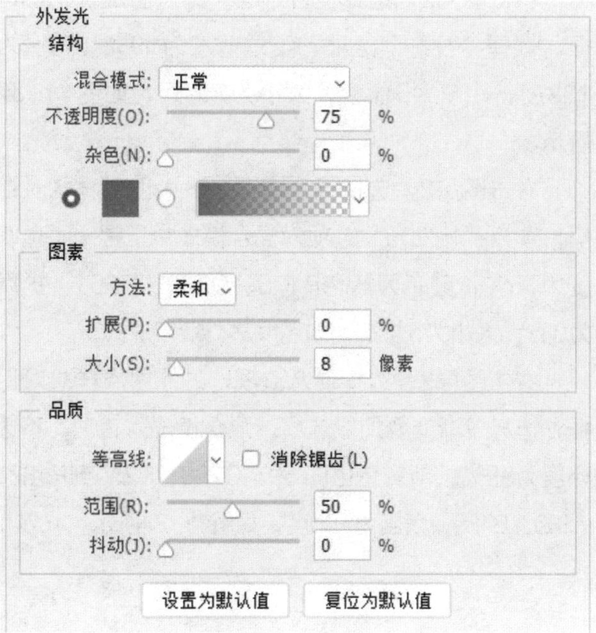

图11-27　外发光图层模式

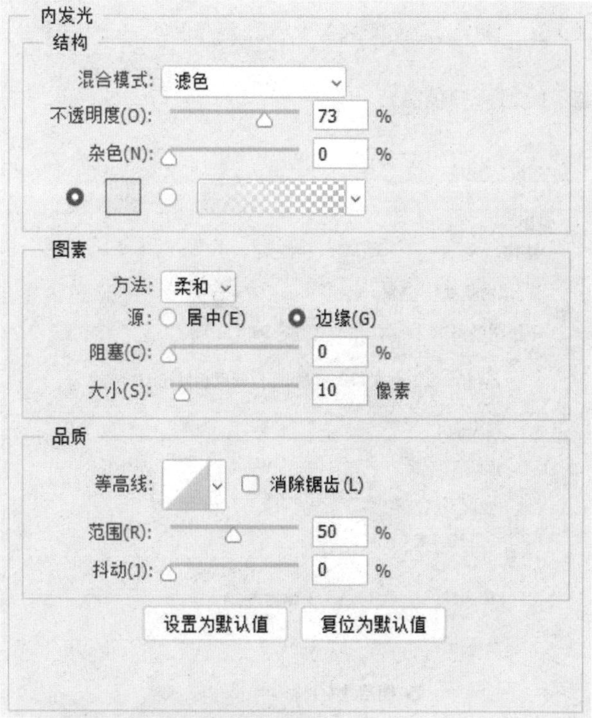

右击图层1，选择混合选项，进入图层样式对话框，选择“斜面和浮雕”选项，样式为内斜面，深度为1000%，大小为13像素，软化0像素，角度为120度，高度为45度，高光模式为柔光，蓝色R2、G178、B252，如图11-29所示。

右击图层1，选择混合选项，进入图层样式对话框，选择“渐变叠加”选项，混合模式为正常，不透明度为53%，渐变色由R6、G142、B206到R99、G214、B252到R24、G162、B208，角度为90度，如图11-30所示。

（2）开关部件的制作。在图层面板上单击创建新图层按钮，新建一个图层1，在工具箱选择圆角矩形工具，并按住键盘中Shift键不放，在工作区拖出一个圆角矩形，按键盘快捷键Ctrl+Enter转换为选区，设置前景色为白色，按Alt+Delete前景色填充快捷键进行填充，按键盘快捷键Ctrl+D取消选区（图11-31）。

图11-28　内发光图层模式

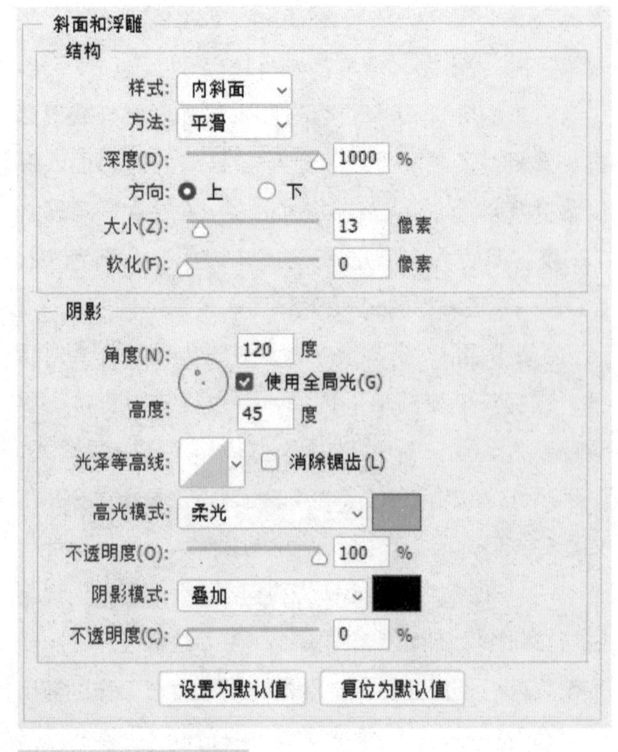

图11-29 斜面和浮雕

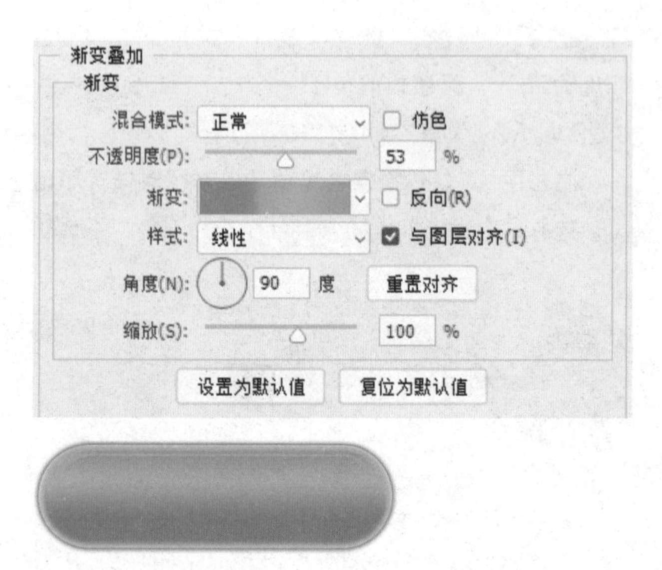

图11-30 渐变叠加效果

图11-31 白色填充

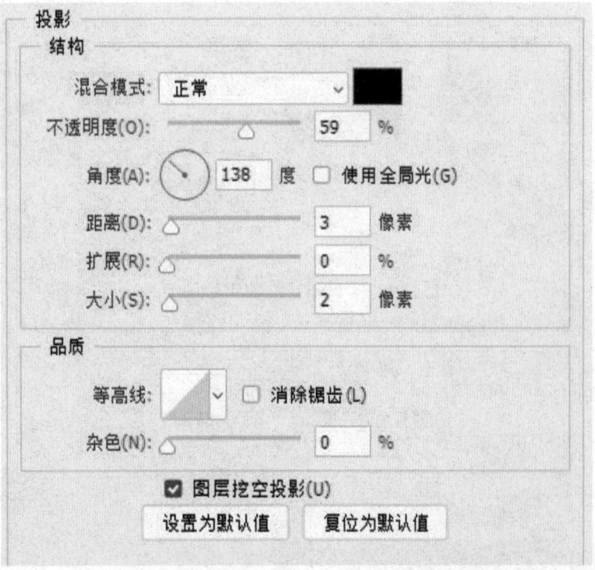

图11-32 投影图层模式

右击图层2，选择混合选项，进入图层样式对话框，选择“投影”选项，不透明度为59%，角度为138度，距离为3像素，大小为2像素，如图11-32所示。

右击图层2，选择混合选项，进入图层样式对话框，选择“外发光”选项，混合模式为正常，不透明度为75%，颜色为蓝色R175、G230、B251，扩展为0%，大小为5像素，如图11-33所示。

右击图层2，选择混合选项，进入图层样式对话框，选择“渐变叠加”选项，混合模式为正常，不透明度为39%，渐变色由R250、G250、B250到R188、G189、B189，角度为-90度，如图11-34所示。

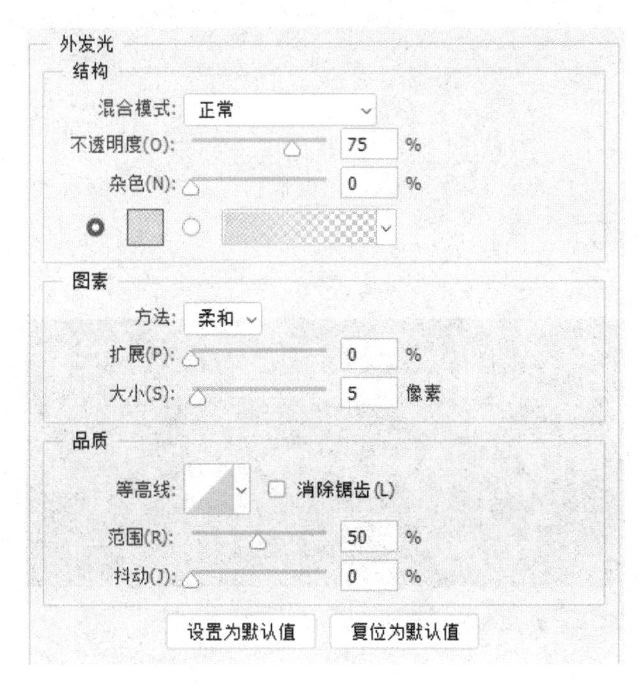

图11-33 外发光模式

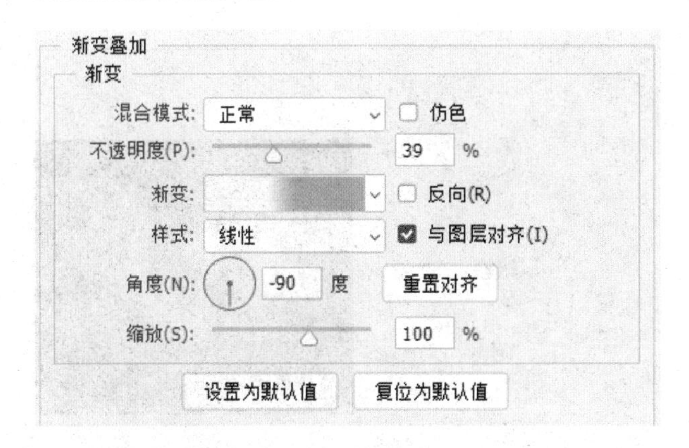

图11-34 渐变叠加

右击图层2，选择混合选项，进入图层样式对话框，选择“内发光”选项，混合模式为正常，不透明度为73%，颜色为白色R250、G250、B250，阻塞为17%，大小为3像素，如图11-35所示。

（3）文字输入。选择文本工具**T.**，设置字号大小为60点，输入“ON”，如图11-36所示。

使用同样的方法，调整颜色和参数，制作关闭按钮效果，如图11-37所示。

（4）保存文档。以“立体化开关设计.jpg”为名保存到文件夹。

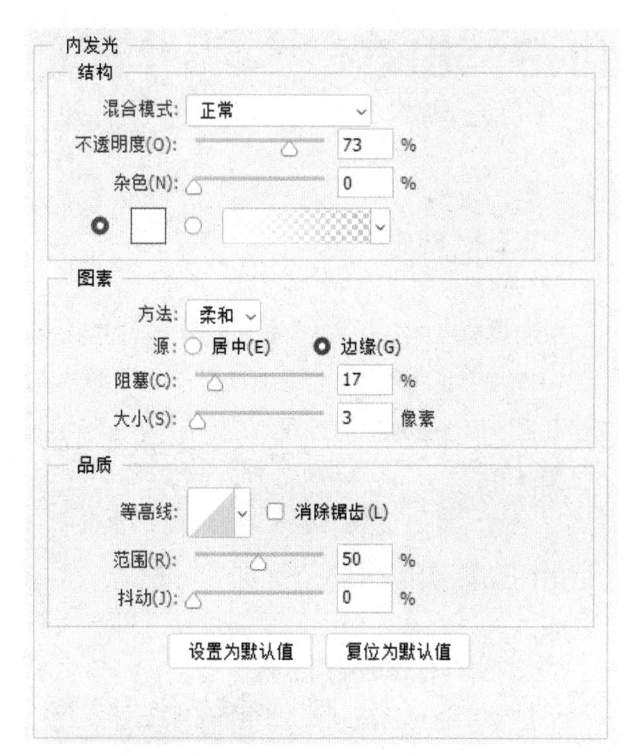

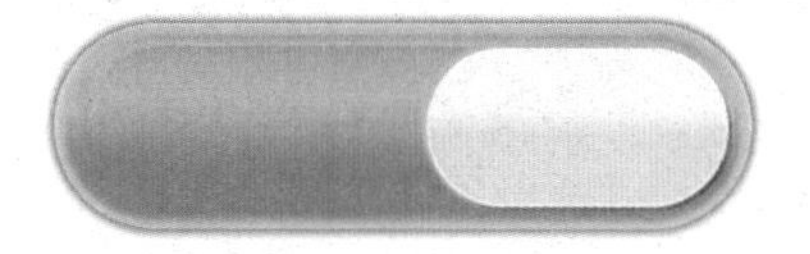

图11-35 内发光

图11-36 “ON”文字

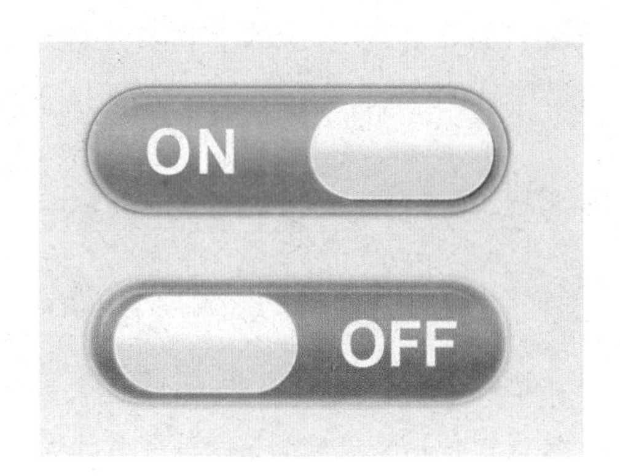

图11-37 “OFF”文字

11.3 进度条

11.3.1 任务引入

进度条是用户在进入某个界面或某个程序的过程中，APP为了缓冲和加载信息时所显示出来的空间，它主要显示出当前加载的百分比，让用户掌握相关的数据和进度。

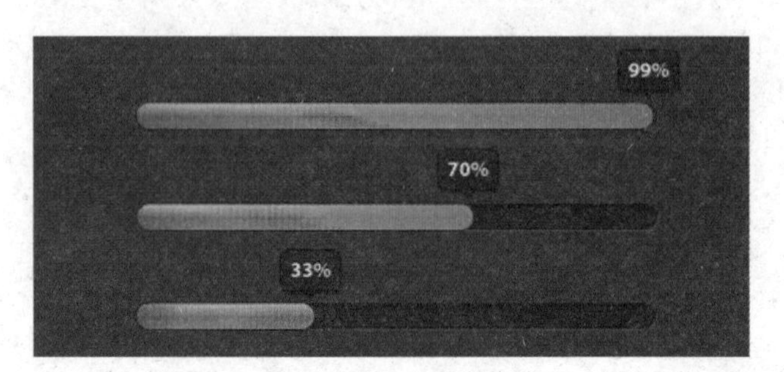

图11-38 线性进度指示器

11.3.2 知识引入

11.3.2.1 线性进度指示器

线性进度指示器应始终从0到100%显示，绝不能从高到低显示。界面中使用一个进度指示器来指示整体的所需要等待的时间，当指示器达到100%时，它不会返回0再重新开始（图11-38）。

有的线性进度指示器会将加载信息的百分比显示出来，有的则只包含一个进度条，用户只能通过观察线形的长短猜测加载进度。我们常用的播放器的播放进度条就是最常见的一种线形进度指示器。

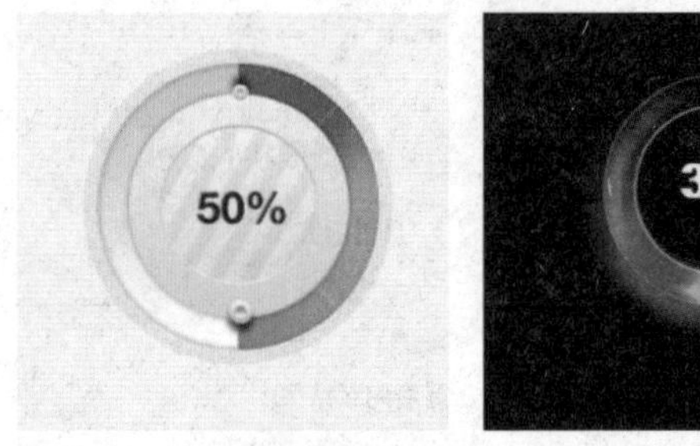

图11-39 圆形进度指示器

11.3.2.2 圆形进度指示器

圆形进度指示器可以和一个有趣的图标或刷新图标结合在一起使用，它的设计相比线形进度指示器显得更加丰富（图11-39）。

当用户进入页面加载时，美丽的界面设计能给用户带来一瞬间的惊叹，让用户再也不觉得等待是漫长的。精致的细节，往往最能考验设计师的技术，但同时也是打动人心的关键。图11-40所示的进度条在设计中不但创意十足，而且细节和质感都非常完美。

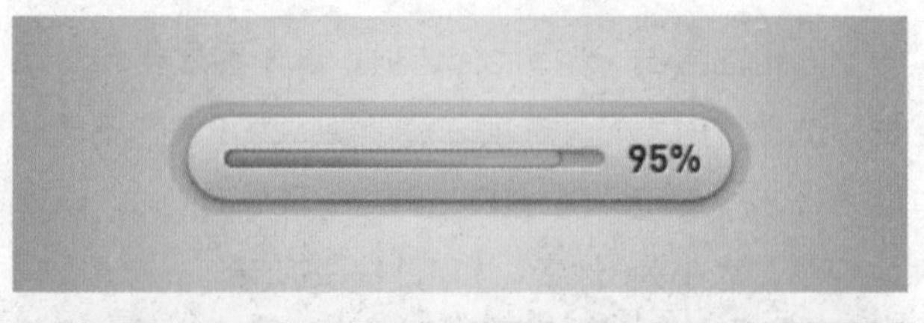

图11-40 条形进度指示器

11.3.3 任务实现——扁平化和立体化进度条的设计

11.3.3.1 任务分析

本任务主要通过使用圆角矩形绘制进度条的形状，通过“描边”图层样式完成进度条的外框制作，使用横排文字工具输入进度状态，以及通过“投影”“内发光”和“斜面浮雕”等图层样式完成进度条的体感和厚度制作。

11.3.3.2 任务操作

（1）扁平化进度条的制作。按Ctrl+N快捷键，创建一个宽800像素、高500像素的新文档，设置前景色为R247、G245、B232，按Alt+Delete用前景色填充。

选择圆角矩形工具，选择形状按钮，圆角半径为4像素，填充色为R247、G245、B232。绘制一个圆角矩形（图11-41）。

在图层面板中，选中上一步的矩形图层，按住鼠标左键拖到新建按钮上，选中圆角矩形按钮，在属性栏点击填充色按钮，设置填充色为红色R164、G0、B91，按快捷键Ctrl+T，对红色矩形进行缩小（图11-42）。

选择横排文字工具，设置字体为黑体，大小为16点，输入文字“50%”，见图11-41。

参照步骤（2）到步骤（4）的方法，绘制出另外两个进度条，见图11-42。

（2）立体化进度条。

①背景制作。按Ctrl+N快捷键，创建一个宽800像素、高500像素的新文档，设置前景色为R227、G220、B221，按Alt+Delete用前景色填充。

点击菜单“视图→显示→网格”，选择工具箱中的椭圆选区工具，绘制椭圆，填充为白色，见图11-43。

在图层面板中，选中第二步绘制的椭圆图层，按住鼠标左键拖到新建按钮上进行复制。然后按快捷键Ctrl+T变换框，将所复制的椭圆缩小（图11-44）。

按住Ctrl键的同时，在图层面板中点击复制图层，调出缩小的椭圆选区，然后点击图层1，按删除键Delete，得到圆环（图11-45）。

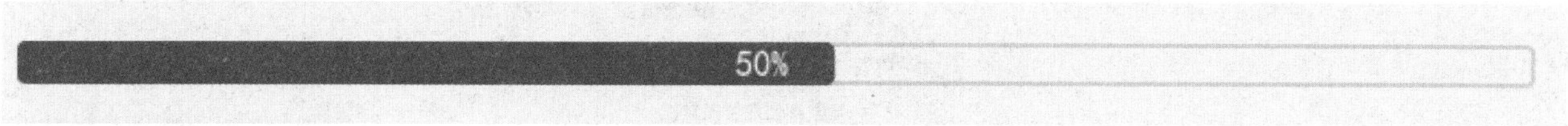

图11-41 进度条的设置

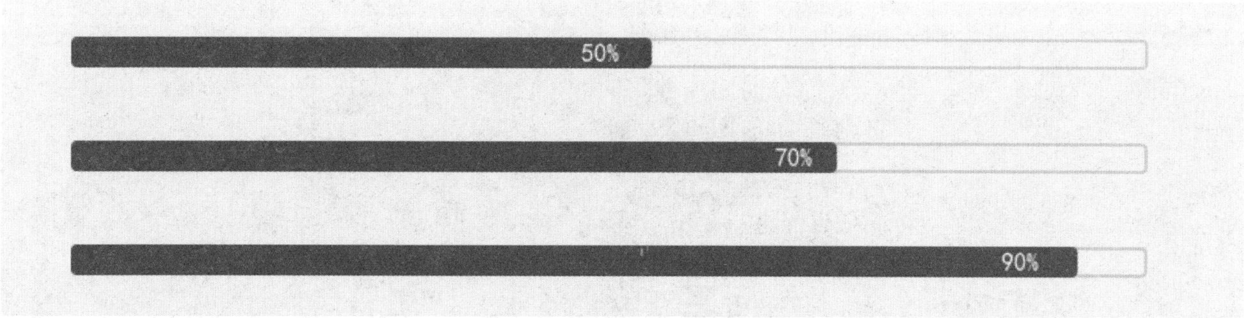

图11-42 三个进度条的设置

图11-43 椭圆选区

在图层面板中点击“添加图层样式”按钮fx，在下拉菜单中选择“投影”，设置不透明度为10%，角度133度，距离为2像素，大小为6像素，如图11-46所示。

在图层面板中点击“添加图层样式”按钮fx，在下拉菜单中选择“内发光”，设置混合模式为正常，不透明度为73%，阻塞为0%，大小为10像素，如图11-47所示。

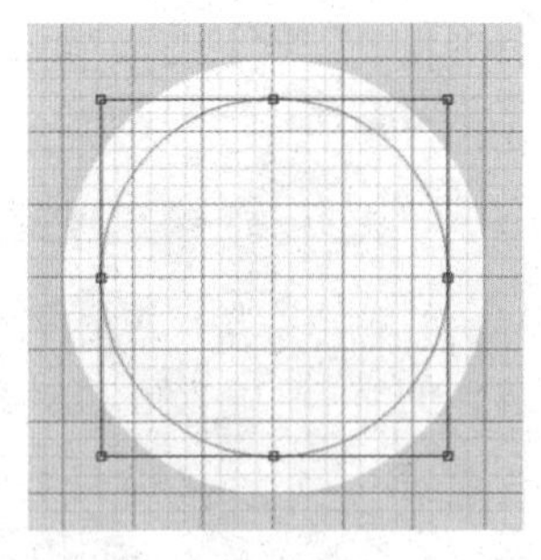

图11-44　小椭圆

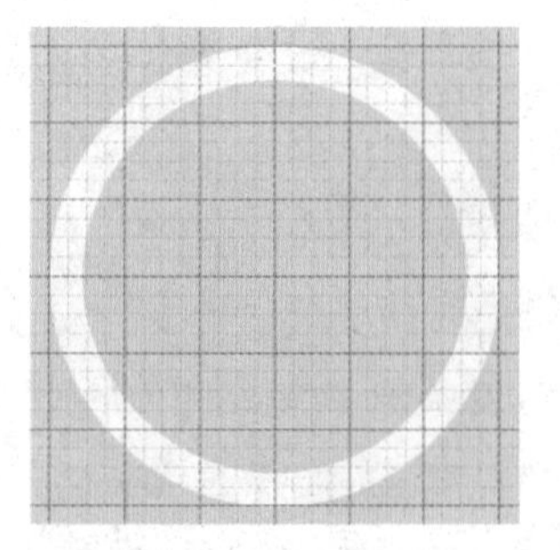

图11-45　白色圆环

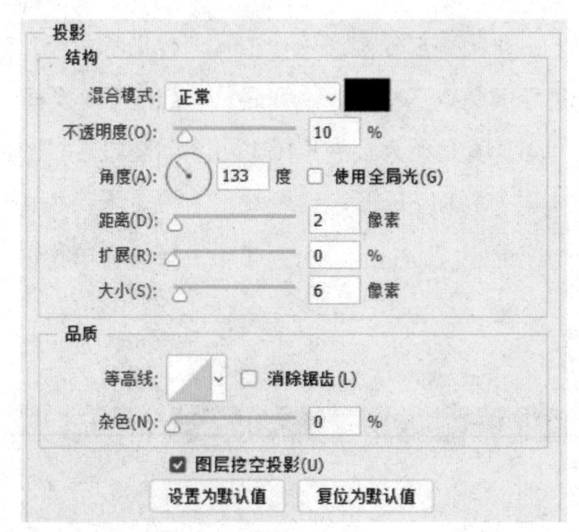

图11-46　“投影”选项

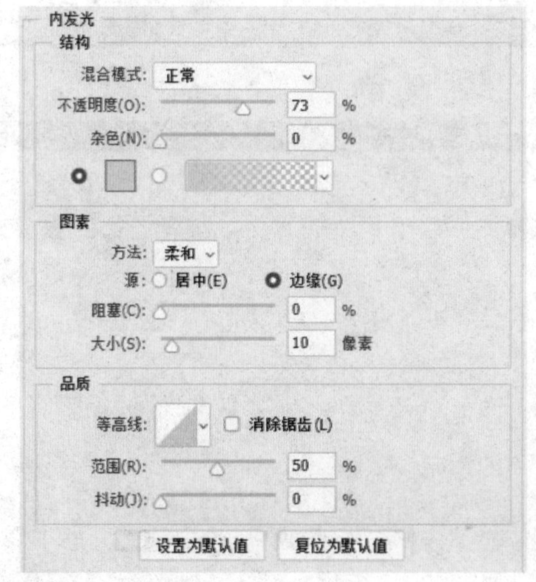

图11-47　“内发光”选项

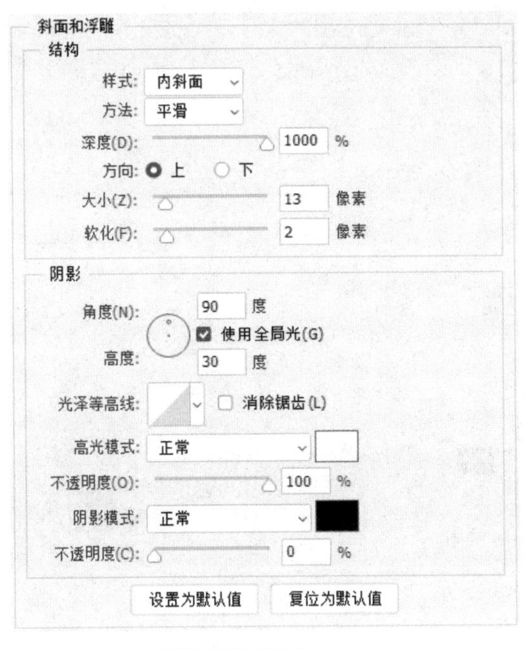

图11-48 “斜面浮雕”选项

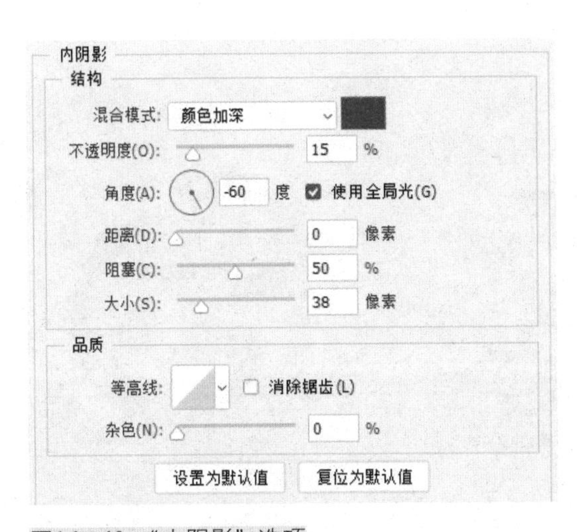

图11-49 “内阴影”选项

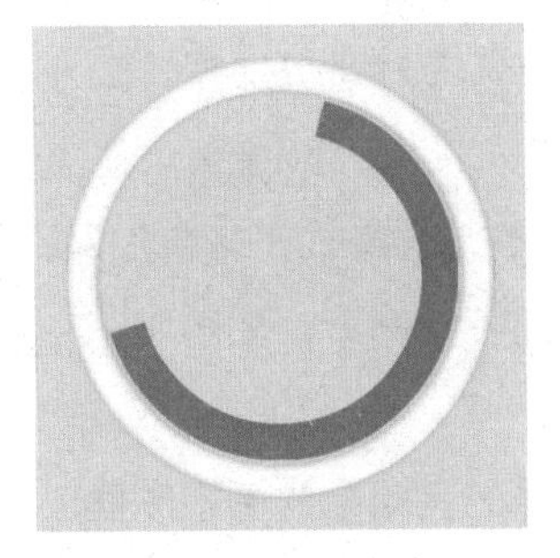

图11-50 蓝色圆弧

在图层面板中点击“添加图层样式”按钮 fx，在下拉菜单中选择“斜面和浮雕”，设置样式为内斜面，深度为1000%，方向为上，大小为13像素，软化2像素，如图11-48所示。

在图层面板中点击“添加图层样式”按钮 fx，在下拉菜单中选择“内阴影”，设置混合模式为颜色加深，不透明度为15%，角度为-60度，距离为0像素，阻塞为50%，大小为38像素，如图11-49所示。

②进度条外环。参照前面绘制圆环的方法，绘制一段圆弧（图11-50）。

在图层面板中点击添加图层样式按钮 fx，在下拉菜单中选择“投影”，设置混合模式为正常，不透明度为15%，角度为65度，距离为2像素，大小为8像素。再为圆环添加斜面浮雕效果，设置深度为105%，方向为上，大小为2像素，软化为4像素，高光不透明度为0%，阴影不透明度为24%，如图11-51所示。

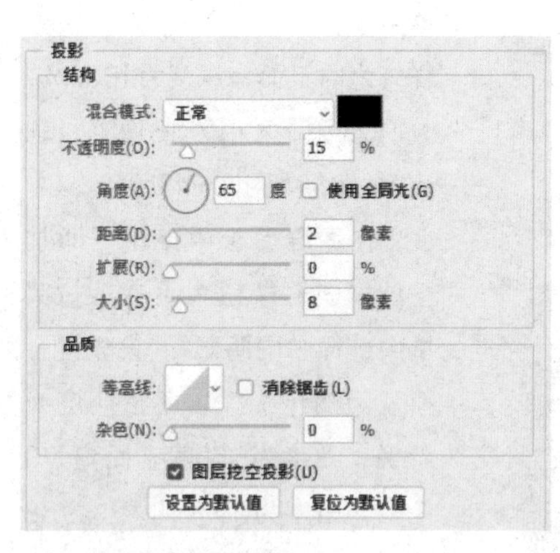

图11-51　投影与浮雕

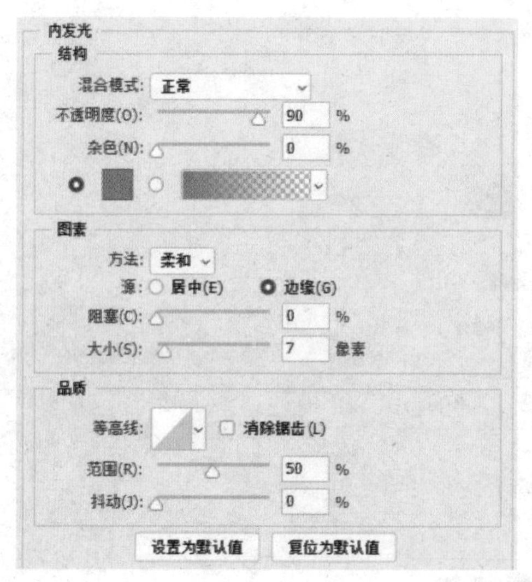

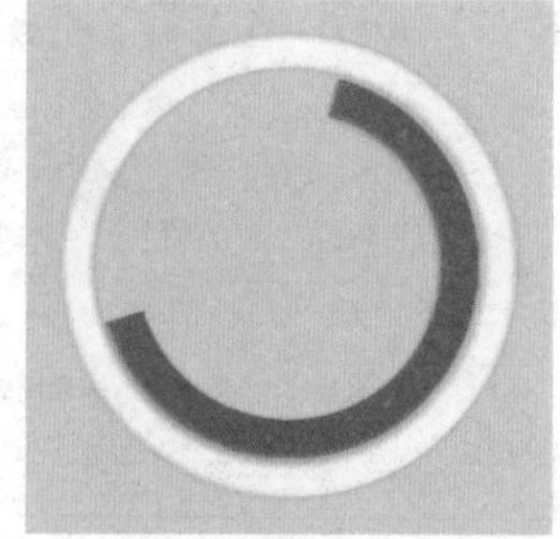

图11-52　内阴影与内发光

图11-53　白色圆形

继续为圆弧添加“内阴影”图层样式，设置混合模式为颜色加深，颜色为R72、G31、B165，不透明度为15%，角度为-60度，距离为0像素，阻塞为50%，大小为38像素。再添加内发光图层样式，设置混合模式为颜色加深，颜色为浅灰色R161、G162、B162，阻塞为0%，大小为7像素，如图11-52所示。

③进度圆形中心的制作。设置前景色为白色，选择工具箱中的椭圆选框工具，绘制一个椭圆选区，并填充为白色（图11-53）。

斜面和浮雕
结构
样式：内斜面
方法：平滑
深度(D)：105 %
方向：上 下
大小(Z)：13 像素
软化(F)：2 像素
阴影
角度(N)：-60 度
使用全局光(G)
高度：30 度
光泽等高线： 消除锯齿(L)
高光模式：正常
不透明度(O)：0 %
阴影模式：正常
不透明度(C)：6 %
设置为默认值 复位为默认值

内发光
结构
混合模式：正常
不透明度(O)：54 %
杂色(N)：0 %
图素
方法：柔和
源：居中(E) 边缘(G)
阻塞(C)：0 %
大小(S)：8 像素
品质
等高线： 消除锯齿(L)
范围(R)：50 %
抖动(J)：0 %
设置为默认值 复位为默认值

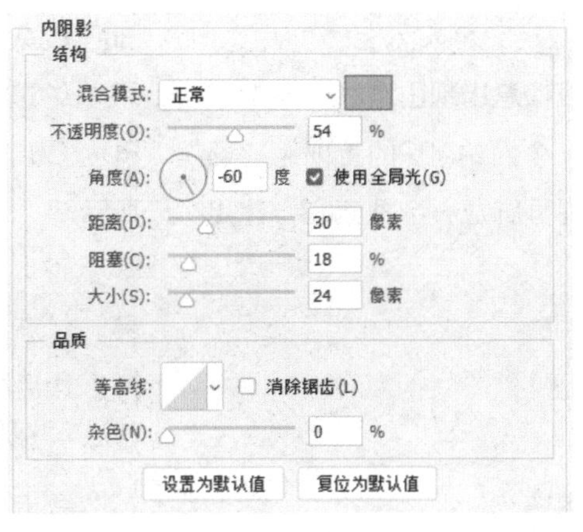

投影
结构
混合模式：正常
不透明度(O)：45 %
角度(A)：127 度 使用全局光(G)
距离(D)：4 像素
扩展(R)：0 %
大小(S)：5 像素
品质
等高线： 消除锯齿(L)
杂色(N)：0 %
图层挖空投影(U)
设置为默认值 复位为默认值

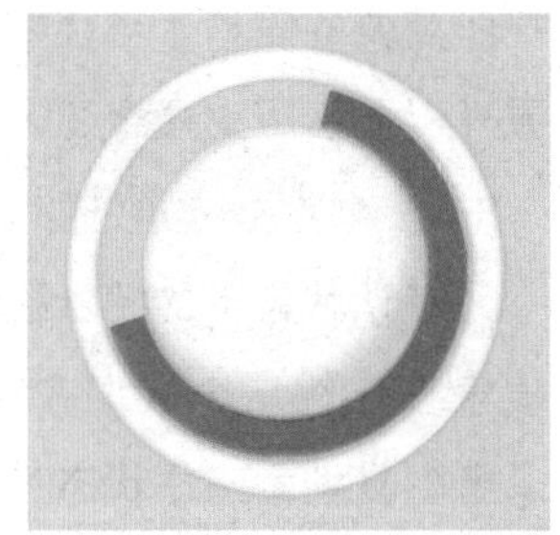

图11-54 图层样式设置

在图层面板中，点击添加图层样式按钮 fx，依次为白色椭圆添加“斜面和浮雕”“内发光”“内阴影”“投影”效果，如图11-54所示。

④文字输入。选择文字工具 T，字体设置为黑体，大小设置为60点。颜色设置为灰色R168、G168、B171，输入文字70%（图11-55）。

⑤保存文档。以“立体化进度条.jpg”为名保存到文件夹。

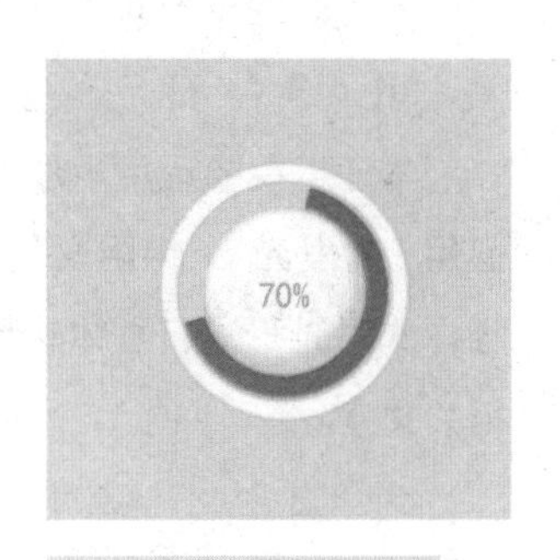

图11-55 百分比文字

11.4 搜索栏

11.4.1 任务引入

用户在某个界面上查找信息出现困难时，通常会尝试进行搜索。搜索栏是一个网站APP的重要组成部分，界面设计中可以考虑在页脚放一个搜索栏，让用户更方便搜索。

11.4.2 知识引入

11.4.2.1 搜索栏的用途

当应用内包含大量信息的时候，用户希望能够通过搜索快速定位到特定内容，搜索栏可以接收用户输入的文本并将其作为一次搜索输入，帮助用户快速查找所需要的信息。当搜索文本框获得焦点时，搜索框展开以显示历史搜索建议，选择任意建议搜索。

11.4.2.2 搜索栏的组成结构

默认状态下的搜索栏通常由一个文本框加上一个搜索按钮组成，我们在对搜索栏进行设计时，还要考虑到其搜索工作状态下的图标和文本框的不同显示效果。

11.4.3 任务实现——立体化搜索框的设计

11.4.3.1 任务分析

本任务主要运用矩形工具绘制搜索栏的形状，再运用“内发光”“内阴影”“投影”和“渐变叠加”图层样式对矩形进行立体感和厚度感的制作，最后输入相关文字。

11.4.3.2 任务操作

（1）外框制作。按快捷键Ctrl+N，创建一个宽800像素、高600像素的新文档，将前景色设置为蓝色R92、G169、B248，用前景色填充快捷键Alt+Delete进行填充。

选择矩形选框工具，绘制一个矩形，并填充为白色，点击图层面板中的图层样式按钮fx，在下拉菜单中选择“外发光”，不透明度为19%，颜色为R0、G0、B0，扩展为0，大小为5像素，如图11-56所示。

（2）文本框制作。新建图层2，选择圆角矩形工具，状态设置为路径，圆角半径为4像素，绘制一矩形，然后按将选区转换为路径快捷键Ctrl+Enter，并填充为灰色R235、G235、B235（图11-57）。

点击图层面板中的添加图层样式按钮fx，在下

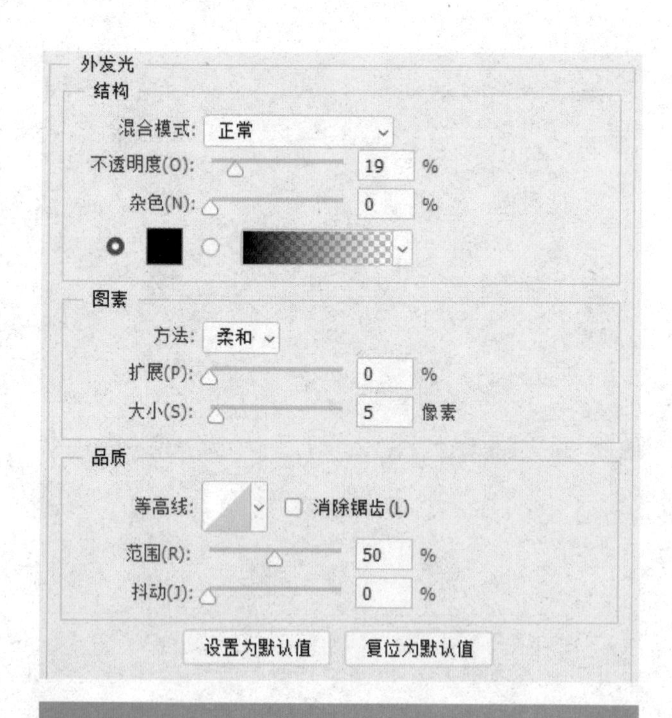

图11-56 “外发光”选项

图11-57 颜色填充

拉菜单中选择“内阴影”，颜色为灰色R189、G189、B191，不透明度为33%，角度为126度，距离为2像素，阻塞为1%，大小为4像素，如图11-58所示。

点击图层面板中的添加图层样式按钮 fx，在下拉菜单中选择“内发光”，不透明度为20%，颜色为灰色R202、G202、B199，如图11-59所示。

（3）搜索按钮的制作。新建图层3，选择圆角矩形工具，状态设置为路径，圆角半径为4像素，绘制一个矩形，然后按将选区转换为路径快捷键Ctrl+Enter，并填充为绿色R32、G138、B11（图11-60）。

为图层3添加“投影”图层样式，颜色为灰色R99、G97、B97，设置不透明度为60%，角度为127度，距离为2像素，大小为3像素。添加“内阴影”图层样式，颜色为灰色R4、G4、B4，不透明度为33%，角度为126度，距离为2像素，阻塞为1像素，大小为4像素，如图11-61所示。

继续为图层3添加“渐变叠加”样式，不透明度为53%，色标1为R7、G88、B12，色标2为R250、G250、B250，如图11-62所示。

内阴影
结构
混合模式: 正常
不透明度(O): 33 %
角度(A): 126 度 使用全局光(G)
距离(D): 2 像素
阻塞(C): 1 %
大小(S): 4 像素
品质
等高线: 消除锯齿(L)
杂色(N): 0 %
设置为默认值 复位为默认值

图11-58 “内阴影”选项

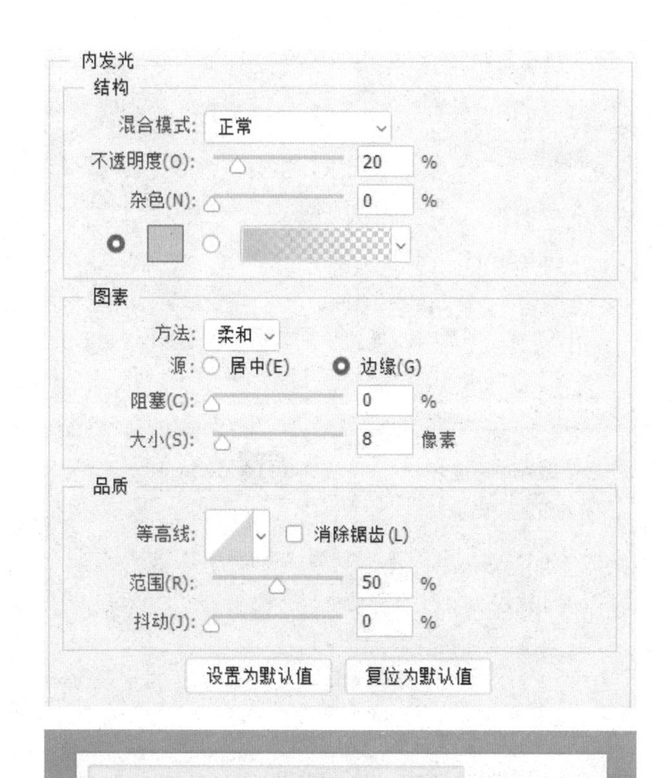

图11-59 “内发光”选项

图11-60 颜色填充效果

新建图层4，用圆角矩形工具与椭圆选框工具，绘制放大镜（图11-63）。

（4）输入文本。选择文字工具，在字符面板中设置字体为黑体，字号为24点，颜色为灰色，如图11-64所示。

继续为按钮添加文字（图11-65）。

（5）保存文档。以“立体化搜索栏.jpg”为名保存到文件夹。

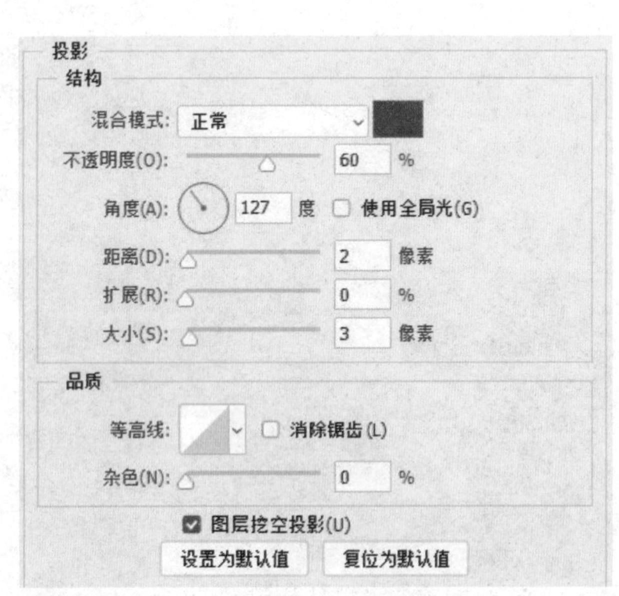

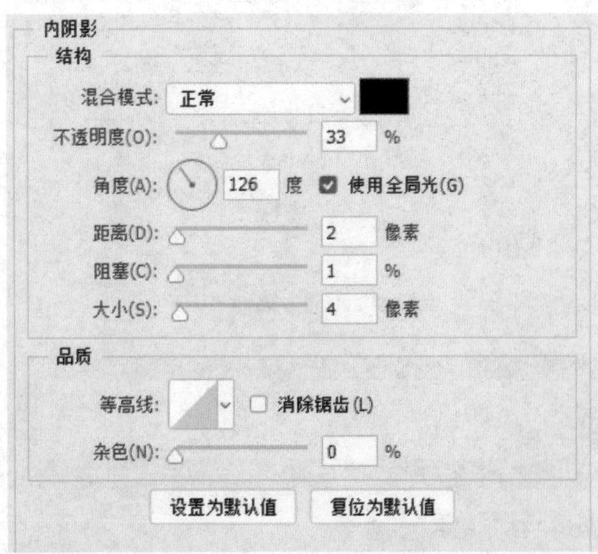

图11-61 投影与内阴影

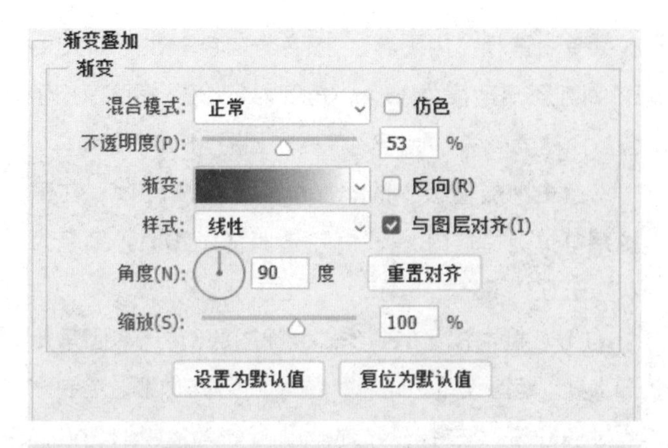

图11-62 渐变叠加

图11-63 放大镜制作

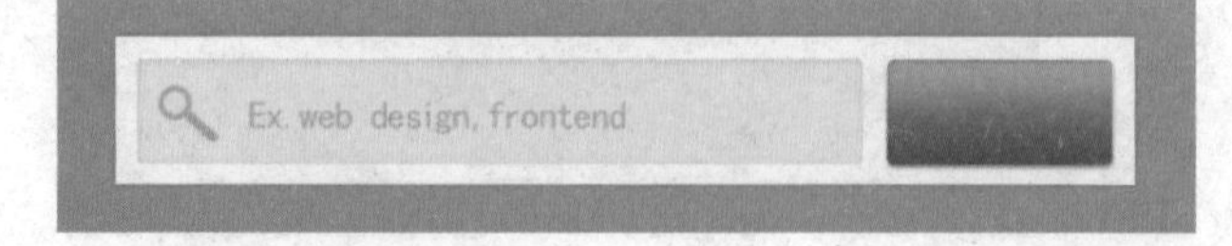

图11-64 字符设置

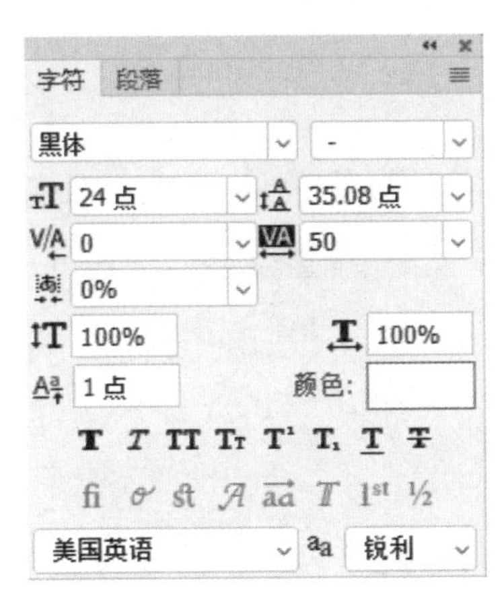

图11-65　文字添加

11.5　列表框

11.5.1　任务引入

列表作为一个单一的连续元素可以垂直排列的方式显示多行条目。在移动UI的界面设计中，列表框通常用于数据、信息的展示与选择，接下来我们就对列表框的设计和制作进行讲解。

11.5.2　知识引入

11.5.2.1　列表框的组成结构

列表框适合应用于显示同类的数据类型或数据类型组，比如图片和文本。使用列表的目标是区分多个类型的数据或单一类型的数据特性，使得用户理解起来更加简单（图11-66）。

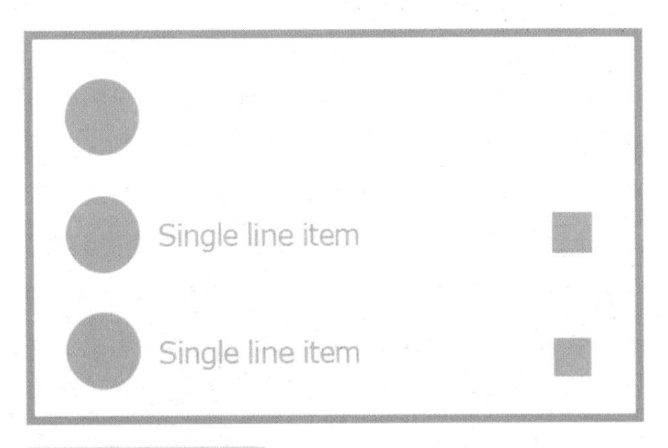

图11-66　列表框组成

11.5.2.2　列表数据规范

在包含三行文字的列表框中，每个列表中第一行文字为标题文字，标题文字略大，且颜色更突出；其余文字为说明文字，说明文字略小，且颜色略淡。文本字数可以在同一列表的不同瓦片间有所改变。

在设计列表框的过程中，还要注意每行信息的间距。不论是标题文字与图表之间的距离，还是文字与边框之间的距离，在不同的操作系统中都会有不同的要求和规范。

11.5.3　任务实现——立体化列表框的设计

11.5.3.1　任务分析

分析：本任务主要通过使用圆角矩形工具、钢笔工具、“内阴影、投影、渐变叠加”图层样式和横排文字工具以及直线工具完成。

11.5.3.2 任务操作

（1）基础形状的制作。按快捷键Ctrl+N，创建一个宽700像素、高800像素的新文档，设置前景色为黑色R0、G0、B0，按快捷键Alt+Delete填充前景色。

选择矩形工具，状态为形状，填充为亮灰色R210、G211、B212，绘制出所需的形状。在图层面板中点击图层样式按钮，在下拉菜单中选择“内阴影”图层样式，设置颜色R224、G224、B224，角度为90度，距离为3像素，阻塞为0%，大小为0像素。继续为矩形添加“投影”图层样式，混合模式为正片叠底，不透明度为100%，角度为90度，距离为6像素，阻塞为0%，大小为11像素，如图11-67所示。

选择圆角矩形，圆角半径为2像素，状态为形状，颜色为白色R250、G250、B250，绘制矩形高光部分，并将图层填充设置为30%，如图11-68所示。

（2）分隔条的绘制。选择工具箱中的直线工具，绘制出一条白色和一条灰色R162、G162、B162的线条。放在列表标题的右侧位置，如图11-69所示。

（3）下拉箭头的制作。使用钢笔工具绘制出所需的箭头，颜色填充为橙色R168、G66、B0，并移动到合适的位置。接着使用“内阴影”图层样式，设置颜色为灰色R138、G136、B136，透明度为66%，角度为90度，距离为3像素。阻塞为0%，大小为3像素。继续使用“投影”图层样式，设置混合模式为滤色，颜色为白色，角度为90度，距离为2像素，扩展为0%，大小为0像素，如图11-70所示。

（4）点击和选中状态的制作。使用矩形工具绘制出所需形状，接着使用“内阴影”图层样式，设置颜色为白色R250、G250、B250，不透明度为31%，角度为90度，距离为2像素，阻塞为0%，大小为0像素。再使用“投影”图层样式，设置颜色为灰色R81、G79、B79，不透明度为100%，角度为90度，距离为3像素，扩展为0%，大小为3像素，如图11-71、图11-72所示。

参考前面的绘制方法，绘制出若干个线条，分别填充适当成白色R250、G250、B250，灰色R162、G162、B162（图11-73）。

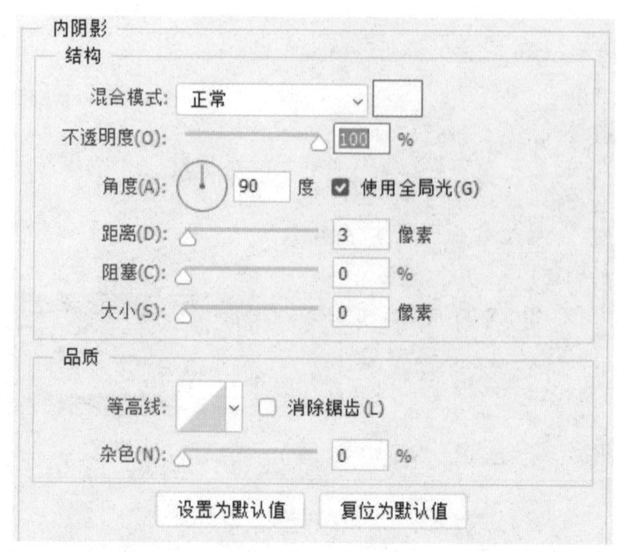

图11-67 矩形形状设置

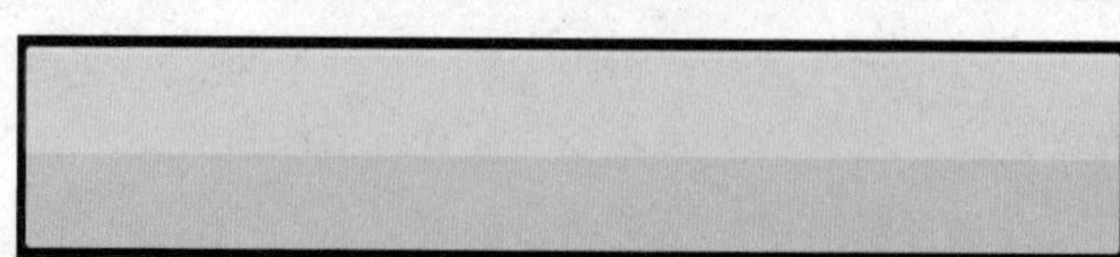

图11-68 颜色与透明度

图11-69　分隔条的绘制

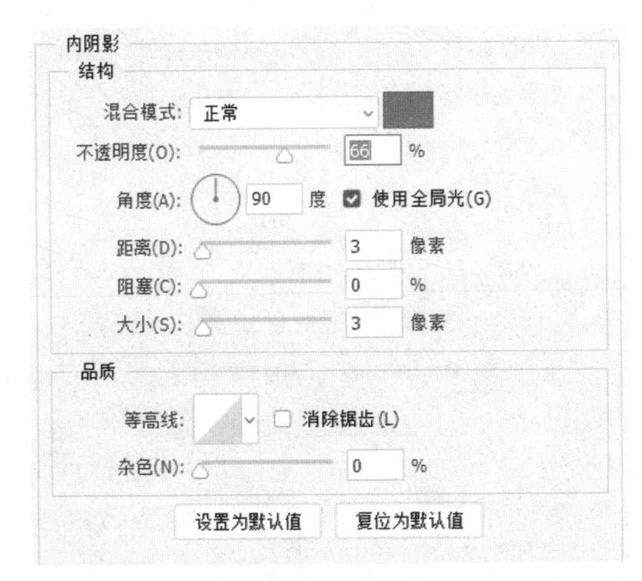

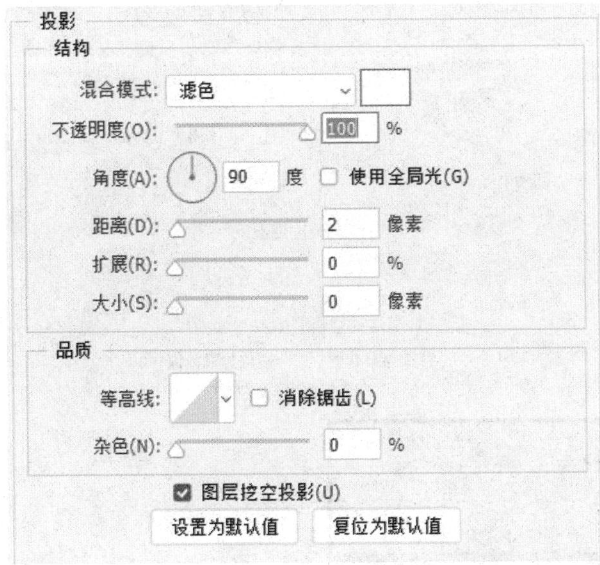

图11-70　下拉箭头

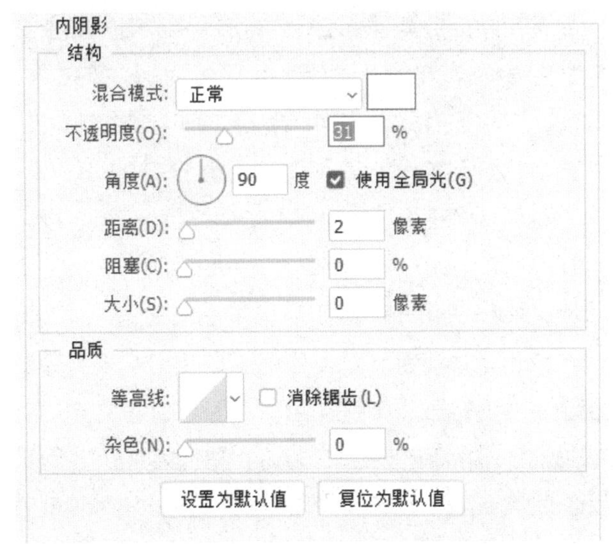

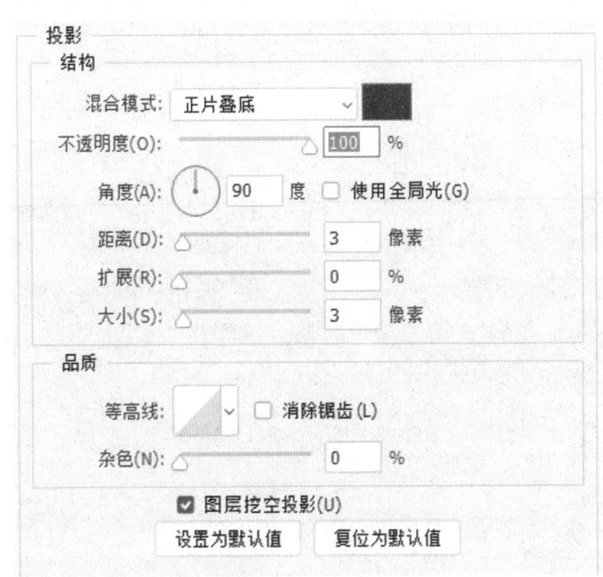

图11-71　内阴影与投影

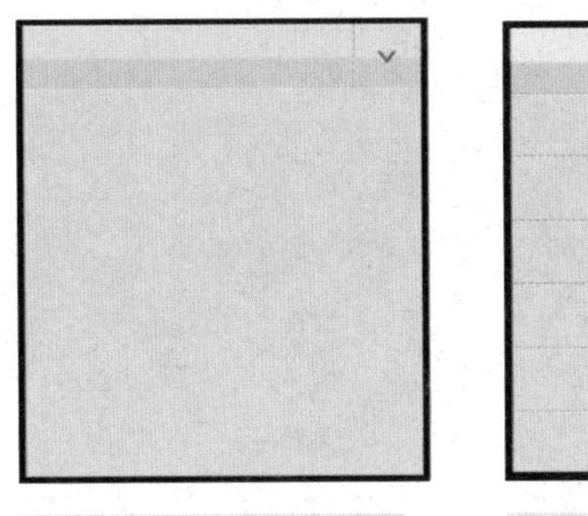

图11-72　图层模式效果

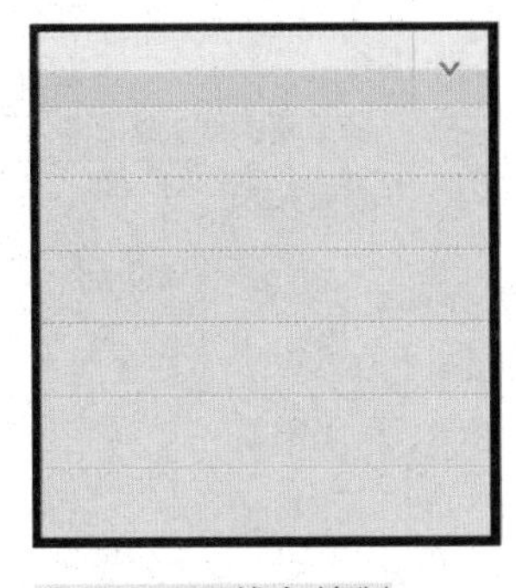

图11-73　线条绘制

使用矩形工具绘制所需的矩形，并添加“渐变叠加”图层样式，设置不透明度为46%，由浅灰色R210、G211、B212到深灰色R181、G177、B177到白色R250、G250、B250渐变，角度为90度，如图11-74所示。

继续为矩形添加“内阴影”，设置不透明度为100%，角度为90度，距离为2像素，阻塞为0%，大小为0像素，如图11-75所示。

使用矩形工具，绘制出另一个矩形，填充为红橙色，并为矩形添加“内阴影”，颜色为深灰色R33、G33、B33，不透明度为60%，角度为90度，距离为3像素，阻塞为0%，大小为5像素。继续为矩形添加“投影”，设置混合模式为滤色，不透明度为60%，角度为90度，距离为3像素，扩展为0%，大小为1像素，如图11-76所示。

（5）图标的制作。选择自定形状工具，绘制需要的图形，并分别添加“内阴影”，颜色设置为灰色R33、G33、B33和“投影”图层样式，投影颜色为白色R250、G250、B250，如图11-77所示。

渐变叠加
渐变
混合模式：正常 仿色
不透明度(P)：46 %
渐变： 反向(R)
样式：线性 与图层对齐(I)
角度(N)：90 度 重置对齐
缩放(S)：100 %
设置为默认值 复位为默认值

图11-74 “渐变叠加”选项

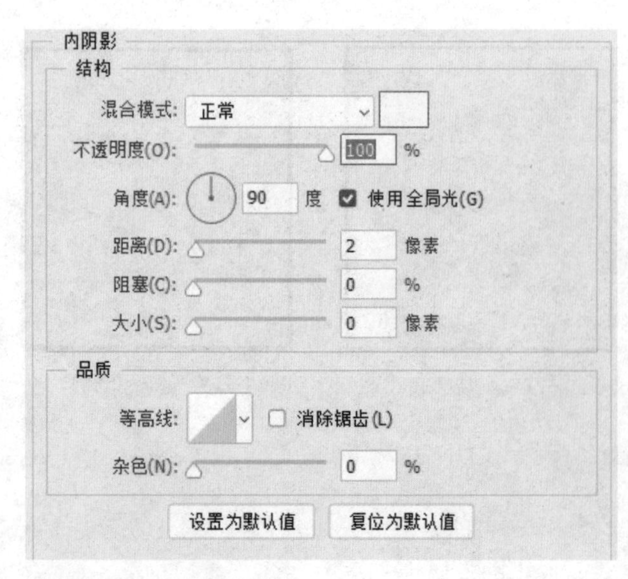

图11-75 “内阴影”选项

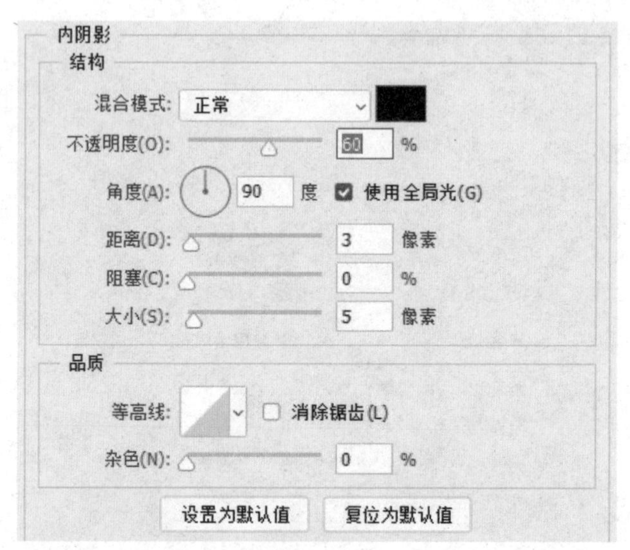

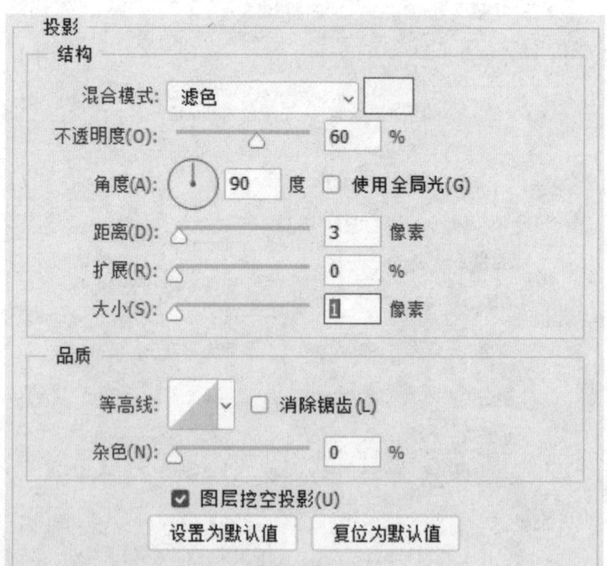

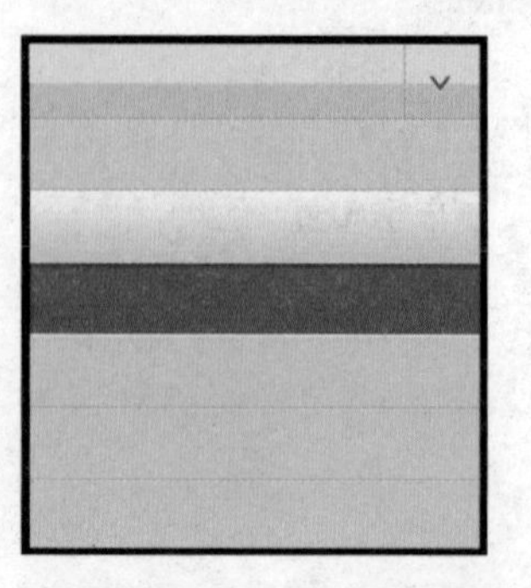

图11-76 “内阴影与投影”选项

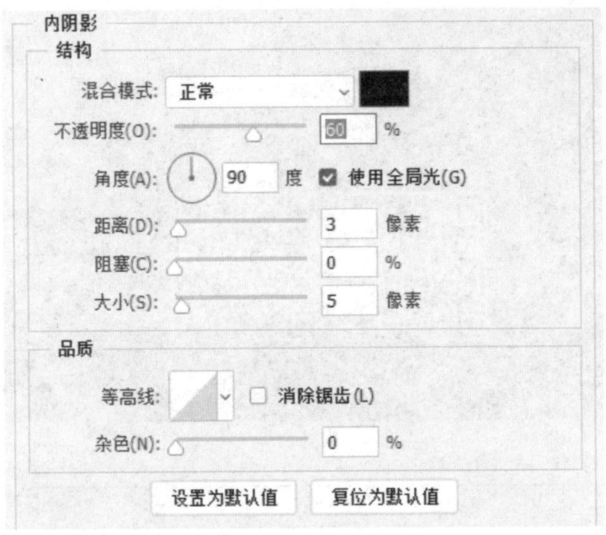

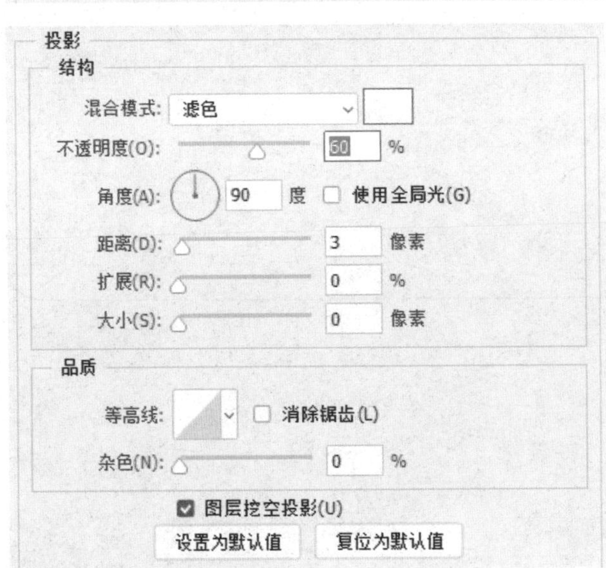

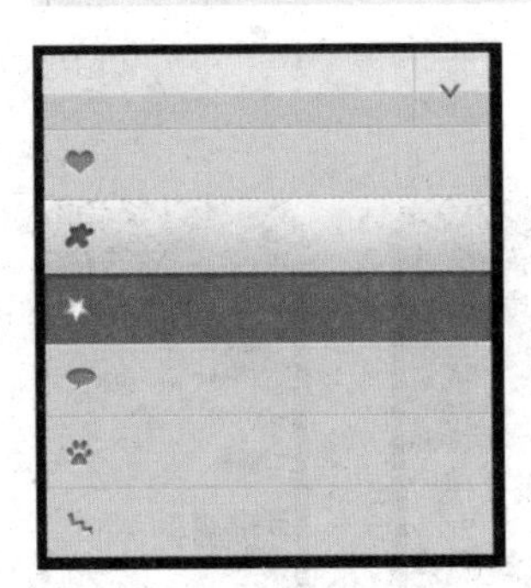

图11-77 图标的制作

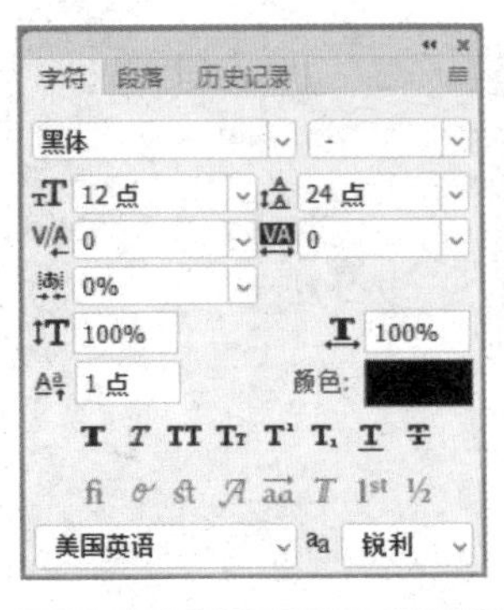

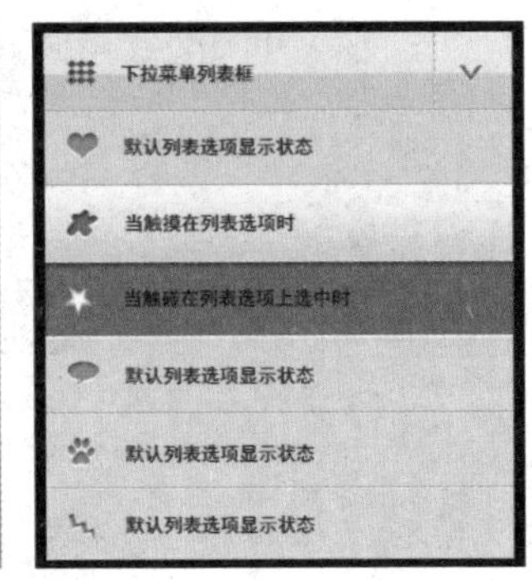

图11-78 立体化列表框的设计

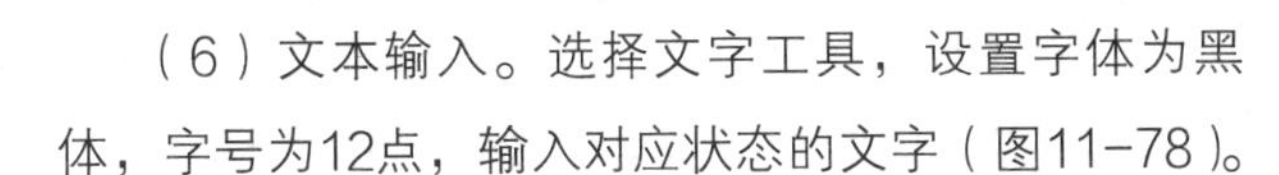

（6）文本输入。选择文字工具，设置字体为黑体，字号为12点，输入对应状态的文字（图11-78）。

（7）保存文档。以“立体化列表框.jpg”为名保存到文件夹，并上传到教师指定的文件夹。

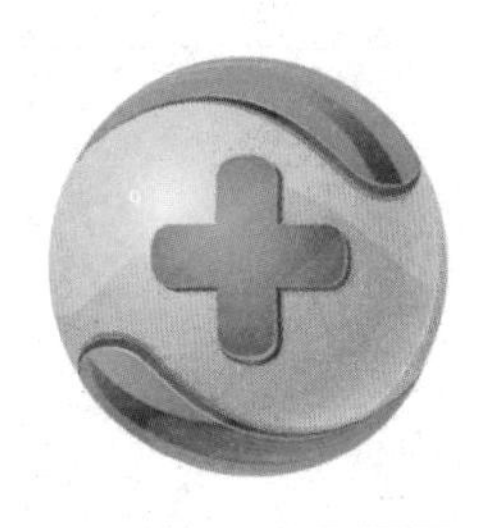

图11-79 “+”图标

图标的制作

结合所学知识，制作如图11-79所示的“+”图标。

项目12

手机App整体界面UI设计

素材

PPT 课件

学习目标

1. 掌握UI整体界面布局规划方法。
2. 熟悉创意思路剖析方法。
3. 掌握配色方案的设计流程。
4. 学会定义组件风格，灵活运用软件知识和技能进行制作。

12.1 手机App设计

12.1.1 任务引入

前面章节已经学习了UI设计的各个部件制作方法，最终目的是能够完成手机App整体界面（图12-1）的UI设计和制作。

图12-1 App界面

12.1.2 知识引入

12.1.2.1 界面布局规划

山珍海味、街边小吃都有美味的食物，虽然不是所有人对美食的标准都一样，但只要自己喜欢的，就可以称之为美食。鉴于美食的多样性和不定性，我们在设计美食App时，也要使用较为多样化的界面布局来对信息进行表现，接下来对案例中的界面布局进行分析。

如图12-2所示可以看到本案例的布局，使用导

图12-2 界面布局

航栏和图标栏对页面进行选择，在界面中间自由安排所需信息。

12.1.2.2 创意思路剖析

从界面布局，我们确定该应用程序的界面主要以矩形为基础元素，在创作中，通过矩形对界面进行分割和布局。在本案例中，最大的亮点就是“食客推荐”界面设计榜的设计，使用了数据视图化的方式直观表现，通过图表、线条和文字的自由表现传递界面中的信息，给人眼前一亮的感觉。

12.1.2.3 确定配色方案

我们在色彩研究过程中，发现橙色会让人联想到酸酸甜甜的感觉，有助于刺激味觉，引发人们的食欲，表现出积极的情绪。再对橙色进一步了解，橙色较为鲜艳夺目，常给人以亲切和温暖的感觉，也是秋季的色彩，意味着丰收。接下来就对本案例的配色进行分析（图12-3）。

12.1.2.4 定义组件风格

本任务在设计的过程中，使用了扁平化的设计理念，既适合在Android系统中使用，也适合在iOS系统中使用。在文字和图标的设计上，也都使用了较为圆润的图形外观，显得温和而自然。通过暖色系橙色的搭配，让界面元素显得欢快、愉悦，容易被用户接受。

12.1.3 任务实现——美食网站App设计

12.1.3.1 任务分析

本任务的制作主要用形状工具对手机界面进行布局，利用所需素材完成网站App的设计，并通过图层蒙版对美食图像的显示进行控制。

12.1.3.2 任务操作

（1）进入界面制作。

①新建一个长3300像素、宽3300像素、分辨率为72dpi的RGB模式的新文档，打开素材“手机.png”，新建图层2，命名为“背景”，设置前景色为白色R250、G250、B250（图12-4）。

②在图层面板中点击“新建图层组按钮” ，

图12-3 配色方案

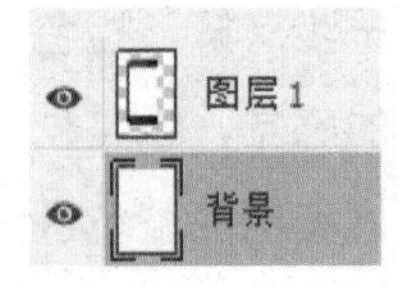

图12-4 "背景"

并将图层组取名为"进入页面"，选择圆角矩形工具，设置圆角半径为10像素，填充为橙色R251、G183、B71，绘制一个与手机屏幕大小相同的圆角矩形（图12-5）。

③打开"图标.png"，将需要的图案素材剪裁复制到手机界面中来。调整大小和位置后，将三个图层合并成一个图层，并命名为"素材"（图12-6）。

④选择工具箱中的横排文字工具，选择"花纹琥珀"文字，输入"与""美食""的""约会"，为了方便编辑，每排文字分开输入，独立成层（图12-7）。

⑤使用"圆角矩形工具"绘制一个白色的圆角矩形，作为按钮，接着使用"横排文字工具"输入"马上进入"的字样，打开"字符"面板对文字的属性进行设置（图12-8），最后利用"钢笔工具"绘制出手势的形状，将整个按钮放在界面下方（图12-9）。

图12-5 屏幕背景

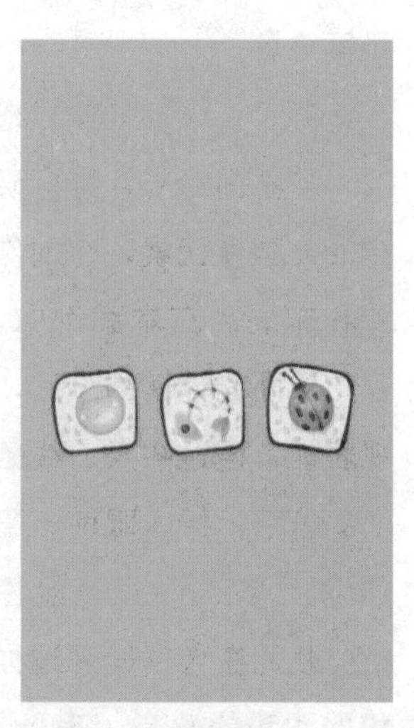
图12-6 素材引入

图12-7 "与美食的约会"文字

图12-8 "马上进入"文字

图12-9 手指图形

（2）主页界面。

①使用“圆角矩形工具”，圆角半径设置为10像素，绘一个与屏幕大小相同的界面，继续绘制导航栏的背景，接着使用“横排文字工具”添加所需的文字，再绘制放大镜的形状，开始制作主页界面（图12-10）。

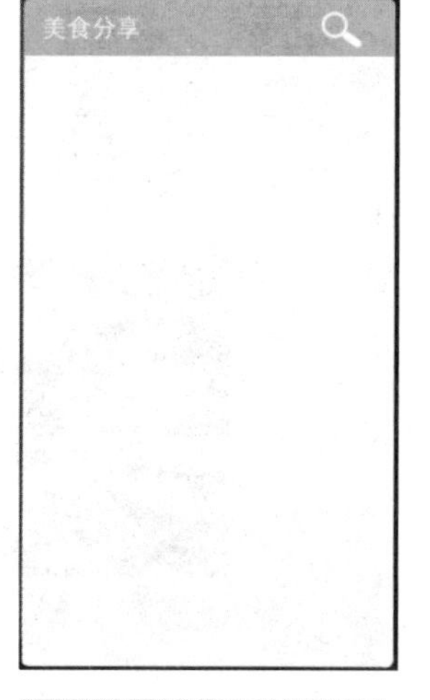

图12-10　主页界面背景

②将所需的素材添加到图像窗口中，适当调整大小，使用图层蒙版对图像的显示进行控制，将图像放在界面合适的位置，完成界面大致的布局（图12-11）。

图12-11　素材添加

③用椭圆工具绘制四个正圆，对第1、第3个正圆进行由玫红R249、G135、B163到红橙R252、G87、B30的“渐变叠加”图层样式。对第2、第4个椭圆进行由玫红R251、G183、B71到橙色R244、G135、B98的“渐变叠加”图层样式，如图12-12所示。

④利用椭圆工具、圆角矩形工具及钢笔工具，绘制椭圆上对应的图标（图12-13）。

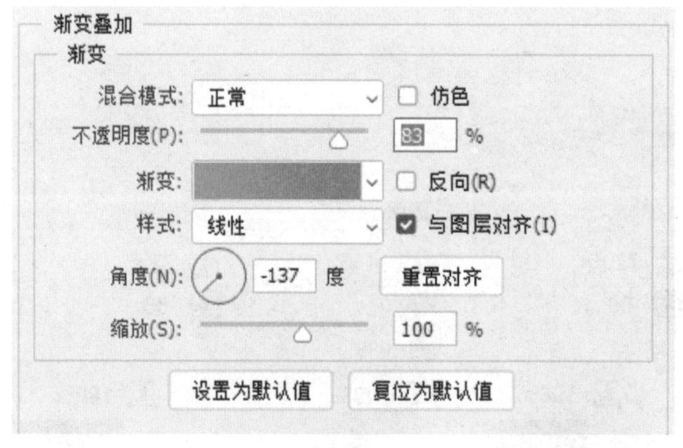

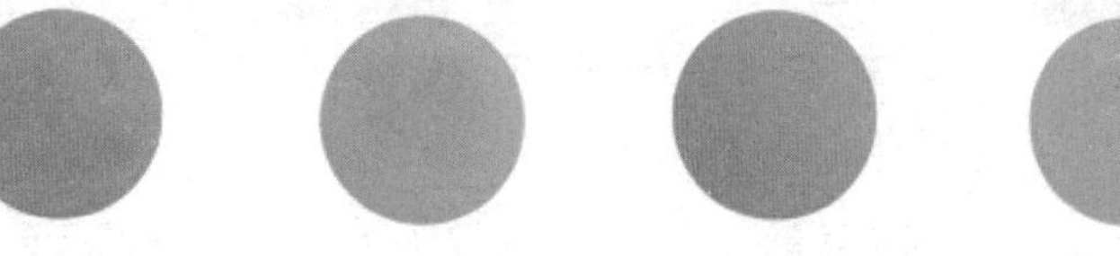

图12-12　不同渐变叠加

图12-13　不同图标

⑤继续使用椭圆工具、圆角矩形工具、自定形状工具及钢笔工具，绘制美食分类图标（图12-14）。

⑥选择工具箱中的“横排文字工具”，字体为黑体，输入所需的文字，打开“字符”面板对文字的属性进行设置，调整文字的字号和位置，如图12-15所示。

（3）美食分类。

①在图层面板中点击“新建图层组”图标，命名为“美食分类”。并将“主页界面”中的“手机”图层、手机屏幕、页头复制到“美食分类”图层组中（图12-16）。

图12-14 分类图标

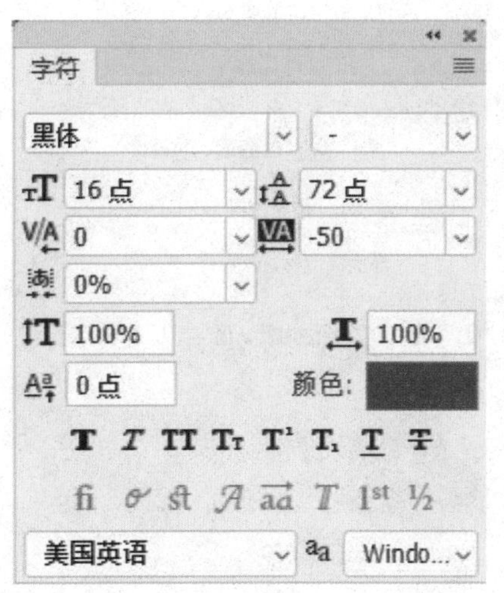

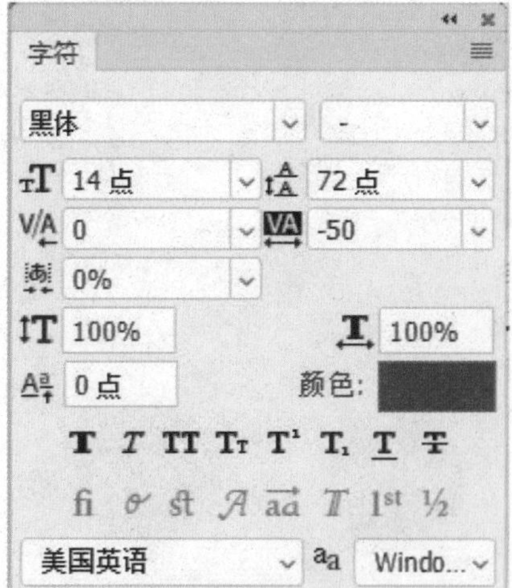

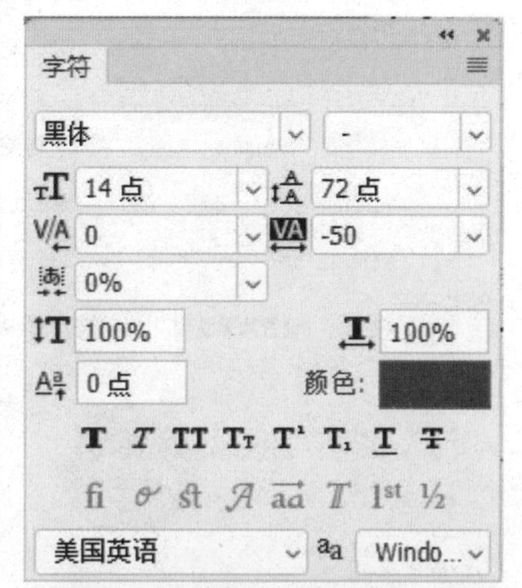

图12-15 字符设置

②使用“圆角矩形工具”绘制标签栏中所需的形状，填充适当的颜色，开始制作美食分类界面。底部黄色圆角矩形圆角半径为6像素，颜色填充为R251、G227、B65，再绘制一个深色矩形，颜色填充为R74、G47、B3（图12-17）。

③选择工具箱中的“横排文字工具”，在适当的位置单击，输入所需的文字，将文字放在标签栏上，打开“字符”面板设置文字的属性，再添加所需的图标（图12-18）。

④将对应素材添加到图像窗口，适当调整图像的大小和位置（图12-19）。

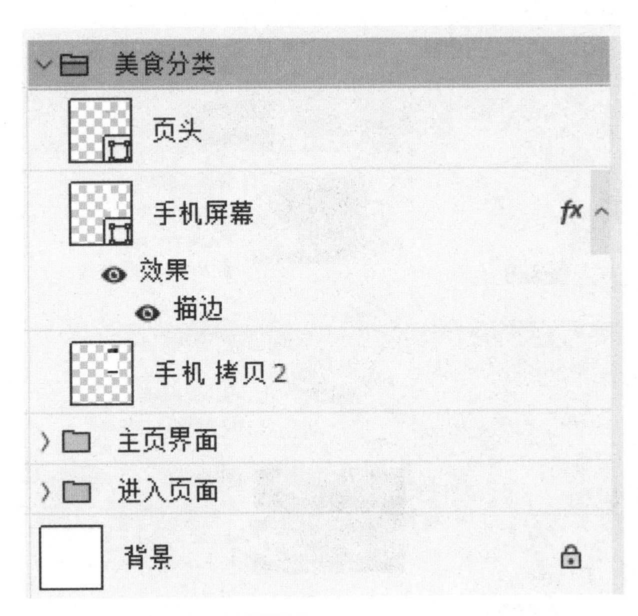

图12-16 “美食分类”图层

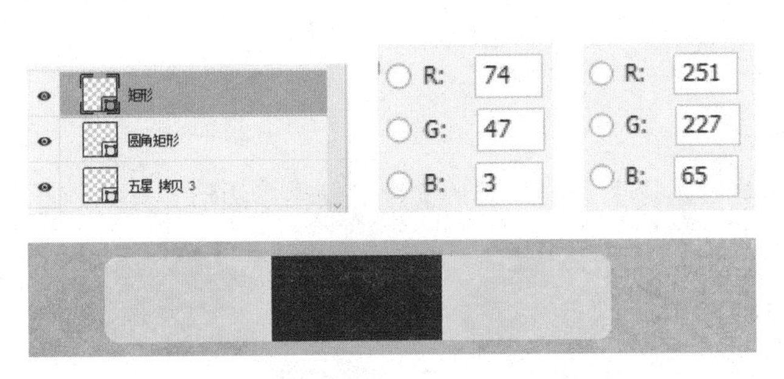

图12-17 “美食分类”界面

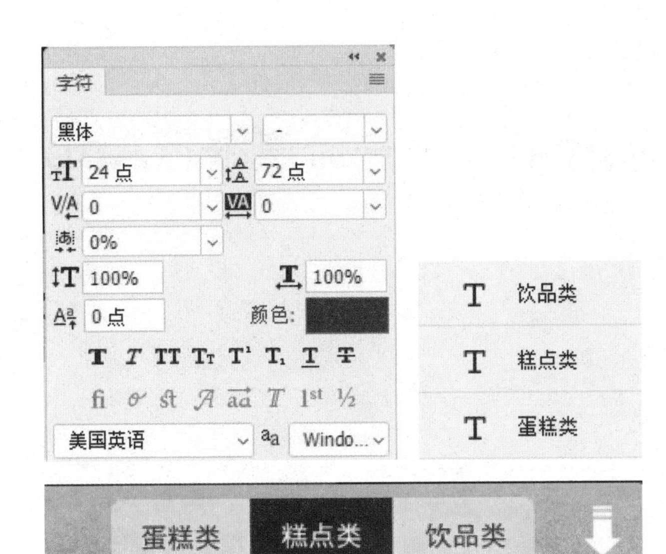

图12-18 文字和图标添加

图12-19 图像调整

隐约西餐厅

78元/人

华商国际影城 西餐厅

团 双人餐168元，4人餐328元

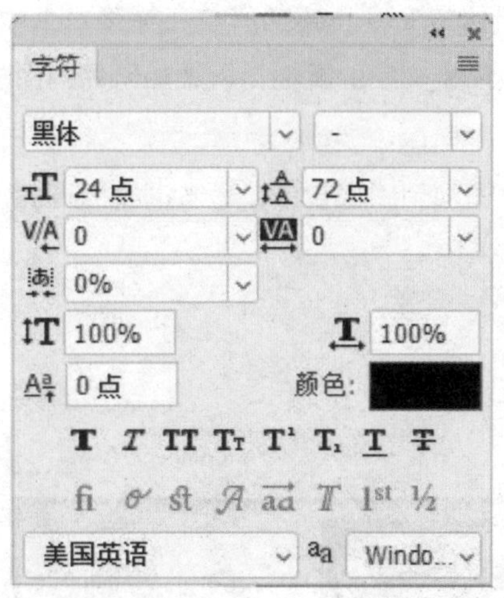

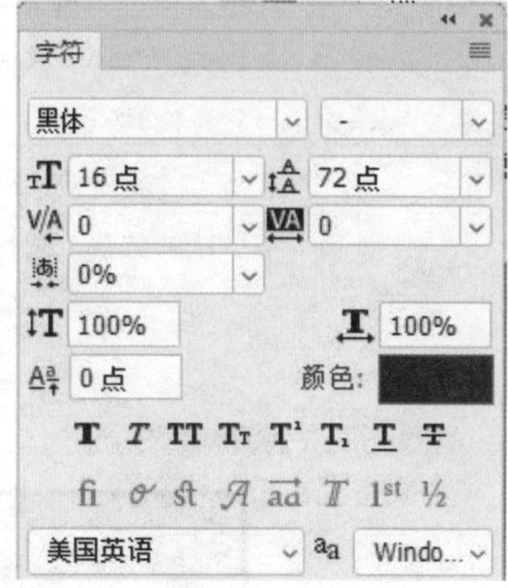

图12-20　文字设置

图12-21　网站效果

⑤使用“横排文字工具”为界面添加所需的文字。使用多边形工具绘制五角星，填充为R251、G183、B71。使用圆角矩形绘制团购背景，圆角半径为2像素，填充为R12、G209、B232，如图12-20所示。

⑥使用同样的方法，输入其他文字和图标（图12-21）。

（4）保存文档。以“美食网站App设计.jpg”为名保存到文件夹。

12.2　网站App制作——流量银行App设计

12.2.1　任务引入

前面章节已经学习了UI设计的各个部件的制作方法，最终目的是掌握手机App整体界面（图12-22）的UI设计和制作。现在进一步制作完整的App设计。

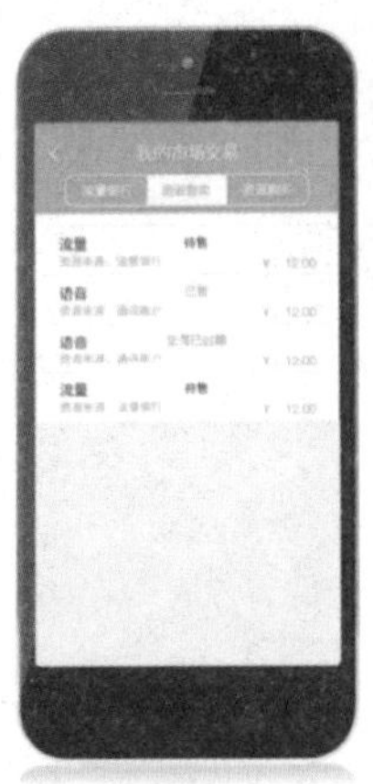
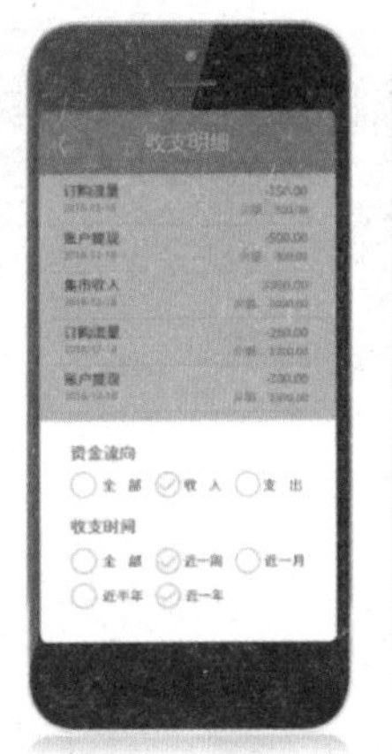

图12-22 手机App整体界面

12.2.2 知识引入

12.2.2.1 界面布局规划

银行App基本是指银行的手机客户端，大部分称为手机银行，也有极个别其他的银行应用程序。本案例是以手机使用的流量作为销售商品设计的流量银行App，它的主要功能与以货币为主的银行App相似，会记录一些支出、收入等账单信息，帮助用户掌握流量的使用、销售等数据，根据界面中的功能，我们先对界面的布局进行规划，具体内容如下：

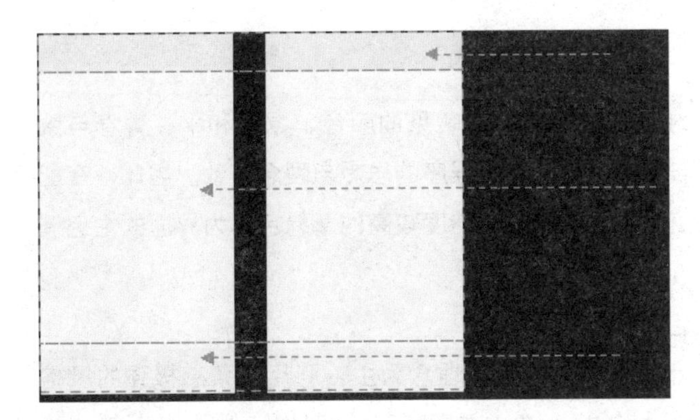

图12-23 内容规划

从图12-23中可以看到本案例的布局，基本是以iOS系统常用的布局进行设定，使用导航栏和图标栏来对页面进行选择，在界面的中间自由地安排所需要的信息。

12.2.2.2 创意思路剖析

根据流量App内容的限制，在设计本案例的过程中，要考虑一些特殊信息的表现。例如，如何将多种软件功能展示在一个界面中？如何把账单、交易信息等数据完整、系统地显示出来？在设计和制作前，先对这些信息进行分析，再根据生活中的常识，以及观察到的类似信息的表现来进行创作，具体的思路如图12-24所示。

12.2.2.3 确定配色方案

流量银行是以移动数据流量为销售内容的，因此，为了突显该销售渠道公平、公正等特点，在进行创作和设计之前，我们观察到很多银行卡的颜色都

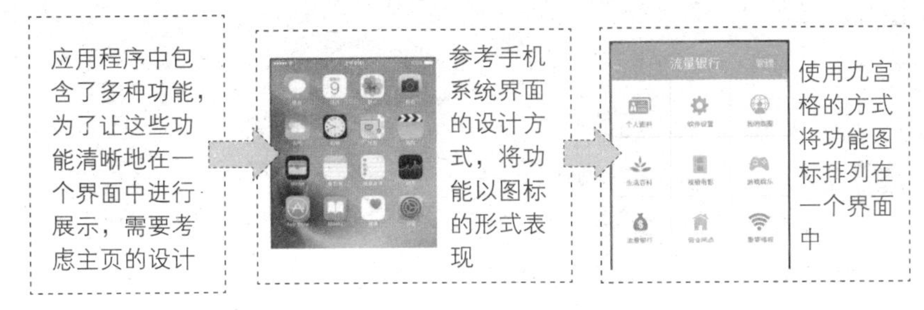

图12-24 创建思路

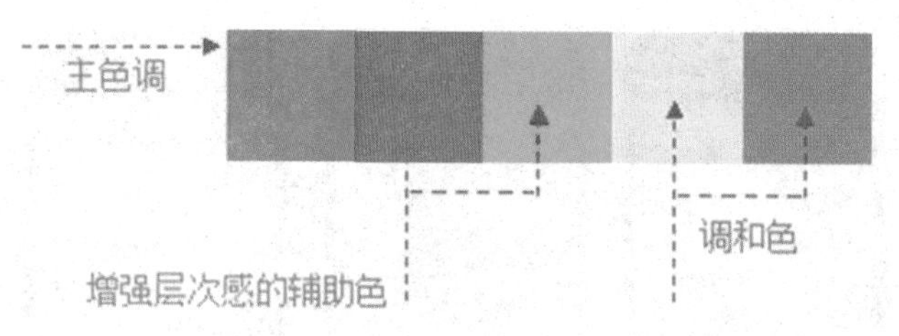

图12-25　配色方案

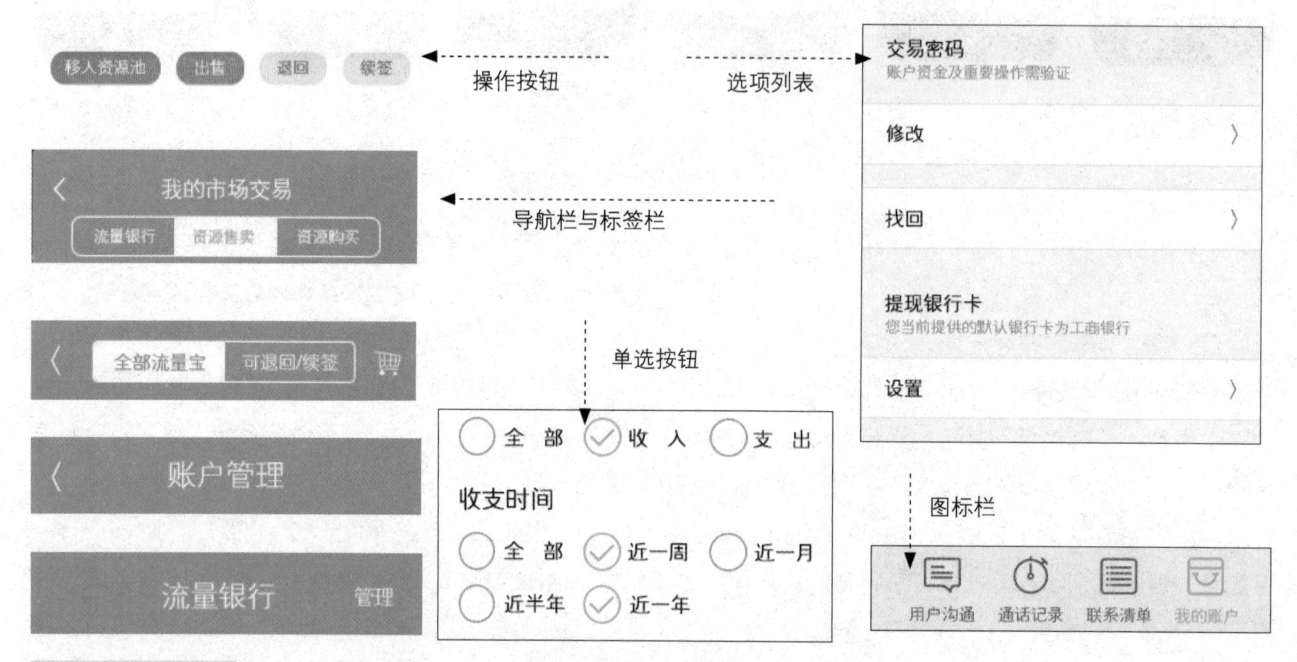

图12-26　组件风格

是以绿色为主。绿色是自然界中最常见的颜色，象征和平、青春与繁荣，代表着生机与希望，与该应用程序的思想与理念一致。因此，在配色方案的确定上使用了明度适中、纯度较高的草绿色作为界面的主色调（图12-25）。

12.2.2.4　定义组件风格

本案例的设计以扁平化的设计理念为主，利用线条感极强的风格对界面中的图标、标签栏、单选按钮等进行创作，制作出大气、简约、直观的界面效果，接下来就对界面中的控件进行分析，具体见图12-26。

12.2.3　任务实现

12.2.3.1　任务分析

本任务的制作主要使用了形状工具、图层样式等工具对界面进行布局，通过文字工具实现界面内容的设计与完善。

12.2.3.2 任务操作

（1）应用程序界面。

①在Photoshop中创建一个长3300像素、宽3300像素、背景色为白色的新文档，使用“矩形工具”绘制一个与手机屏幕同等大小的矩形，分别为其填充适当的颜色，进行适当的布局，制作出界面的背景（图12-27）。

②选择工具箱中的“横排文字工具”，在界面顶部的矩形上单击，输入所需的文字，打开“字符”面板对文字的属性进行设置，字体选择“方正幼线简体”，字号为39点，完成导航栏的制作（图12-28）。

③选择工具箱中的“矩形工具”，绘制界面底部图标栏的背景，填充为灰色R238、G238、B238颜色，再结合使用多种形状工具绘制所需的图标。图标灰色为R98、G98、B98，如图12-29所示。

④使用“横排文字工具”输入界面底部图标栏所需的文字，打开“字符”面板对文字的属性进行设置，设置字体为正方幼线简体，颜色为灰色R125、G125、B125，在图像窗口中可以看到图标栏制作的效果，如图12-30所示。

⑤选择工具箱中的“矩形工具”，绘制出矩形条，填充适当的灰度颜色，接着对绘制的矩形条进行复制，调整其位置和间距，对界面中间进行分割，在图像窗口中可以看到编辑的效果（图12-31）。

⑥选择工具箱中的“形状工具”“钢笔工具”，绘制所需的图标（图12-32）。

⑦使用“横排文字工具”输入界面底部图标栏所需的文字，打开“字符”面板对文字的属性进行设

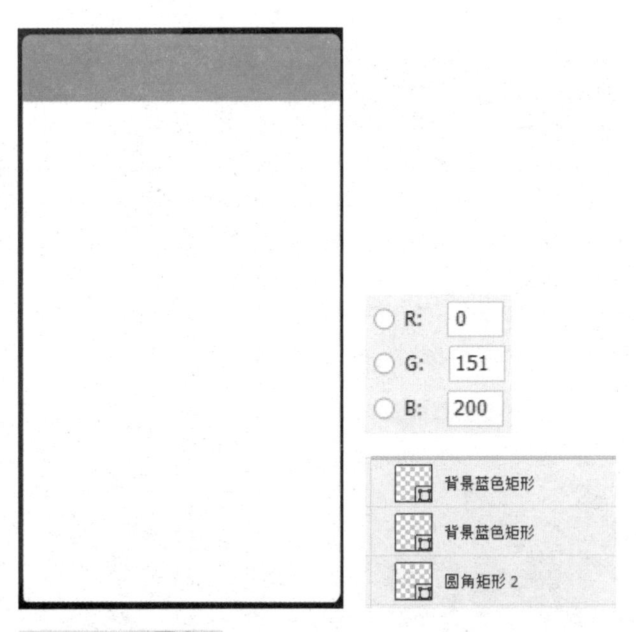

图12-27 界面布局

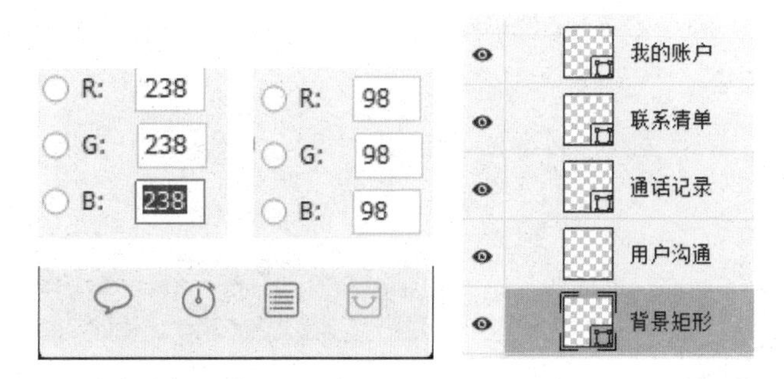

图12-29 底部背景色图标颜色

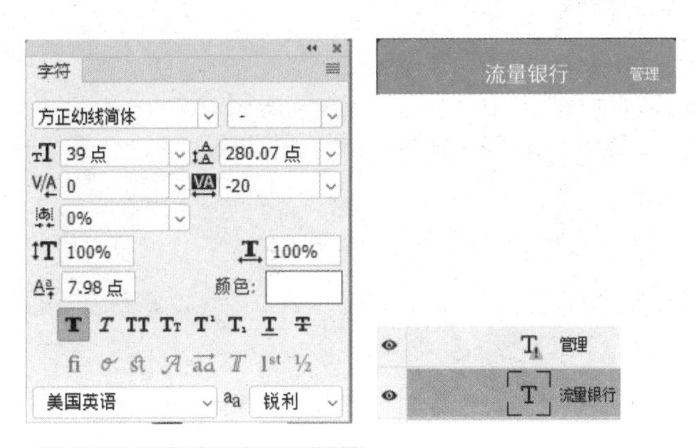

图12-28 “导航栏”文字属性

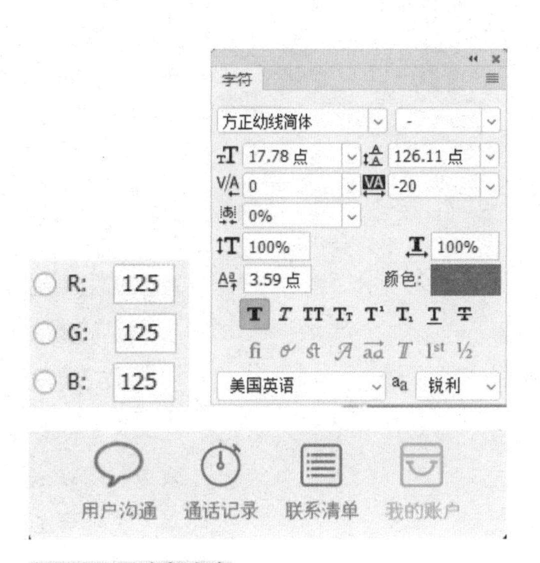

图12-30 底部文字

图12-31 界面分割

重要播报
营业网点
流量银行
游戏娱乐
视频电影
生活百科
我的商圈
软件设置
个人资料

图12-32 图标布局

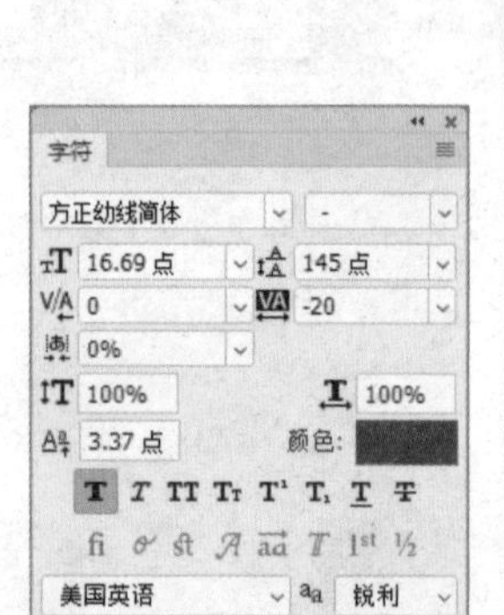

图12-33 图标文字添加

我的账户
用户沟通
通话记录
联系清单
我的账户

用户沟通…我的账户
我的账户
联系清单
通话记录
用户沟通
圆角矩形 3
背景矩形
导航栏
我的账户
蓝色背景 拷贝 2
蓝色背景 拷贝
白色背景 拷贝

图12-34 “我的账户”界面初始化

置，在图像窗口中可以看到图标栏制作的效果（图12-33）。

（2）我的账户界面。

①对前面绘制的界面背景、导航栏和图标栏进行复制，调整导航栏中的文字内容，开始制作我的账户界面，在图像窗口中可以看到编辑的效果（图12-34）。

②选择工具箱中的“矩形工具”绘制所需的矩形和线条，分别填充适当的颜色，放在界面适当的位置，对界面进行布局（图12-35）。

图12-35 “我的账户”界面划分

图12-36 数字字符

③选择工具箱中的“圆角矩形工具”，设置圆角半径为5像素，颜色填充为R255、G119、B79，绘制出所需的形状，接着使用“横排文字工具”，在圆角矩形上添加所需的数字，打开“字符”面板对数字的属性进行设置，如图12-36所示。

④继续使用“横排文字工具”，在适当的位置单击，输入所需的文字，调整文字的字号、位置，完善界面中的信息，在图像窗口中可以看到当前界面制作完成的效果，如图12-37所示。

（3）账单明细界面。

①对前面绘制的界面背景、导航栏进行复制，接着使用“圆角矩形工具”绘制形状，利用“描边”图层样式进行修饰，开始制作账单明细界面，如图12-38所示。

②选择工具箱中的“圆角矩形工具”绘制另外一个圆角矩形，接着使用“矩形工具”的“减去顶层形状”选项，调整绘制的白色圆角矩形的形状（图12-39）。

③选择工具箱中的“横排文字工具”输入所需的文字，打开“字符”面板对文字的属性进行设置，在图像窗口中可以看到编辑的效果（图12-40）。

④选择工具箱中的“钢笔工具”和“椭圆工具”，绘制所需的购物车形状，将其放在界面右上角的位置，完成导航栏的制作（图12-41）。

图12-37 当前界面信息

背景
效果
描边
描边
结构
大小(S):
像素
位置:
外部
混合模式:
正常
不透明度(O):
100
%
叠印
填充类型:
颜色
颜色:

图12-38 账单明细界面

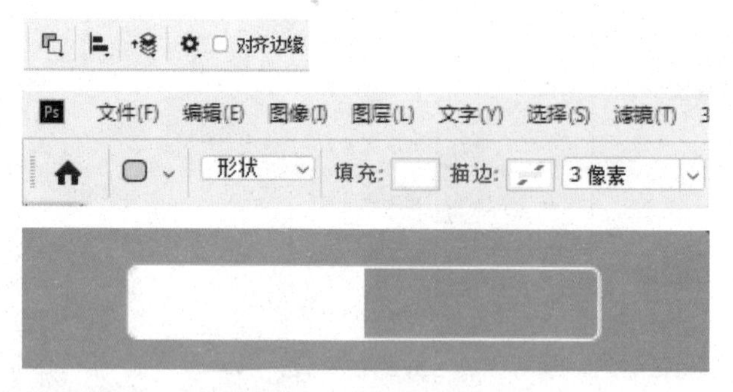

图12-39　白色圆角矩形

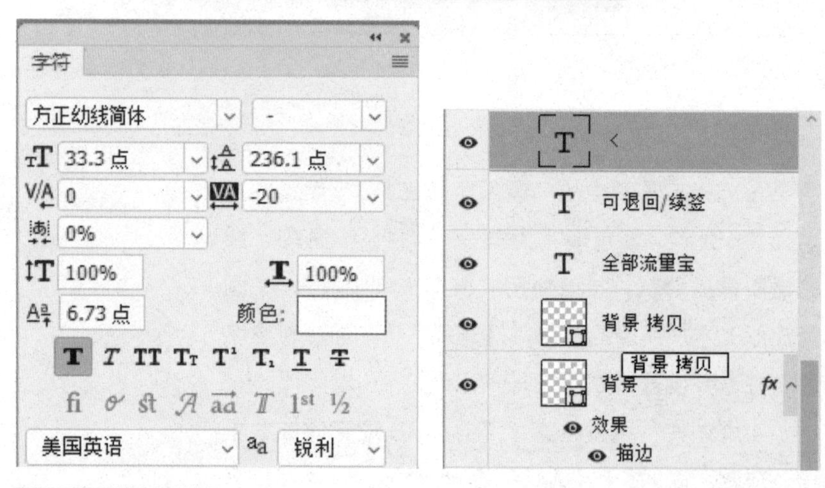

图12-40　字符属性

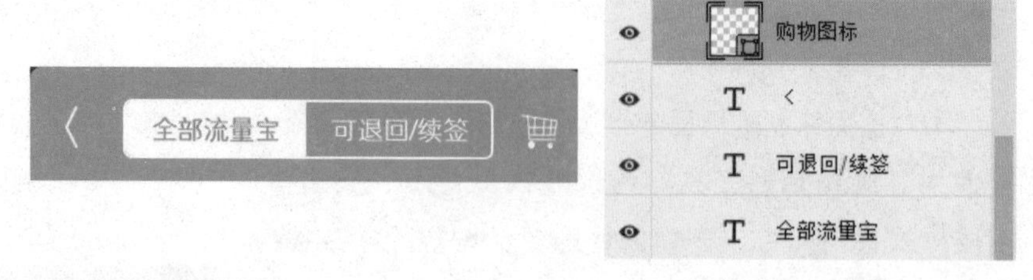

图12-41　购物图标

⑤选择工具箱中的“矩形工具”，绘制所需的矩形和线条，分别填充适当的颜色，放在界面适当的位置，对界面进行布局（图12-42）。

⑥使用“横排文字工具”，在适当的位置单击，输入所需的文字，调整文字的字号、位置，完善界面中的信息，在图像窗口中可以看到添加文字的效果（图12-43）。

⑦选择工具箱中的“圆角矩形工具”，绘制出所需的按钮，接着使用“横排文字工具”在圆角矩形上添加所需的文字，完成按钮的制作，如图12-44所示。

图12-42 界面划分

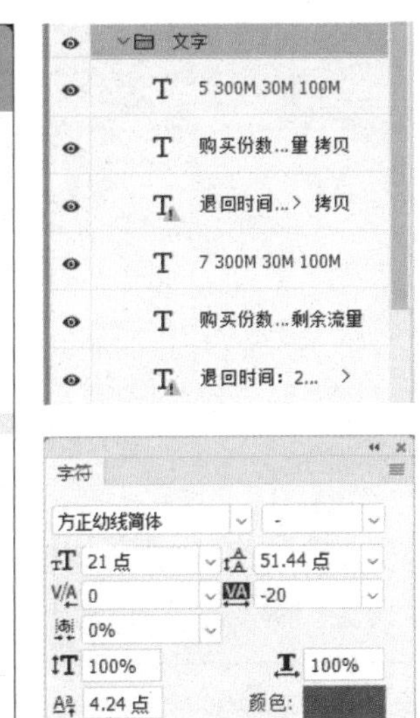

图12-43 字符信息添加

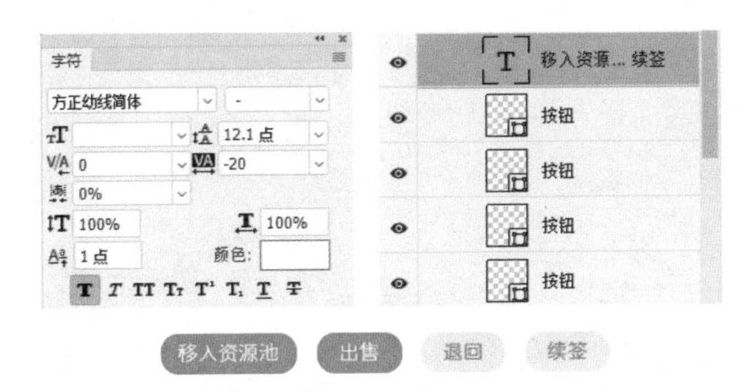

图12-44 圆角矩形设置

图12-45 圆角矩形添加

⑧对上一步中绘制的按钮进行复制，调整复制后按钮的位置，放在界面另外一组菜单的下方，在图像窗口中可以看到添加按钮后的效果（图12-45）。

⑨使用“圆角矩形工具”和“椭圆工具”绘制界面所需的时间图标，填充适当的颜色，无描边色，在图像窗口中可以看到编辑完成的效果（图12-46）。

（4）市场交易界面。

①对前面绘制完成的界面背景、导航栏进行复制，适当进行修饰，参考前面的制作方式，绘制另一组标签，开始制作市场交易界面（图12-47）。

②选择工具箱中的“矩形工具”，绘制所需的矩形和线条，分别填充适当的灰色，放在界面适当的位置，对界面进行布局（图12-48）。

退回时间：2014-12-18

购买份数	7
购买数量	300M
赠送流量	30M
剩余流量	100M

移入资源池 出售 退回 续签

退回时间：2018-12-18

图12-46 时间界面

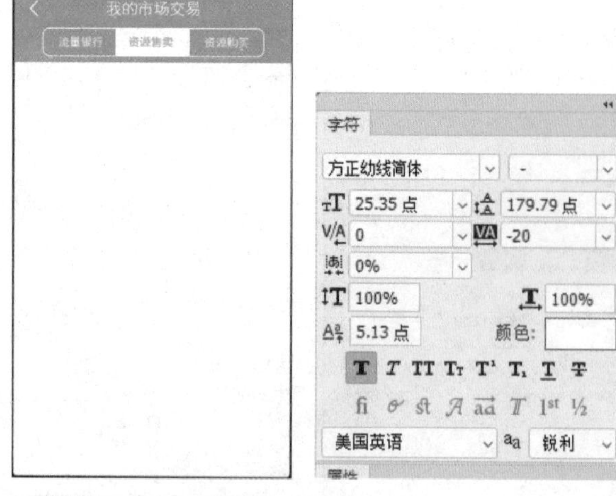

图12-47　市场交易界面初始化

图12-48　界面划分

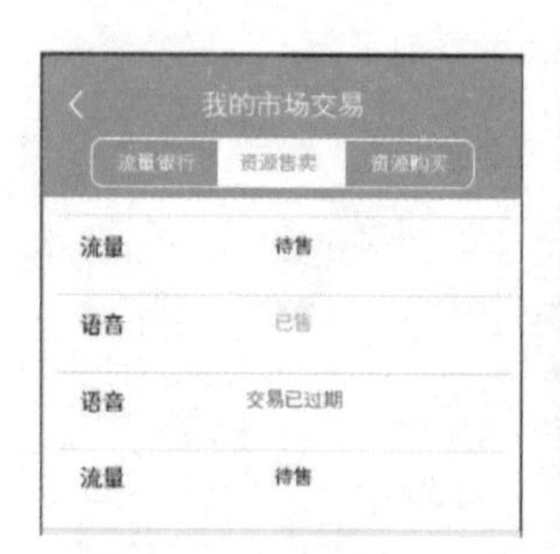

图12-49　文字属性

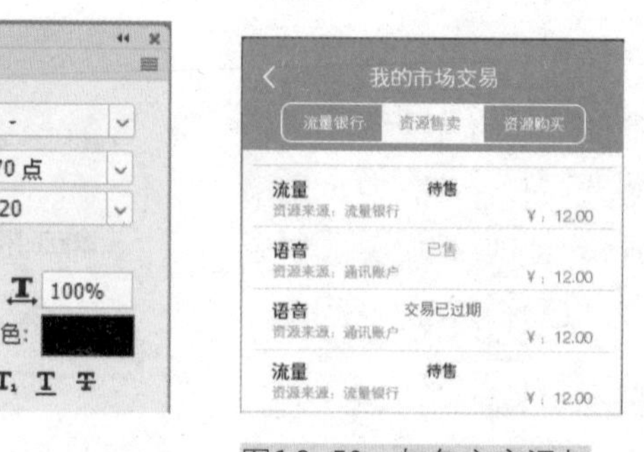

图12-50　灰色文字添加

图12-51　界面效果

③选择工具箱中的“横排文字工具”，在适当的位置单击，输入所需的文字，打开“字符”面板对文字的属性进行设置，在图像窗口中可以看到添加文字的效果（图12-49）。

④继续使用“横排文字工具”添加所需的文字，调整文字的颜色、字体、字号等信息，将文字放在界面适当的位置，在图像窗口中可以看到编辑的效果（图12-50）。

⑤使用“横排文字工具”添加界面所需的数据信息，参考前面文字的字体设置，完成信息的外观设计，在图像窗口中可以看到本界面的效果（图12-51）。

（5）收支明细界面。

①对前面绘制的界面背景、导航栏等进行复制，调整导航栏中的文字内容，接着使用“矩形工具”绘制所需的线条，对界面进行布局（图12-52）。

②使用“横排文字工具”为界面输入所需的文字信息，打开“字符”面板分别对文字的字体、字号、字间距等属性进行设置，如图12-53所示。

③选中工具箱中的“矩形工具”绘制两个矩形，分别填充黑色和白色，调整黑色矩形的“不透明度”选项的参数为30%，对界面进行遮盖（图12-54）。

④选中工具箱中的“横排文字工具”，在白色的矩形上单击，输入菜单中所需的文字，打开“字符”面板，对文字的属性进行设置，如图12-55所示。

⑤选中工具箱中的“椭圆工具”，绘制单选框的形状，使用“描边”图层样式对其进行修饰，接着绘制出勾选的形状，放在适当的位置，完成当前界面的制作，如图12-56所示。

（6）账户管理界面。

①对前面绘制的界面背景、导航栏等进行复制，调整导航栏中的文字内容，接着使用“矩形工具”绘

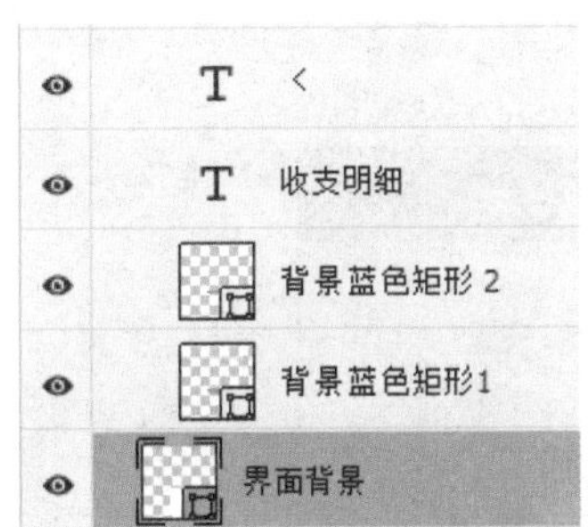

图12-52　收支明细界面划分

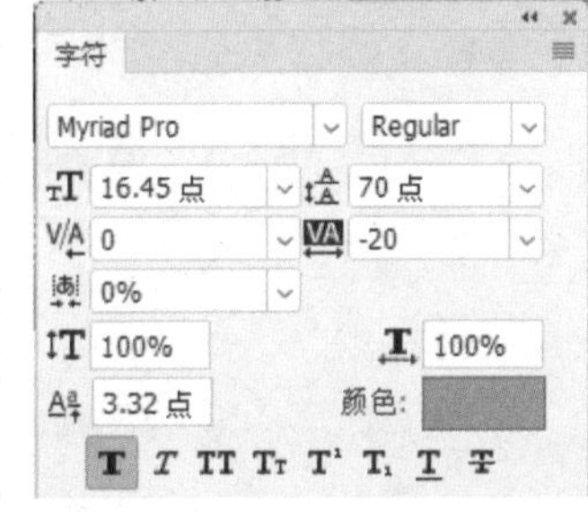

图12-53　收支明细界面字符添加

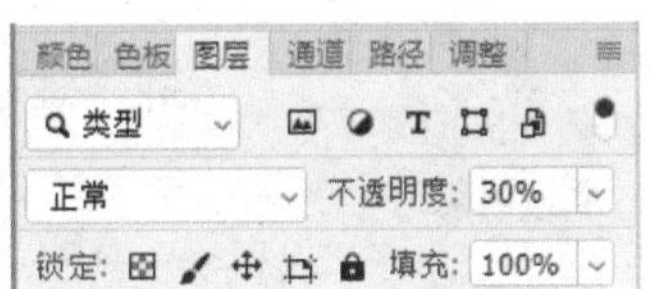

图12-54　界面遮盖

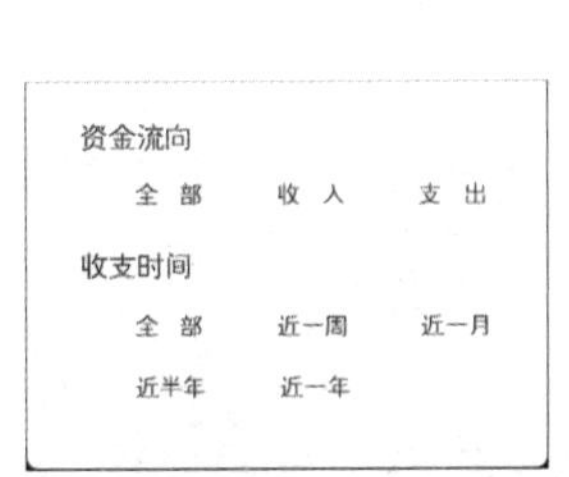

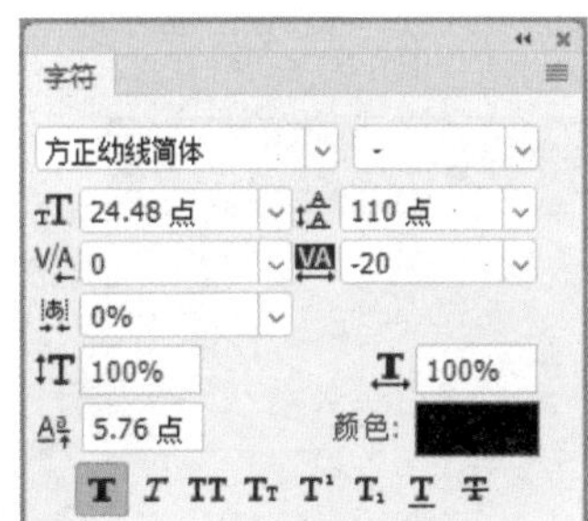

图12-55　白色矩形添加文字

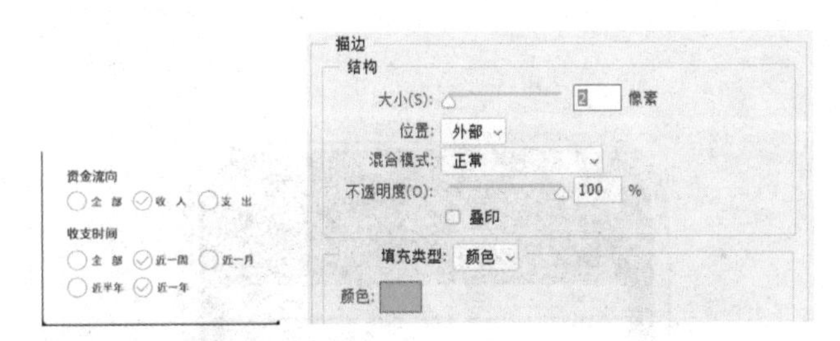

图12-56　“描边”选项

图12-57　账户管理界面初始化

制所需的线条，对界面进行布局（图12-57）。

②选择工具箱中的“矩形工具”绘制白色的矩形，使用“内发光”图层样式对绘制的形状进行修饰，制作出界面所需的菜单栏的背景，如图12-58所示。

③对上一步中绘制的矩形进行复制，得到相应的拷贝图层，按住Shift键的同时调整矩形的位置，垂直移动矩形的位置，在图像窗口中可以看到编辑的效果（图12-59）。

④选择工具箱中的“横排文字工具”，输入所需的文字，打开“字符”面板对文字的属性进行复制，调整文字的位置，完善界面的内容，如图12-60所示。

⑤使用“横排文字工具”输入界面所需的一组较小的字体，打开“字符”面板对文字的属性进行设置，如图12-61所示，完成后可以看到本例最终的编辑效果。

（7）文档保存。以“流量银行APPS设计.jpg”为名保存到文件夹。

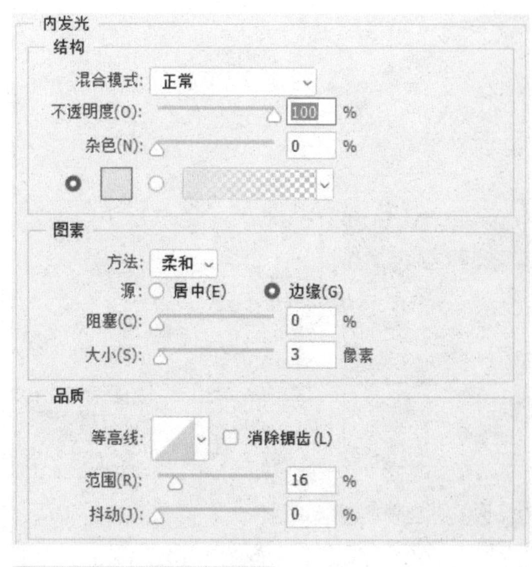

图12-58 “内发光”选项

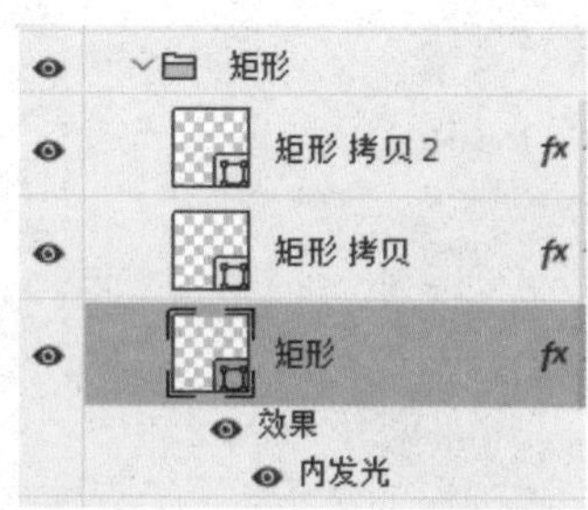

图12-59 矩形图层样式

课后练习

数字金融平台APP的制作

要求：结合所学知识，设计一款企业数字金融平台App，风格如图12-62所示。

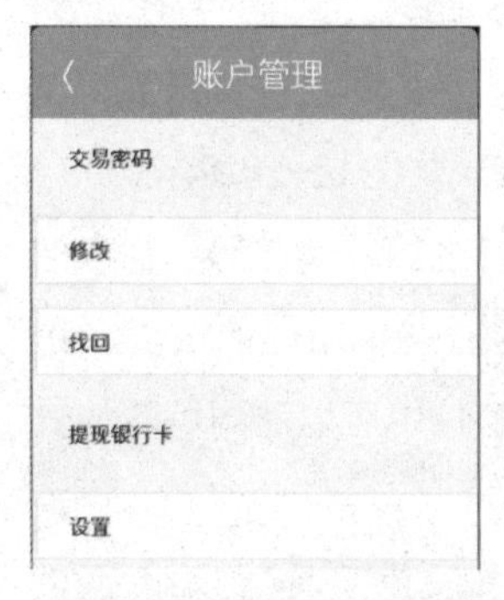

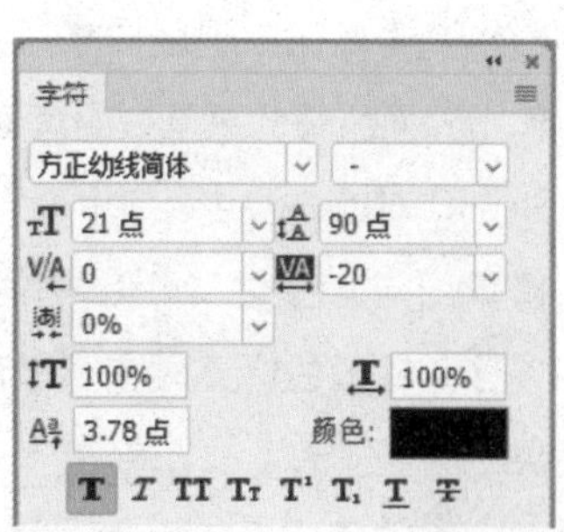

图12-60 黑色文字信息设置

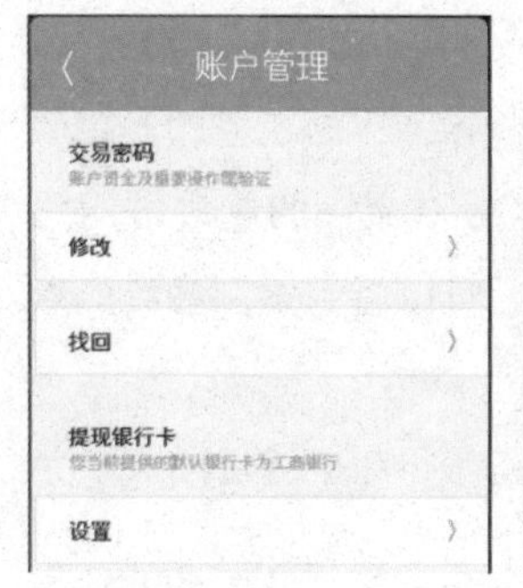

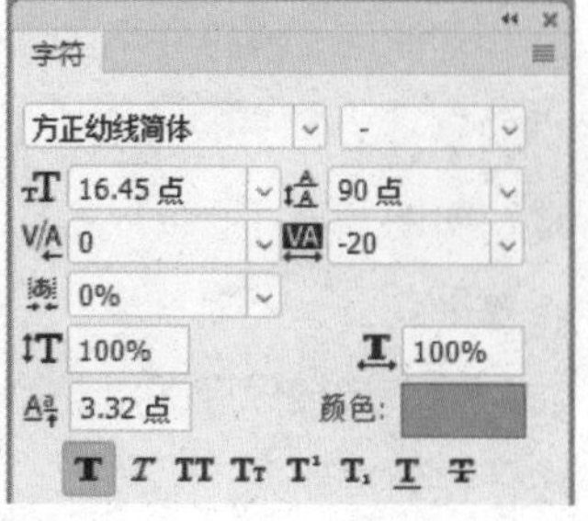

图12-61 灰色文字信息设置

图12-62 数字金融App界面